Herbert Schäfer wuchs am Dreiländereck Deutschland–Luxemburg–Frankreich auf. Sein Studium der Naturwissenschaften und der Medizin verdiente er größtenteils mit dem Schreiben von Reportagen. Schließlich sattelte er ganz um und machte eine Journalistenausbildung bei Tageszeitungen. Als Berichterstatter hielt er sich oft in Kriegs- und Krisengebieten der Dritten Welt auf: Nigeria-Biafra, Ostpakistan, Bangladesch, Südsudan, Äthiopien. Wegen Recherchen über karitative Hilfsmöglichkeiten hat er mit Aufständischen und der Bevölkerung in Krisengebieten zusammengelebt. In den letzten Jahren hat sich Herbert Schäfer auf soziale, wirtschafts- und gesundheitspolitische Themen mit den Schwerpunkten Wirtschafts- und Lebensmittelkriminalität und Umwelt spezialisiert. Er ist freier Mitarbeiter mehrerer überregionaler Zeitungen sowie von einigen ARD-Hörfunksendern.

Von Herbert Schäfer sind bisher
als Knaur-Taschenbücher erschienen:

»Gepanscht, verbraten und verkauft« (Band 3814)
»Todeskandidat Wasser« (Band 3818)
»Renten-Haie« (Band 3834)

Originalausgabe

Umschlaggestaltung Norbert Dallinger
Umschlagfoto Studio Schmatz
Reproduktion Siefert, Ulm
Satz, Druck und Bindung Ebner Ulm
Printed in Germany 5 4 3 2 1
ISBN 3-426-03838-2

Herbert Schäfer: Endlagerstätte Mensch?

Analysen, Tatsachen, Hintergründe
Nach Tschernobyl –
Konsequenzen für unsere Ernährung

Mit zahlreichen Abbildungen

Knaur®

ISBN 3-426-03838-2   780

Inhalt

Der große Bluff

»Konsequenzen aus Tschernobyl« – so lautet im Juni 1986 eine Anhörung im Deutschen Bundestag durch die Grünen. Es geht dabei um die Frage, inwieweit der Reaktorbrand von Ende April in der Ukraine durch seinen radioaktiven Fallout über tausende Kilometer den Biozyklus Boden, Wasser, Pflanze, Tier und Mensch belastet hat. Es folgt bundesweit noch eine lange Reihe von Diskussionen und Demonstrationen, das Thema Tschernobyl bleibt ein politischer Dauerbrenner mit vielfältigen Konsequenzen.

Die Katastrophe beweist, daß es nicht sonderlich gut um unsere Sicherheit steht. Wenn schon ein Reaktorunglück im fernen Rußland – neben den dort zu beklagenden Opfern – hierzulande solches Unheil anrichten kann, was würde dann erst bei einem GAU in unserer unmittelbaren Nachbarschaft passieren?

Seit Tschernobyl nehmen wir die ständige Abwiegelei des Atomkartells nicht mehr ohne Widerspruch hin. Wir fürchten, daß man uns die wirkliche Gefahr, in der wir leben, verschweigt.

Einer der Gründe, die uns mißtrauisch machen: Heute stellen deutsche Kernkraftbefürworter den sowjetischen Reaktortyp RBMK-1000 als Fehlkonstruktion mit hohem Risiko hin. In der Vergangenheit haben sie ihn hochgelobt. Noch 1983 strichen sie – wie in diesem Buch nachzulesen ist – die »Verläßlichkeit des ganzen Systems dank der Überwachungs- und Kontrollmöglichkeiten« heraus.

Bisher stand überhaupt so manche Behauptung der Vermarkter von Atomenergie unwidersprochen im Raum, was vor allem auf Desinteresse und Informationsdefizite der Bevölkerung zurückzuführen war. Seit Tschernobyl ist das anders.

Die Menschen reden nun mit. Sie haben Vokabeln von »a« wie Alphastrahl bis »z« wie Zelltod gelernt und diskutieren

TSCHERNOBYL

Vier Wochen nach der KATASTROPHE – was können wir tun???

Zu einer VERANSTALTUNG mit
Prof. Dr. Traube, Kernenergieexperte
Prof. Dr. Kuni, Nuklearmediziner
laden ein der Präsident
und der Dekan des Fachbereichs
Angewandte Sozialwissenschaften
der Gesamthochschule KASSEL

MONTAG, 26. Mai, um 19.00 Uhr

in der Universität, Hörsaal 1,
Diagonale 1 (Holländischer Platz)

Handeln statt Resignation. Experten für Kernenergie und Nuklearmedizin beantworten öffentlich die Frage: Was ist nach der Katastrophe zu tun? (Veranstaltung in Kassel)

über nukleare Folgen. Sie wissen: Unsere Staatsoberen, die geschworen haben, stets für unser Wohl zu sorgen, machen es sich oft zu leicht.
Wenn zum Beispiel der amtierende Bundesinnenminister eine Gefährdung der deutschen Bevölkerung für »ausgeschlossen« hält (»Wir sind 2000 Kilometer von der Unfallstelle entfernt«) so grenzt dies an Zynismus und unverantwortlicher Leichtfertigkeit. Wer sich mit einer so oberflächlichen Einschätzung der Lage über die Ängste seiner Mitbürger hinwegsetzt, braucht sich über wachsenden Unmut und Vertrauensschwund nicht zu wundern.
In diesem Zusammenhang stellt sich die Frage, ob es vertretbar ist, daß ein Minister im Ernstfall über Qualität von Umwelt und Nahrung, über die Gesundheit einer Nation praktisch allein befinden darf?
Verbirgt sich hinter der von Regierungsseite immer wieder aufgestellten Behauptung, niemand brauche sich wegen der Strahlenbelastung Gesundheitssorgen zu machen, vielleicht der Versuch eines gigantischen Bluffs?

Jedenfalls, als es darum ging, die Folgen des Atomunglücks in der Bundesrepublik zu bewältigen, hat sich das System in keiner Weise bewährt. Katastrophenschutz, Umwelt- und Lebensmittelüberwachung wurden aus der Sicht des Bürgers selbst zur mittleren Katastrophe.
Zum Tohuwabohu um die von Bonn teils gar nicht, teils viel zu hoch festgelegten Grenzwerte (speziell bei Milch) kam ein chaotisches Durcheinander in der Praxis. Die länderübergreifende Zusammenarbeit in der Nahrungskontrolle funktionierte bei der Jagd auf Strahlen nicht.
An ausreichend qualifiziertem Personal fehlte es ebenso wie an den benötigten Meß- und Laborgeräten. Den wenigsten Untersuchungsämtern standen Gammaspektrometer für die Tests mit verseuchten Lebensmitteln zur Verfügung. Deshalb bleibt offen, ob es bei den angeblich ermittelten Werten stets mit rechten Dingen zuging?
Wie bei früheren Lebensmittelskandalen wurde auch dies-

mal wieder mehrfach getrickst und geschönt. Weil dies so nicht weitergehen kann, brauchen wir für die Zukunft eine bundeseinheitliche Lebensmittelüberwachung mit mehr und besser ausgebildeten Fachkräften. Darüber hinaus brauchen wir unabhängige private Kontrollinstitutionen als Gegengewicht zu den Untersuchungsämtern der öffentlichen Hand.

Das Buch versteht sich als kritische Dokumentation mit Hintergrundmaterial zu den Folgen des sowjetischen Reaktorunglücks. Es packt zum Schluß ein Thema an, hinter dem sich international ein Milliardengeschäft verbirgt: Entkeimung und Haltbarmachung unserer Nahrung durch radioaktive Bestrahlung.
Der Deutsche Verbraucherschutzverband, der bundesweit wichtige Aufklärungsarbeit leistet, wehrt sich gegen eine Manipulation unseres Essens durch Strahlen. Er spricht in diesem Zusammenhang von der »Endlagerstätte Mensch«. Wir haben im Titel ein Fragezeichen dahinter gesetzt: weil ein Fünkchen Hoffnung besteht, daß das Schlimmste vielleicht doch noch zu verhindern ist.

Sieben auf einen Streich
»Das Ereignis wurde sicher beherrscht«

Tschernobyl – ist es im Prinzip nicht doch überall? Fast vierhundertmal in der Welt, in der ebenso viele Kernkraftwerke stehen?
Was wissen wir braven Stromverbraucher schon von Ursache und Wirkung der vielen kleinen (?) Störfälle in den Atomgiganten um uns herum? Ist es immer die Wahrheit, nichts als die Wahrheit, die man uns erzählt? Wenn das KKW am Rhein oder Main wieder mal für ein paar Stunden abgeschaltet werden muß? Wegen einer lächerlichen Panne im System?
Mal ehrlich: Die meisten von uns hat dies alles vor dem Unglück in der Ukraine absolut nicht interessiert. Die Beteuerungen von Regierung und Atomkartell genügten uns vollauf: Daß alles mit rechten Dingen zugeht. Daß wir die sichersten Reaktorsysteme der Welt besitzen.
»Laßt die Grünen ihre Demos machen und Robin Wood die Hochspannungsmasten besetzen – wir wollen unsere Ruhe haben.«
Und doch ist auch bei uns eine Menge hinter den Betonmauern der Nuklearfabriken passiert. Mal eine radioaktiv versetzte Ableitung in den Fluß. Mal eine überdosierte Abgasfahne in den Wind.
Nach Tschernobyl hätte es fette Schlagzeilen gebracht. So war es allenfalls eine Mini-Zeitungsnotiz wert. Auf der linken Seite ganz unten im Eck.
Zum Beweis der letzte Störfall hierzulande, unmittelbar vor dem Super-GAU:

Am 15. April 1986 kommt es während eines Probelaufs im KKW Mühlheim-Kärlich bei Koblenz zu einem technischen Defekt. »Wegen fehlerhafter Turbinenregelung im nichtnuklearen Sekundärkreislauf«, lautet die amtliche Version.

Das Bayerische Staatsministerium für Landesentwicklung und Umweltfragen teilt mit:

Fernschriftlich voraus

München, den 22. Mai 1986 PM-Nr. 364/86

Strahlenschutzbericht der Woche für das VAK
21/86

Das Versuchsatomkraftwerk Kahl (VAK) hat - wie das bayerische Umweltministerium am Donnerstag mitteilte - im Berichtszeitraum die strahlenhygienischen Verhältnisse im Raum Kahl nicht beeinflußt.

In der Woche vom 15.5. bis 21.5.86 hat das VAK gas- und aerosolförmige radioaktive Stoffe über den Fortluftkamin abgegeben, die unter 10 Prozent der behördlich genehmigten Abgabemengen lagen. Die Umgebungsstrahlung (mittlere Gammadosisleistung) auf dem Betriebsgelände ausserhalb der Kraftwerksgebäude betrug 95 Nanosievert pro Stunde.

Das Kernkraftwerk ist seit dem 25.11.1985 abgeschaltet.

In Kahl wurde im Berichtszeitraum eine mittlere Gammadosisleistung in Höhe von 109 Nanosievert pro Stunde gemessen, die im wesentlichen durch die allgemeine Umweltradioaktivität bedingt ist.

Strahlenschutzbericht der Woche für das KKI 1
21/86

Das Kernkraftwerk Isar 1 (KKI 1) hat - wie das bayerische Umweltministerium am Donnerstag mitteilte - im Berichtszeitraum die strahlenhygienischen Verhältnisse im Raum Landshut nicht beeinflußt.

In der Woche vom 15.5. bis 21.5.86 hat das KKI 1 gas- und aerosolförmige radioaktive Stoffe über den Fortluftkamin abgegeben, die unter 10 Prozent der behördlich genehmigten Abgabemengen lagen. Die Umgebungsstrahlung (mittlere Gammadosisleistung) auf dem Betriebsgelände außerhalb der Kraftwerksgebäude betrug 240 Nanosievert pro Stunde.

Immerhin ist es bereits der siebte Streich, den der rheinland-pfälzische Kraftprotz, ein Druckwasserreaktor (1200 Megawatt), sich binnen sechs Wochen leistet. Die ganze Sache wird auf Sparflamme gekocht. Denn sie paßt nicht ins Konzept.
Man hat es schrecklich eilig. In wenigen Monaten soll der Betrieb anlaufen. Mülheim-Kärlich ist seit zehn Jahren im Bau und duldet keinen Aufschub mehr.
Dennoch kommt eine bescheidene Anfrage bis zum Mainzer Landtag durch, wo Umweltminister Klaus Töpfer (CDU) am 24. April zu den Tücken des Reaktors kurz Stellung nimmt:
Es sei ja niemand zu Schaden gekommen. Weder für die benachbarte Bevölkerung noch für das Personal habe Gefahr bestanden.
Pflichtbewußt erteilt Töpfer regierungsamtliche Absolution: »Das Ereignis wurde ebenso sicher beherrscht wie die übrigen.«
Was so sicher beherrscht wird, darf man getrost unter den Tisch fallen lassen. Nur wer am folgenden Morgen angestrengt sucht, findet einen Kurzbericht in den südwestdeutschen Blättern. »Kernkraftwerk bleibt vorerst abgeschaltet.«
Das war's denn auch. Der Pannenabschirmdienst der Kernkraftlobby hat wieder einmal blendend funktioniert.

Aber dann passiert – nur einen Tag später – diese Katastrophe im fernen Rußland. Auf einmal ist Rußland ganz nah ...

◁ *»Strahlenhygienische Verhältnisse einwandfrei«: Tagesbericht aus dem bayerischen Umweltministerium.*

Das Höllenfeuer von Tschernobyl
Tagebuchnotizen zum Super-GAU

Kaum jemand im Westen kennt bisher den Ort in der Ukraine. Nicht einmal dem Namen nach. Tschernobyl liegt am Dnjepr, nördlich von Kiew, mitten in einem Agrargebiet. Mittendrin auch das Kernkraftwerk.

Freitag, 25. April. – Im Reaktorblock IV wird eine Störung entdeckt. Strom- und Notstromversorgung sind defekt. Das Kühlsystem fällt aus.
Es kommt zu einer Überhitzung, die verheerende Kettenreaktionen physikalischer und chemischer Art zur Folge hat: einen Super-GAU.
Dabei soll sich ein solches Unglück (GAU: Größter Anzunehmender Unfall) nach statistischen Berechnungen der Atomwissenschaftler höchstens alle paartausend Jahre ereignen können. Die Experten haben sich gründlich geirrt.
Ein Super-GAU findet statt, wenn die im Reaktor durch Atomspaltung freigesetzte Energie nicht mehr durch das Kühlmittel (in diesem Fall Wasser) abgeleitet werden kann und obendrein noch die Notkühlsysteme streiken. Bei riesigen Temperaturen treten bis zu 200 verschiedene radioaktive Stoffe aus, darunter Caesium (1000 Grad) und Kobalt (2000 Grad).

Als das Wochenende in Tschernobyl anbricht, haben sich die schlimmsten Befürchtungen bewahrheitet. Graphit, in dem die Brennstäbe liegen, beginnt zu brennen. Der Reaktorkern schmilzt.
Gewaltige Löschmassen lösen eine Wasserstoffexplosion aus. Sie zertrümmert ein Gebäude und schleudert tödliche Strahlenfracht kilometerhoch in die Atmosphäre. Die radioaktiven Wolken ziehen mit dem Wind.
Am Ort des Infernos gibt es Verletzte und Todesopfer. Die

Umgebung wird evakuiert, ein Umkreis von 30 Kilometern zur Sperrzone erklärt.
Was die Sowjetmachthaber allerdings nun entscheiden, ist ebenso unklug wie kriminell: Das Unglück soll geheimgehalten werden. Totale Nachrichtensperre. Die ahnungslosen Nachbarländer – auch Verbündete wie Polen und Rumänien – kriegen den Strahlenregen völlig unvorbereitet ab.

Montag, 28. April. – Im schwedischen Atomzentrum Forsmark, 160 Kilometer nördlich von Stockholm, werden stark erhöhte radioaktive Werte registriert. Als sich ein Mitarbeiter der Frühschicht aus der Hochsicherheitszone des Kraftwerks in den Waschraum begibt, wird Alarm ausgelöst.
Niemand kommt auf die Idee, daß die Schuhsohlen des Mannes draußen, außerhalb des Werksgeländes bereits verstrahlt worden sind. Messungen werden veranlaßt, die das Drei- bis Vierfache des normalen Pegels ergeben. Es wird fieberhaft nach einer Schadensstelle gesucht. Doch die Anlage hat nirgendwo ein Leck.
Dann werden mehrere hundert Beschäftigte nach Hause geschickt, die Aggregate gestoppt. Behörden ordnen erhöhte Alarmbereitschaft an.
Da die Geigerzähler aber auch in Finnland, Norwegen und Dänemark ausschlagen, liegt die Vermutung nahe, daß der Wind die Nuklearteilchen mitgebracht hat. Der Verdacht richtet sich nun gegen die Sowjetunion.
Man rätselt, fragt nach. Eisiges Schweigen in Moskau. Die Empörung bei den Nachbarn wächst.
Erst am Abend bequemt sich die Nachrichtenagentur TASS zu einer kurzen Meldung:
Im Atomkraftwerk Tschernobyl sei ein Unfall geschehen. Man habe Maßnahmen zur Beseitigung der Folgen eingeleitet, eine Regierungskommission gebildet, den Betroffenen werde Hilfe gewährt.
Weil TASS – für sowjetische Verhältnisse ungewöhnlich – in den Nachrichten zugibt, daß Menschen zu Schaden gekommen sind, spitzt sich die Dramatik zu. Im Westen wird mit

astronomischen Todeszahlen spekuliert. Moskau kontert: Es sei alles schändlich übertrieben.

Dienstag, 29. April. – Die Russen bitten das Ausland um Hilfe. Zahlreiche Länder, darunter die Bundesrepublik, sagen sofort zu.
Es ist nicht fair, was die Sowjets machen: Sie versuchen, mit Falschinformationen zu bluffen. Mehrfach verbreiten sie, die Lage sei voll unter Kontrolle, sie hätten den Brand gelöscht.

Bonn bittet die Bundesländer, überall in den nächsten Tagen verstärkt Radioaktivität zu messen. Bisher sind nur weit im Norden die Werte erhöht. Katastrophenhelfer haben dies mit einfachen Handgeräten registriert.

Mittwoch, 30. April. – Jetzt breitet sich in der Bundesrepublik Unruhe aus. Über Nacht sind im deutschen Ostseeraum in der Luft und im Niederschlag (Fallout) bedenkliche Strahlungswerte gemessen worden. Dabei hat man die Isotope Ruthenium, Jod und Caesium festgestellt. Ein Flugzeug sammelt mit seinen Proben zusätzliche Spuren von Barium, Tellur und Technetium ein.
Einiges deutet auf bevorstehende Schwierigkeiten hin. Zumal die Wetterämter prophezeien, daß der Wind von Nordwest auf Südost drehen wird. Die unheimliche Wolke driftet auf Deutschland zu . . .

Der Reaktor von Tschernobyl
Tödliches Risiko

Das sowjetische Kernkraftwerk Tschernobyl, das aus vier Blöcken besteht, weist nach Erkenntnissen westlicher Experten erhebliche Sicherheitsmängel auf. Bei dem zuerst betroffenen Block handelt es sich um einen Siedewasser-Reaktor mit Graphit als Moderator. Über derartige Reaktortypen (wahrscheinlich 26) verfügt zum Zeitpunkt der Katastrophe anscheinend nur die UdSSR, die sie bisher auch nicht in andere Länder exportiert hat.

Obwohl die Anlage wegen fehlender Informationen nicht bis ins letzte Detail beurteilt werden kann, weiß man doch, daß ihr wesentliche Schutzvorrichtungen fehlen, mit denen bei schweren Störfällen die Radioaktivität gegen die Außenwelt hermetisch abgeschirmt werden kann. Erhebliche Schwächen weist vor allem das Notkühlsystem auf, weshalb im Westen auch von einem »Primitiv-Reaktor« gesprochen wird.

Die Bundesregierung drängt seit dem sowjetischen Unglück auf verstärkte weltweite Sicherheitsmaßnahmen und einen regen Informationsaustausch im Krisenfall, »weil ein solcher Unfall nicht das Problem eines einzelnen Landes ist«. Tschernobyl beweise die dringende Notwendigkeit weltweit verpflichtender Regeln.

Westliche Beobachter rechnen langfristig mit schwerwiegenden Auswirkungen auf das sowjetische Energieprogramm, obwohl das Kernkraftwerk Tschernobyl mit seiner Leistung von insgesamt 4000 Megawatt nur einen Anteil von einem Prozent an der Stromversorgung aus Atomenergie hat. Der neue Fünf-Jahres-Plan sieht eine Ausweitung des Anteils der Kernernergie an der gesamten Stromerzeugung der UdSSR von derzeit elf auf zwanzig Prozent bis zum Jahr 1990 und eine Vervierfachung bis zur Jahrhundertwende vor.

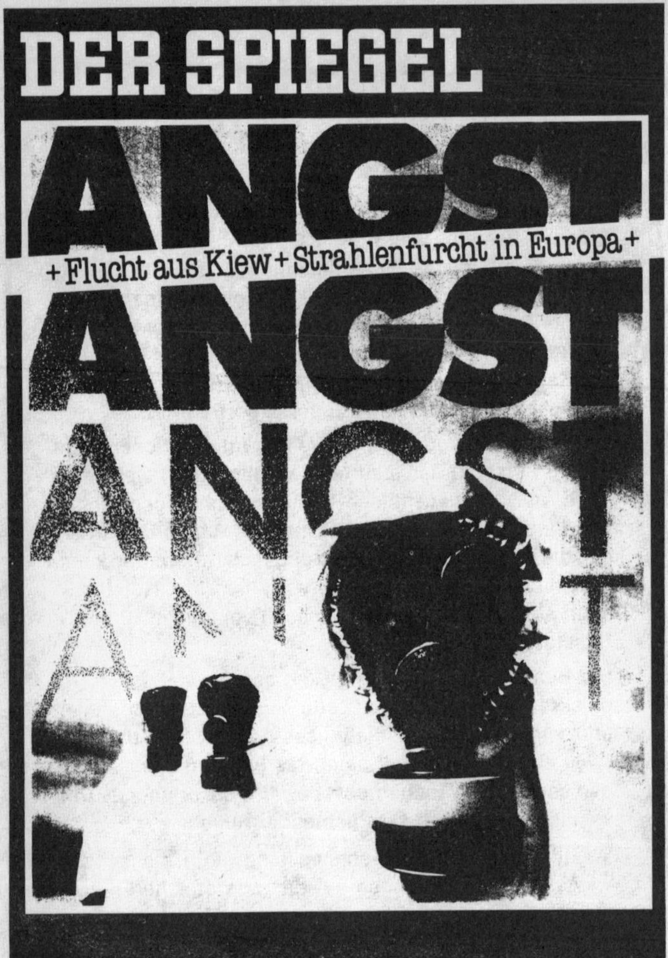

Die Angst geht um. (Spiegel-Titel)

Minilexikon der Radioaktivität
Wichtige Begriffe

Radioaktive Stoffe senden Teilchen oder *Strahlen (Alpha-, Beta-, Gammastrahlen)* aus. Gammastrahlen haben große Reichweite und können Materie und organisches Gewebe leicht durchdringen. Der radioaktive Zerfall ist gekennzeichnet durch die *Halbwertszeit*; das ist die Zeit, in der die Hälfte einer vorgegebenen Menge zerfällt. (Die Halbwertszeit für Jod 131 beträgt zum Beispiel rund acht Tage, für Radium 226 etwa 1600 Jahre.)

Als *Aktivität* eines radioaktiven Stoffs wird die Anzahl der in einer bestimmten Zeit zerfallenden Atomkerne verstanden. Gilt die Sekunde als Zeiteinheit, dann ist das *Becquerel (Bq)* die Einheit für die Aktivität: 1 Bq = ein Zerfall pro Sekunde. Ist die Halbwertszeit einer vorgegebenen Menge radioaktiven Materials groß, so ist seine Aktivität desto geringer. (Überholt ist das Curie = Ci als Einheit der Aktivität.) Auch der Laie sollte sich als wichtige Maßeinheit für die Schädigung durch energiereiche radioaktive Strahlung das *»rem« (röntgen equivalent man)* merken, das an anderer Stelle erläutert wird. (Häufig gebrauchte neue Einheit: *»Sievert«*. 1 Sv = 100 rem.)

»Rad« (radiation absorbed dose) als ältere Bezeichnung für die sogenannte *Energiedosis gibt an, welche Energie pro Kilogramm bestrahlter Materie aufgenommen wird. Daraus lassen sich rem-Werte berechnen. Die neue Bezeichnung lautet »Gray« (Gy)*; 1 Gy = 100 Rad.

Weitere Begriffe: *Aerosole:* Gase mit festen oder flüssigen Schwebeteilchen; *Emission:* Schadstoffabgabe an Atmosphäre oder Gewässer; *Immission:* Schadstoffbelastung eines Gebiets; *Ingestion:* Aufnahme radioaktiver Stoffe mit der Nahrung; *Inhalation:* Aufnahme mit der Atemluft; *Inkorporation:* Aufnahme radioaktiver Stoffe in den menschlichen Körper; *»letal«:* tödlich.

Maß für radioaktive Strahlenlast: »rem«

Radioaktive Stoffe sind Strahlungsgifte oder physikalische Gifte. Ihre toxikologische Bedeutung wird nach der Art ihres Zerfalls in Alpha-, Beta-, Gammastrahlen, nach Energie und Halbwertszeit beurteilt. (»Halbwertszeit« ist die Zeit, in der die Strahlungsintensität einer radioaktiven Substanz — die Zahl der Zerfälle pro Sekunde — auf die Hälfte abklingt.) Die biologische (schädigende) Wirkung der energiereichen Strahlen ist auf Ionisierung und Anregung der Atome und Moleküle im betroffenen Zellgewebe zurückzuführen.

Als Maßeinheit für diese Schädigung gilt die Einheit »*rem*« *(röntgen equivalent man)* oder »*Millirem*« (Tausendstel rem) bei kleineren Werten. Man unterscheidet zwischen natürlicher und künstlicher Radioaktivität. Die *natürliche Strahlenbelastung* (durch natürliche radioaktive Stoffe, die seit Bestehen der Erde vorhanden sind) liegt im Jahresmittel bei 110 Millirem. Hinzu kommen etwa 60 Millirem *künstliche Belastung* (zum Beispiel durch medizinische, industrielle Strahlenanwendung, Kernwaffentests und Atomkraftwerke). Insgesamt also rund 170 Millirem pro Jahr, eine Zahl, die in einzelnen Regionen jedoch höher liegen kann.

Der Grenzwert für Personen, die beruflich mit Radioaktivität umgehen, wurde mit 5000 Millirem (fünf rem) im Jahr festgelegt. Je nach Überschreitung dieses Grenzwerts sind erhöhte Wachsamkeit, Vorsorge oder Gegenmaßnahmen geboten.

Bereits bei kurzer Belastung am ganzen Körper mit etwa 50 rem zeigen sich Symptome der Strahlenkrankheit, Veränderungen des Blutbilds und mehr. Hinzu kommen mögliche Spätschäden mit Krebsgefahr zumindest bei höheren Werten.

Katastrophen sind Ländersache
Schlamperei: Kein Plan für den Ernstfall

Der Fallout – er wird mit zunehmenden Werten von Jod 131 zuerst in Berlin und Süddeutschland entdeckt – trifft die Bundesrepublik absolut unvorbereitet. Behörden und Politiker reagieren kopflos. Katastrophenhelfer, von denen viele nicht einmal mit Meßgeräten umgehen können, werden nach improvisierten Plänen eingesetzt.
Ein folgenschweres Verwirrspiel mit der Bevölkerung beginnt. Sie wird mit ihr bis dato unbekannten Begriffen wie Becquerel, Millirem, Gray und Mikroröntgen nur so überschüttet. Panikstimmung macht sich breit. Bundesweit beginnt ein Run auf Jodtabletten, Milchpulver, Konserven und Tiefkühlkost. Milchpulver ist zuerst ausverkauft.
Jedes Land kocht sein eigenes Süppchen bei den Kontrollen von Nahrung und Umwelt. Wie bereits in den vergangenen Jahren bei größeren Lebensmittelskandalen, versagt auch diesmal die länderübergreifende Zusammenarbeit. Die Bundesregierung hat die Situation nicht im Griff.
Es kommt zu den merkwürdigsten Stellungnahmen, unter denen Bundesinnenminister Friedrich Zimmermann mit seiner Erklärung vom 29. April im Fernsehen den Vogel abschießt:

»Selbst wenn die Messungen einen x-fach höheren Wert ergeben würden in Skandinavien – bei uns wird ebenfalls unaufhörlich gemessen, ohne ein Ergebnis –, wäre eine Gefährdung nur im Umkreis von dreißig, fünfzig Kilometern (von Tschernobyl) gegeben. Wir sind zweitausend Kilometer von dieser Unfallstelle entfernt. Eine Gefährdung der deutschen Bevölkerung ist ausgeschlossen.«

Mit diesen Worten trägt Zimmermann viel zur allgemeinen Verunsicherung bei. Das Mißtrauen gegenüber amtlichen

WARSZAWA
FIAT
POB 976S

PEKAES
WARSZAWA
TIR

Verlautbarungen wächst. Die Mehrheit der Bevölkerung geht davon aus, daß man ihr nicht die Wahrheit sagt. Zumindest nicht die volle Wahrheit. Ein vernichtendes Zeugnis für die Obrigkeit in Bund und Ländern. Noch nie war das Vertrauen der Menschen so auf dem Nullpunkt.
Viele meinen: »Ohne Aufklärung durch die Massenmedien würden wir ganz schön im Regen stehen. Die Politiker würden uns das Blaue vom Himmel erzählen.«
Presse, Hörfunk und Fernsehen bringen die Wahrheit ans Licht: Der Fallout ist doch nicht so ungefährlich, wie man in Bonn erklärt.

Donnerstag, 1. Mai. – Bayern meldet nach wie vor hohe Strahlenwerte vor allem im Süden des Freistaats. Sie liegen fünf- bis sechsfach (an manchen Stellen in Süddeutschland sogar bis zwanzigfach) über normal, sollen aber – wie das Münchner Umweltministerium meint – nicht gesundheitsgefährlich sein.
Ein neues Problem taucht auf: Der Vorsitzende der Strahlenschutzkommission beim Bundesinnenministerium, Professor Erich Oberhausen, warnt die Bevölkerung vor der Einnahme von Jodtabletten, die in den meisten Apotheken ohnedies bereits ausverkauft sind.
Bei unkontrollierter Einnahme könne es zu Allergien und Vergiftungserscheinungen kommen. (Kaliumjodid-Tabletten halten die Gesundheitsämter nur für bestimmte atomare Katastrophenfälle bereit. Sie sollen dann nach ärztlicher Anweisung die Aufnahme von radioaktivem Jod in der Schilddrüse blockieren.)
Der Deutsche Wetterdienst in Offenbach wird von Anrufen besorgter Leute überschwemmt. Er beschließt auf Anweisung des Bundesverkehrsministeriums, gewöhnlichen Bür-

Abb. Seite 24/25: Strahlentest am Grenzübergang Herleshausen: Ein polnischer Trucker wird auf radioaktive Belastung untersucht.

gern keine Zahlen mehr zu nennen, weil dies nur noch mehr verwirre. Die Presse erhält die Meßwerte vom Wetterdienst weiterhin.
Es stellt sich heraus, daß in vielen Städten (so in Frankfurt, in dessen Nähe das Kernkraftwerk Biblis liegt) nicht einmal ein Katastrophenplan existiert. Die Kommunen verweisen darauf, daß Katastrophenschutzplanung nach dem Bundesimmissionsgesetz Ländersache ist.
Dazu das hessische (grüne) Umweltministerium: »Hier wird politische Weißwäscherei betrieben.«
Angesichts der widersprüchlichen Angaben von seiten der Behörden warnen erstmalig unabhängige Wissenschaftler vor einer möglichen radioaktiven Verseuchung von Milch und anderen Lebensmitteln. Regierungsstellen – wie das Umweltministerium in Bayern – können oder wollen zu diesem Zeitpunkt solche Warnungen noch nicht bestätigen. Immerhin wird mit der Untersuchung von Nahrungsmitteln begonnen.

Hessen macht die Schotten dicht
US-Armee lehnt Hilfe ab

An den Grenzen und auf den Flughäfen erhöhte Wachsamkeit. In der Nacht zum 1. Mai wird die hessische Landesregierung vom Bundesinnenministerium ersucht, Personen, die aus dem europäischen Teil der UdSSR einreisen, zu beraten und auf verseuchte Fahrzeuge zu achten.
Noch in derselben Nacht richtet Hessen am DDR-Grenzübergang Herleshausen einen Meßdienst ein. Er wird rund um die Uhr hauptsächlich mit Bediensteten der staatlichen Gewerbeaufsicht besetzt.
Bald erweist sich: Die Staatsdiener sind dem Ansturm radioaktiv belasteter Brummis aus dem Osten nicht gewachsen. ABC-Züge der freiwilligen Feuerwehren müssen her, um die Wagen zu dekontaminieren (entseuchen). Das bedeutet: Sie werden gründlich mit Leitungswasser abgespritzt. Viel mehr kann man nicht tun.
Das Wasser, das nun ebenfalls verstrahlt ist, muß vorschriftsmäßig in Plastikplanen aufgefangen und später entsorgt werden. »Obwohl sich im nachhinein herausstellt, daß es bei weitem nicht so stark verseucht ist wie der Regen«, berichtet das Wiesbadener Gesundheitsministerium auf einer rasch einberufenen Pressekonferenz.

In der Nacht zum 3. Mai entspannt sich die Lage leicht. Jetzt geht für Fahrzeuge aus Ostblockländern und der DDR in Herleshausen nur noch der Schlagbaum hoch, wenn ihre Kontamination (Belastung, Verseuchung) nicht über bestimmten Meßwerten liegt. Andernfalls werden sie zurückgeschickt. Lediglich Westfahrzeuge werden von den Katastrophenhelfern so gut es geht von Radioaktivität befreit. Die zivilen Helfer kommen allein nicht mehr zurecht. Deshalb werden Bundeswehr und US-Streitkräfte nach Herleshausen um Hilfe gebeten. Die Amerikaner lehnen

»Kein Grund zur Besorgnis« Moskauer Version

Radio Moskau verliest am 1. Mai 1986 eine amtliche Erklärung zu einem Foto des Kernkraftwerks:

»Auf dem Foto ist deutlich zu sehen, daß das Gebäude dieses Kernkraftwerkes ... teilweise beschädigt ist. Es gibt aber keine Brände und keine bedeutenden Zerstörungen, über die in den letzten Tagen über einige bürgerliche Massenmedien Gerüchte verbreitet werden. Es gab auch keinen Tod von Tausenden von Menschen, worüber Nachrichtenagenturen im Westen schrieben. Dies wurde unter anderem in einer Mitteilung der sowjetischen Regierung dementiert.

Es wurde mitgeteilt, daß zwei Menschen ums Leben gekommen sind. Die Bewohner der in der Nähe des Kernkraftwerks gelegenen Siedlungen wurden evakuiert. 197 Menschen wurden in Krankenhäuser eingewiesen, und dabei verließen 49 davon nach einer Untersuchung bereits das Spital.

In der Regierungsmitteilung wird unterstrichen, daß sich im Ergebnis der Maßnahmen zur Beseitigung der Folgen der Havarie die Austretung von radioaktiven Stoffen verringerte und der Strahlungsgrad im Raume des Kernkraftwerks und in der Siedlung der Kraftwerke sank. Es verläuft keine Kettenreaktion des Atombrennstoffs. Der Reaktor des Kraftwerks wurde abgestellt.

Nach den aus der Ukraine eingetroffenen Angaben erregt der Umweltzustand auf dem übrigen Territorium des Gebiets Kiew und in Kiew selbst keine Besorgnis. Die Qualität des Trinkwassers und des Wassers in den Gewässern entspricht der Norm.

Die örtlichen Betriebe landwirtschaftlicher Genossenschaften und Einrichtungen arbeiten normal.«

ab, weil sie – so die offizielle Lesart – Attentate auf ihre Einrichtungen befürchten. Die Bundeswehr rückt an und stellt zusätzlich ihre Panzerwaschanlage in der nordhessischen Garnison Fritzlar bereit.
Zu turbulenten Szenen kommt es daraufhin in den Gemeinden. Aus dem Lagebericht der Atomfeuerwehr:
»Wo auch immer nur der Anschein erweckt wird, daß an einem Ort dekontaminiert (entseucht) werden soll, gibt es sofort heftigen Widerstand. Ein Bürgermeister erwirkt eine Einstweilige Verfügung beim Amtsgericht, obwohl gar nicht beabsichtigt ist, in seiner Gemeinde Fahrzeuge zu entseuchen.
Ein anderer erläßt eine Polizeiverfügung, mit der eine Dekontamination in einer Bundeswehranlage verboten werden soll. Anschließend hebt der Regierungspräsident die Verfügung als rechtswidrig wieder auf. In diesem Fall kommt es auch zu einer zeitweiligen Sperrung der Zufahrtswege durch die Bevölkerung.«
Verständlich, die Menschen haben Angst.

Vorsichtsmaßnahmen auch andernorts. Auf dem als Nahtstelle zwischen Ost und West wichtigen Grenzbahnhof Bebra werden insgesamt 140 aus der DDR kommende Züge überprüft und 23 verstrahlte Waggons ausrangiert.
Mit Geigerzählern werden auf dem Frankfurter Rhein-Main-Flughafen in den ersten Tagen 30 Maschinen abgetastet. Ohne ernsten Befund. 1600 Passagiere lassen sich testen. 44 von ihnen haben eine erhebliche Kontamination. Man rät ihnen, sich am Zielort gründlich zu reinigen und eine Strahlenschutzstelle aufzusuchen. Gefährdung Dritter sei damit nicht verbunden, heißt es in der hessischen Bilanz.

Turbulenzen auf dem Milchsee
Grenzwerte geraten ins Schwimmen

Freitag, 2. Mai. – Endlich tut sich was. Die Bundesregierung schränkt den Milchverkauf ein. Belastete Frischmilch darf nicht in den Handel. Molkereien müssen Radioaktivität messen. Einfuhren aus dem Osten werden weiter gebremst. Dem hessischen Sozialministerium ist dies aber längst nicht genug. Es bedauert, daß der Bundesinnenminister zur Lagebeurteilung erst jetzt die Strahlenschutzkommission einberufen hat.
Der Bonner Grenzwert für Jod 131 (500 Becquerel pro Liter Milch) wird von Hessen nicht akzeptiert: Es legt sich auf 20 Becquerel fest, weil es »die sich aus der Empfehlung der Kommission ergebende Belastung für Kleinkinder von etwa 3 rem aufgrund eingehender Überlegungen für nicht vertretbar hält«. Hessische Molkereien dürfen ab sofort nur noch Milch verkaufen, die mit höchstens 20 Bq belastet ist.
Doch etwas hat man in Wiesbaden anscheinend nicht bedacht: Was geschieht mit der Milch, die aus anderen Bundesländern in Hessen vermarktet wird und sich nach dem 25fach höheren Bonner Grenzwert richtet? Antwort eines Prüfers: »Da können wir nichts machen, wenn das passiert. Die Händler dürfen sich nur nicht erwischen lassen.« Passiert nur deshalb nichts, weil man niemanden erwischt?
Unabhängige Verbraucherschützer bezeichnen die Bonner Entscheidung als einen Skandal: Die Kommission habe nur mit Rücksicht auf den Handel so hoch gegriffen. Dagegen wird die hessische Entscheidung begrüßt.

Am selben Tag werden die Einfuhrbestimmungen für Obst, Gemüse und Fleisch aus Ostblockländern verschärft. Auch für Milch, obwohl das Bundesernährungsministerium behauptet, es gebe gar keine Frischmilchimporte aus diesen Staaten. Sicher ist sicher.

Berufsoptimist: Baden-Württembergs Landwirtschafts- und Umweltminister Gerhard Weiser sieht zunächst »keine signifikanten Veränderungen« bei Kuhmilchprodukten. Dabei ticken die Geigerzähler bereits um die Wette. (Das Foto zeigt Weiser während seiner Pressekonferenz zur Lage.)

Auf einmal überbieten sich amtliche Stellen gegenseitig mit Empfehlungen und Richtlinien. In manchen Gebieten sollen Verbraucher überhaupt kein Freilandgemüse mehr verzehren. In anderen sollen sie es vor dem Verzehr lediglich gut waschen.
Landwirte sollen ihr Vieh vorläufig nicht auf die Weiden lassen. Aber viele tun es doch, weil ihnen das Trockenfutter ausgegangen oder zu teuer ist.
Lebensmittelüberprüfungen haben in der Bundesrepublik noch nie einheitlich funktioniert. Jetzt wirkt sich das Durcheinander der Kompetenzen und Untersuchungsmethoden noch verheerender aus, weil die Ämter den neuen Aufgaben weder personell noch austattungsmäßig gewachsen sind.
Über Nacht werden die staatlichen Fahnder mit Meßinstrumenten ausgerüstet, die man sich vom Katastrophenschutz ausborgen muß. Was Becquerel und Millirem sind, wissen die wenigsten Kontrolleure. »Wir schauen nur auf die Skalen und notieren den Wert.«
In manchen Bundesländern hat praktisch kein einziger der Beamten jemals zuvor einen Geigerzähler in der Hand gehabt. Nicht einmal theoretisch hat man ihnen während der Ausbildung den Umgang damit erklärt.

In Bonn vermutet ein Sprecher der Strahlenschutzkommission: Die »rote Linie« sei in der Bundesrepublik und Berlin bei weitem nicht erreicht. Persönlich nehme er aber an, daß das Unglück von Tschernobyl für Deutschland »wahrscheinlich ausgestanden« sei. Da täuscht er sich gewaltig.

Aus den einzelnen Bundesländern werden unterschiedliche Meßwerte gemeldet, die (wie auf einer Wiese im baden-württembergischen Bad Wurzach) »bis zur Katastrophengrenze« reichen. Wo diese Grenze liegt, kann jeder selbst entscheiden.
Aus Hessen wird bekannt, daß die Landesanstalt für Umwelt in Darmstadt eine Jod-131-Aktivität von 166 Becque-

rel pro Kubikmeter Luft festgestellt und diesen Wert sofort nach Bonn gemeldet hat.
Grüne Abgeordnete werfen der Bundesregierung in diesem Zusammenhang vor, sie habe der Öffentlichkeit »nach unten verfälschende Angaben präsentiert« und die Bevölkerung nicht rechtzeitig gewarnt. Es sei zu befürchten, daß die Regierung »nicht nur in diesem einen Fall (Darmstadt) heimtückisch über das volle Ausmaß der Strahlenbelastung getäuscht hat und täuscht«.
Die Regierung will das nicht auf sich sitzen lassen: Was die Grünen nur wollten, es gebe bisher keine konkrete Gefährdung des Bodens und der Luft. Außerdem gehe es um Vorbeugungsmaßnahmen, nicht um Katastrophenschutz. Das ist Wortklauberei.

Manche beugen auf ihre Weise vor: Hinter vorgehaltener Hand mutmaßen Insider, das eine oder andere deutsche Kernkraftwerk lasse während der Tschernobyl-Krise mehr Ozon ab, als normalerweise erlaubt. Im Ozon befänden sich Radionuklide wie Caesium oder Plutonium, und dadurch würden möglicherweise die Tschernobyl-Luftmessungen verfälscht.
Nachprüfen lassen sich solche Gerüchte momentan noch nicht. Die Behörden, die es tun müßten, sind mit anderen Sorgen geplagt. Sie halten dicht.
Das gilt auch für die Verbrennung von Klärschlamm, der in diesen Tagen stark mit Jod 131 angereichert ist. Durch solche Verbrennungen, wie man sie von kommerziellen und kommunalen Spezialanlagen kennt, wird dann noch mehr Jod 131 in die radioaktiv geschwängerte Luft gejagt.
Die Tschernobyl-Krise als willkommene Gelegenheit zur Beseitigung von lästigem Sondermüll?

Verstrahlte Milch: Vor Verkauf ab Hof wird gewarnt. ▷

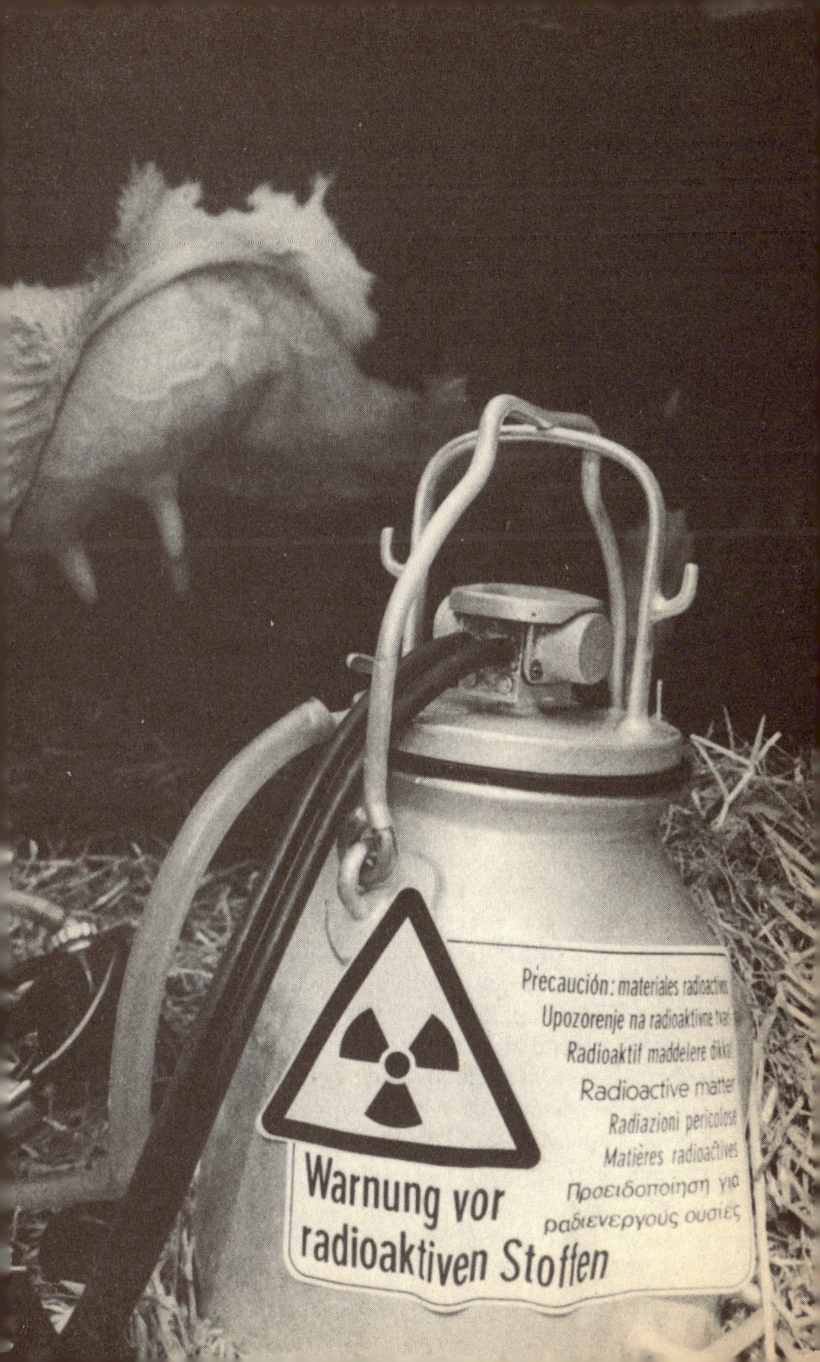
Precaución: materiales
Upozorenje na radioaktivne
Radioaktif maddelere
Radioactive matter
Radiazioni pericolose
Matières radioactives
Προειδοποίηση για
ραδιενεργούς ουσίες
Warnung vor
radioaktiven Stoffen

Noch sieht das bayerische Umweltministerium die Situation auf dem »Milchpfad« (Bezeichnung für den Weg der Radioaktivität über Gras und Kuh zum Menschen) nicht so tragisch, obwohl man auch dort genau weiß, daß Jod 131 in erheblichem Umfang ins Grünfutter gelangt. Im übrigen hat die Gesellschaft für Strahlen- und Umweltforschung im Raum München soeben höhere Jodkonzentrationen in Frischmilch registriert. Im Freistaat überstürzt man unpopuläre Entscheidungen halt nicht.
Währenddessen wissen nordrhein-westfälische Zeitungen auf ihren Titelseiten schon mehr: »Im Süden droht Gefahr von Milch.«
Agenturmeldungen zufolge sollen in Bayern bei einzelnen Milchproben bis zu 1000 Becquerel ermittelt worden sein; in den Handel sei die verseuchte Ware wahrscheinlich nicht gelangt.
Das neue Geduldsspiel der Regierungsbürokratie: Drei Münchner Ministerien schieben sich gegenseitig den Schwarzen Peter zu. Besorgte Anrufer aus der Bevölkerung werden vom Umweltministerium an das Innenministerium (oder umgekehrt) verwiesen, anschließend weiter an das Landwirtschaftsministerium. Das aber weiß gegenwärtig ebenfalls keinen gescheiten Rat.

Der schwäbische Umweltminister Gerhard Weiser macht es sich leichter. Weiser, bei Lebensmittelskandalen meist Berufsoptimist, wagt wieder mal eine Prognose: »Keine signifikanten Veränderungen bei Kuhmilchprodukten. Alles deutet auf eine Entlastung der Situation hin.« Kurz zuvor zeigten die Meßapparate auf einer Wiese im Ländle allerdings noch etliche zigtausend Becquerel an.
Für die Grünen im Landtag sind solche Erklärungen Weisers – wie überhaupt das Verhalten der Stuttgarter Landesregierung in dieser Sache – wenig glaubhaft. Der Umweltexperte der SPD-Opposition warnt vor regierungsamtlicher Gesundbeterei.

Probe für den Ernstfall: Strahlendemo in Stuttgart.

Schauplatz West-Berlin. Dort bleibt ein DDR-Tankzug mit 24000 Litern Milch auf der Strecke, obwohl er »nur« 7,5 Becquerel Jod 131 pro Liter aufzuweisen hat. So weit klaffen die Meinungen der Behörden zur Frage, was noch genießbar ist, auseinander.

Radioaktive Champignons aus Polen: In Hamburg wird eine Lastwagenladung der mit Jod 131 belasteten Zuchtpilze fast vollständig an ahnungslose Feinschmecker verkauft, weil die Gesundheitsbehörde nicht aufpaßt. Nur die zweite Ladung kann sie gerade noch sicherstellen. Wie in solchen Fällen üblich, läßt die Ausrede nicht auf sich warten: Akute Gesundheitsgefahr bestehe nicht.

Nach wie vor dicke Luft. Das Bundesinnenministerium gibt die aktuellen Luftwerte (pro Kubikmeter) für Freitag, 2. Mai, bekannt: Berlin 3,1; Regensburg 92,3; Stuttgart 66,2; Freiburg 78,3; München 33,7; Offenbach 35,5; Saarbrücken 72,7; Aachen 62,1 Becquerel. Es bleibt bei der unguten Stimmung in Bonn. Man ahnt: Der richtige Ärger kommt erst noch.

Spektakulärer Stopp am Nord-Ostsee-Kanal: Mehrere Schiffe von drüben dürfen erst passieren, nachdem sie gereinigt worden sind. Ihre Dosisleistung beträgt bis zu drei Millirem pro Stunde (bis zu 1 mrem wird die Belastung gerade noch von der Gewerbeaufsicht akzeptiert).
Neuerdings wird auch Ostseefisch auf Radioaktivität untersucht. »Eingangskontrolle« nennt die schleswig-holsteinische Landesregierung die aus Bonn verordnete Prozedur.

Der Tag bringt noch eine aufsehenerregende Nachricht: Wie erst jetzt bekannt wird, hat nur wenige Wochen vor der Katastrophe eine ukrainische Zeitung (»Literaturna Ukraina«) auf schwere Mängel des Kernkraftwerks aufmerksam gemacht. Die Autorin des Artikels, deren Name mit Liubov Kovalevska angegeben wird, sieht in der Anlage eine gefährliche Zeitbombe:

»Für die Fehler (bei der Planung und beim Bau) werden wir über Jahrzehnte hinaus bezahlen müssen.« Sie wird recht behalten ...

Auch in Deutschland werden schwere Fehler gemacht, wie der Präsident der Bundesärztekammer, Professor Carsten Vilmar, auf dem 89. Deutschen Ärztetag in Hannover durchblicken läßt:
Wenn eine radioaktive Wolke größeren Ausmaßes über die Bundesrepublik gelangen sollte, wären nach seiner Auffassung die Mediziner total überfordert. Es fehle an organisatorischen Voraussetzungen für die nötigen Hilfeleistungen. Beschämend für das deutsche Gesundheitswesen: Wir haben die modernsten Kliniken. Doch kommt der Fallout, dann besteht plötzlich enormer Nachholbedarf.

Eine Demo jagt die andere
Atomgegner formieren sich

Samstag, 3. Mai. – Beim Blick zum Himmel geht ein leichtes Aufatmen durchs Land. Auf ihrer Wanderung um den Erdball ziehen die nuklidbelasteten Luftmassen nach Westen weiter. Die behördlich angeordneten Vorsichtsmaßnahmen bleiben jedoch bestehen, weil vor allem mit erhöhten Bodenwerten zu rechnen ist.

Die Lage in Hessen: Für verstrahlte Lebensmittel und Fahrzeuge aus dem Osten bleibt die Grenze dicht. Das bedeutet für die betroffenen Länder enorme Devisenausfälle.
Gerüchteweise ist zu hören, daß die staatseigenen Lieferbetriebe zum Teil versuchen, ihre Waren über Drittländer – wie Italien – in die Bundesrepublik zu schleusen. In Süddeutschland erhärtet sich solcher Verdacht.
Fast überall ist Trockenmilch – sonst ein trauriger Ladenhüter – jetzt ausverkauft. Obwohl immer wieder beteuert wird, Frischmilch aus den Molkereien sei einwandfrei, weichen mehr und mehr Haushalte auf das vorläufig noch unverdächtige Pulver aus.
Reformhäuser stellen sich auf weiter steigende Nachfrage ein und ordern tonnenweise Nachschub. Die Hast der Käufer hat einen einleuchtenden Grund: In wenigen Tagen wird die neue Produktion auf den Markt geworfen. Ob sie wirklich nur von unbelasteten Stallkühen kommt? Auch Dosenmilch entwickelt sich zum Renner.
Aus Baden-Württemberg und Hessen liegen neue Höchstwerte vor: Wiesbaden weiß von einem Fall mit 5000 Becquerel Jod 131 pro Liter Milch, Stuttgart von 1062 Becquerel, allerdings bei Schafsmilch.
Fachleute weisen darauf hin, daß Jod 131 wegen seiner kurzen Halbwertszeit in einigen Tagen abgebaut sein dürfte.

Dann sei zumindest ein Nuklid aus den Lebensmitteln praktisch verschwunden. Was aus Caesium, Strontium und den vielen anderen wird, darüber denkt zur Stunde kaum eine Überwachungsbehörde öffentlich nach. »Wir wollen die Leute doch nicht vollkommen kopfscheu machen.« Es nützt nicht viel, sie sind es schon.

Starke Einbußen melden bundesweit die Reiseveranstalter: Nach den amtlichen Warnungen wird das Gros der Urlaubsbuchungen für den Ostblock storniert. Zu deutlich herabgesetzten Preisen bieten Unternehmen jetzt »Vertrauensreisen« zu denselben Zielen an. Es ist eine Werbung wie für Sauerbier. Schmecken will sie keinem.
Auch die Türken kriegen es zu spüren. Das Unternehmen »Avrupa Turban Touristik« beschwört die Presse, doch zu veröffentlichen, »daß Reisende in die Türkei auf keinen Fall gefährdet sind«. Nach offiziellen Angaben aus Ankara seien »die Radioaktivitätswerte dort generell stabil«. Günstige Winde hätten das Land vor einer Strahlenbelastung bewahrt.
Die Firma untertreibt: Selbstverständlich gibt es auch dort jede Menge Strahlen. Die Schlagzeilen türkischer Sonntagszeitungen, die man auch in der Bundesrepublik kaufen kann, liefern den Beweis. Nach Mitteilung der türkischen Atomenergiebehörde ist die Radioaktivität in einzelnen Landesteilen (besonders im Nordwesten) zeitweilig siebenmal höher als sonst.

Ein Blick in andere Länder:
Frankreich (dort wird der Energiebedarf gut zur Hälfte aus Kernkraft gedeckt) schweigt offiziell noch immer.
In Italien sollen schwangere Frauen und Kinder keine Frischmilch trinken. Zahlreiche Länder verbieten vorübergehend die Einfuhr von Milch und Milchprodukten aus Ostblockländern.
In mehreren österreichischen Bundesländern ist es streng untersagt, Vieh auf die Weide zu treiben. Wer sich nicht

daran hält, muß mit Geldstrafen bis zu 20000 Schilling (rund 2850 DM) oder vier Wochen Gefängnis rechnen.

In der Bundesrepublik ist es das Wochenende der Demos: Tausende von Menschen protestieren am Samstag in den Städten gegen Bau und Betrieb von Kernkraftwerken. Unter dem Motto »Tschernobyl ist überall« fordern sie den totalen Ausstieg aus der Atomenergie. Sämtliche Kraftwerke sollen stillgelegt werden.
Der Bundesregierung wird vorgeworfen, sie habe bisher über die Folgen des Unglücks nur unzureichend aufgeklärt. »Nicht nur die Sowjets halten Informationen zurück. Bonn tut es auch.«

Von Tschernobyl bis Wackersdorf: Für die Kernkraftgegner kommt alles auf dasselbe raus. (Kleinanzeigen aus der Berliner »Tageszeitung«.) ▷

anti - AKW - WAA - news

☞ **Aufruf an alle Frauen und Männer! Aufruf an alle Frauen in der Strahlenzone BRD!** Gebärstreik-treff: Samstag, 24.5. um 12 h vor jedem rathaus mit transparenten. Wir können nicht mehr verantworten, kinder für diesen vernichtenden staat in die welt zu setzen. Organisiert in euren städten informationsveranstaltungn und aktionen, um gegen diesen wahnsinn zu demonstrieren.
Wir fordern die sofortige abschaltung aller Atomkraftwerke!
Kontakt über: Geschichtswerkstatt, [redacted]

☎ [redacted]

☞ **Mühlheim-Kärlich: Demo für sofortige Stillegung des AKW Mühlheim-Kärlich (bei Koblenz)** am Samstag, 24.5.. 12 h Auftakt in Neuwied, Luisenstr. 14 h Abmarsch zum AKW. Abschlußkundgebung und Aktionen

Mülheim/Kärlich: auch nach Tchernobyl darf Harrisburg nicht vergessen werden!!!! Der nahezu baugleiche reaktor in Mülheim-Kärlich ist schon im probelauf. Demonstration am Samstag, 24.5., 12 h von Neuwied/Rhein zum AKw

☞ **Darmstadt: gr. Fahraddemo nach Biblis zur landesweiten AKW-Demo am Sonntag, 25.5.** Treffpunkt: 9 h Luisenplatz, DA.
Es rufen auf: Prozeßhilfe DA, Aktionsgruppe Wackersdorf, Robin Wood, Antifa-ini DA, alternative Liste Weiterstadt, Infogruppe pol. gefangene, Grüne OV Eberstadt, Rotgrüne Liste an der FHD, Gaffa (Liste an der THD), BI gegen Startbahn West Ortsgrupe DA, Aktionskomitte für Stillegung aller AKWs.

☞ **Darmstadt: zur landesweiten Anti-AKW-Demo nach Biblis** Buspendeldienst ab 9 h Luisenplatz in Darmstadt. Autokonvoi ab 9 h Friedrich-Ebert-Platz

☞ **Darmstadt: fahrraddemo: haltepunkt, 9.30 h in Griesheim, HEG-Wagenhalle**

☞ **WACKERSDORF: prozesstermine.** Am 26.5. (montag) gegen Georg Baumgärtner 9.30 im Amtsgericht Schwandorf. Anklagepunkt: widerstand, körperverletzung. Gegen Wolfgang Heintz, 13 h Amtsgericht Schwandorf, wegen Nötigung, v. 13.12, Rodungsbeginn

☞ **Wer hat erfahrungen mit Strompreisboykott?** Da ich eine gruppe in Frankfurt gründen will, suche ich informationen über möglichkeiten und risiken. Außerdem info-material zur atomfrage. Schreibt an: [redacted] Frankfurt 1

☞ **Tschernobyl ist überall — auch in Ostwestfalen!** Demonstration und kundgebung am Samstag, 24.5. in Bielefeld. Treffpunkt: 11 h Stadtwerke (Schildesacher Straße). Kundgebung: 12.30 Alfred-Bozi-Str. (Höhe DPWV-Haus)

☞ **Camp Wackersdorf: auch nach der räumung gehts weiter.** Samstag, 24.5. 19 h Gaststätte Weißes Rössl in Bruck: »Im namen des volkes — recht und widerstand« informations- und diskussionsveranstaltung mit 2 rechtsanwälten und einem richter zur rolle der justiz.
Am sonntag, 25.5 ab 13 h wieder Waldspaziergang

Innenpolitik

Informationen des Bundesministers des Innern

Der Reaktorunfall von Tschernobyl

Unfall in der Sowjetunion - Auswirkungen in Europa

Europa war in Angst und Sorge. Immissionsmessungen in skandinavischen Ländern brachten es an den Tag: In der Sowjetunion hat sich ein schweres Kernkraftwerks-Unglück ereignet, von dessen Auswirkungen auch nahezu alle europäischen Länder einschließlich der Bundesrepublik Deutschland betroffen sind.

Der sowjetische Unglücksreaktor in Tschernobyl. Rechts der beschädigte Teil der Anlage. Moskau gab am 2. Mai 1986 offiziell bekannt, es habe zwei Todesopfer und 197 Verletzte gegeben.

Trotz der weitrei Folgen hat die union über den Reak leider nur spärliche tionen mitgeteilt. Auc che und offiziöse brachten bislang k lässiges Bild laufes un U Akti skand n und äischen C davon a daf n Reak- Kernschäden. nlich zum Kerr m U troffenen R sich um e Reaktor mit derator. Solche Reaktortypen werden nur in der UdSSR ei

Atomgift in Erde

Ärzte informierten

Gruppenreisen nach Kiew abgesagt

Apotheken: Nachfrage nach Jod-Tabletten stieg

Rhein-Main: Trockenmilch der große Hit

Die Giftwolke

Wissenschaftler der Universität Mainz haben, wie die ARD-Tagesthemen meldeten, durch Luftmessungen die Zusammensetzung der radioaktiven Wolke festgestellt, die nach dem Reaktorunglück in Tschernobyl über die Bundesrepublik hinweggezogen war:

	Isotope	Halbwertzeit
32 Prozent	Tellur 132	3 Tage
31 Prozent	Jod 131	8 Tage
9 Prozent	Ruthenium 103	39 Tage
7 Prozent	Ruthenium 106	1 Jahr
6 Prozent	Cäsium 137	30 Jahre
5 Prozent	Cäsium 134	2 Jahre

Dazu kommen Spuren von Barium, Molybdän und Platin, regionale Abweichungen vorbehalten. Die Isolierung von Strontium 90, das nach 28 Jahren zur Hälfte zerfällt, dauert noch 14 Tage.

Die Giftfracht des Fallout: Strontium und Plutonium sind auch dabei. Nur kann man sie nicht so schnell messen.

◁ *Schlagzeilen im Mai: Informationen des Innenministers und der Presse. (Montage)*

Folgende Seite: Im Schutzanzug auf der Müllkippe. Ein Arbeiter vernichtet Salat und Spinat in Berlin.

Da haben wir den Salat: Jod und Caesium im Gemüse

Sonntag, 4. Mai. – Vertreter des Bundesinnen- und des Gesundheitsministeriums treffen in Bonn mit Mitgliedern der Strahlenschutzkommission zusammen. Der Anlaß: Starke Radioaktivität hat sich aus der Luft in den Boden verlagert. Vermehrte Ablagerung von Radionukliden wird bundesweit beobachtet.

Die Bonner Runde einigt sich auf diesen Beschluß:

Grenzwert für frisches Blattgemüse (zum Beispiel Salat oder Spinat) 250 Becquerel pro Kilogramm. Was darüber ist, darf nicht zum Verzehr freigegeben werden.

Grenzwert für die Weiterverarbeitung: Blattgemüse mit mehr als 100 Bq Caesium 137 pro Kilo Frischsubstanz wird für »bedenklich« gehalten, auch für die Lagerung. Bei dieser Entscheidung handle es sich um vorbeugenden Gesundheitsschutz, obwohl »nach wie vor keine akute Gesundheitsgefährdung für die Bevölkerung« bestehe.

Für Spargel (die Ernte läuft gerade auf Hochtouren) sieht die Runde dagegen keine Bedenken. Trotzdem werden die Erzeuger ihre Ware kaum los. Nicht einmal zu Schleuderpreisen.

Die Frage bleibt: Wie soll sich der Verbraucher im Wust der offiziellen Verlautbarungen und Empfehlungen zurechtfinden? Wie kann er erkennen, welche Ware welchen Grenzwert hat? Woraus kann er überhaupt ersehen, ob die Lebensmittel, die er kauft, auch untersucht worden sind? (Zumal aus personellen Gründen von den Ämtern nur vereinzelte Stichproben gemacht werden können.)

Im übrigen: Wenn die Aktivität zum Beispiel bei in Frankfurt auf Caesium 137 getestetem Blattgemüse 30 Bq pro Kilo beträgt (vor Tagen hieß es noch, Caesium sei überhaupt nicht aktuell) – wie kann der Offenbacher nebenan dann glauben, daß in seinem Gemüse kein Caesium steckt?

Vorherrschende Volksmeinung: In Bonn diktiert man die Spielregeln am grünen Tisch. Also lassen wir die Finger ganz vom Salat und steigen auf Konserven und (noch nicht belastete) Tiefkühlkost um.

Nur tröpfchenweise sickern Informationen durch, aus denen der Bürger sich zusammenreimen kann, wie die Aktien wirklich stehen.
Jetzt gibt es mancherorts Luftentwarnung. Nachträglich erfährt man bei dieser Gelegenheit, daß die Belastung mit radioaktivem Jod 131 (etwa an der Nordseeküste) bei 205 Becquerel und mehr gelegen hat.
Auf einmal heißt es, der Regen sei sauberer geworden. Im gleichen Atemzug, im Regen seien bisher 2600 Becquerel und mehr pro Liter Niederschlag gemessen worden. 100 Becquerel gelten offiziell als »normal«. Wie man sieht, ein erheblicher Unterschied.
Was hält der kleine Mann auf der Straße von solchen Ungereimtheiten? »Ziemlich miese Augenwischerei, wenn man uns ständig einhämmern will, wir könnten alle unbesorgt sein. Solche Sprüchemacher nimmt man doch nicht mehr ernst.«
Zahlt er es den Sprüchemachern auf seine Weise heim? Mit dem kleinen Kreuz am Wahltag?

Die Bürger erhalten Schützenhilfe von der Prominenz: Der stellvertretende FDP-Vorsitzende und frühere Bundesinnenminister Gerhart Baum übt scharfe Kritik an der zum Teil sehr widersprüchlichen Informationspolitik der Bundes- und Länderbehörden:
Man habe sich bisher weitgehend auf pauschale Beschwichtigungsversuche beschränkt und damit erhebliche Irritationen und Unsicherheiten in der Bevölkerung verursacht.
Retourkutsche des Bonner Innenministeriums: Der »Stimmungspolitiker Baum« solle es gefälligst unterlassen, die Bundesregierung mit der russischen Regierung zu verwechseln. Bonn habe sich nichts vorzuwerfen.

Bauern kippten Milch und Eier vors Tor

Stade/Kleinensiel
Mit einer Blockade des Kernkraftwerks haben am Dienstagabend rund 50 Bauern aus den Landkreisen Stade und Cuxhaven für eine Abschaltung des Reaktors demonstriert. Mit ihren Treckern und anderen landwirtschaftlichen Fahrzeugen verstellten sie die Zufahrt zu dem Atomkraftwerk und kippten Gemüse, Eier und Milch vor das Eingangstor. Das Tor wurde von der Polizei gesichert.

Mitglieder der Umweltschutzorganisation „Robin Wood" befanden sich auch am Mittwoch noch auf einem 200 Meter hohen Strommast am Kernkraftwerk Stade. Seit 120 Stunden, so „Robin Wood" am Mittwochmorgen, werde so für die Abschaltung des Raktors demonstriert. Am Abend gaben die vier Mastbesetzer ihre Aktion auf. Zuvor waren Polizeibeamte auf den Mast geklettert. Außerdem waren Sprungtücher ausgebreitet worden.

Etwa 40 Atomgegner sind am Mittwochnachmittag über den Zaun des Kernkraftwerks Esenshamm in Kleinensiel (Kreis Wesermarsch) geklettert.

Wie die Polizei mitteilte, rollten die Demonstranten Transparente aus. Zwei Kernkraftgegner sagten kurz nach Beginn der Aktion: „Wir bleiben so lange, bis das Kraftwerk abgeschaltet wird."

Bauernkrieg: Die zornigen Landwirte sind nicht mehr zu bremsen: Vor dem Kernkraftwerk Stade kippen sie alles aus, was die Höfe hergeben.

Der praktische Tip

»Wo erfahre ich Näheres über die Belastung von Obst und Gemüse in meinem Garten?«
In der Regel bei Untersuchungsämtern. Bundesbürger, die behördlichen Meßwerten mißtrauen, wenden sich zunehmend an private Institute. Die entstehenden Laborkosten kann man senken, indem man sich mit Nachbarn zusammentut.

Nun, Selbsterkenntnis war noch nie eine Tugend der Mächtigen – ganz egal, unter welcher Partei.

Ernste Zweifel am Wahrheitsgehalt der offiziellen Auskünfte aus Bonn und München äußert die Opposition im bayerischen Landtag. Der SPD-Umweltexperte Hans Kolo wirft der Regierung des Freistaats vor, sie habe die Bürger drei Tage lang mit ihren Strahlenproblemen allein gelassen, obwohl sie im Besitz alarmierender Meßergebnisse gewesen sei.
So habe sie zum Beispiel von einer Bodenprobe mit 20000 Becquerel Jod 131 pro Quadratmeter gewußt und trotzdem geschwiegen, bis sie Bonner Empfehlungen erhielt.
Kolo: »In Bayern war das höchste Maß an Gefährdung. Da hätte das Ministerium von sich aus handeln müssen.«
Antwort des bayerischen Umweltministers Dick (CSU): Nicht durch sein Haus, »sondern durch so manche, die die Situation zur Selbstdarstellung ausnutzen, ist es zu Irritationen in den Medien und in der Bevölkerung gekommen«.
Es wird weiter gestritten, wer nun wen irritiert hat. Der Bürger denkt sich sein Teil.

Verunsichert sind Gemeinden und Landkreise wegen der Auskünfte von oben. Vor ihnen liegt ein Fernschreiben vom 30. April, auf das man sich zunächst verlassen hat:
»Nach Feststellung des bayerischen Staatsministeriums ist aufgrund dieser Sachlage eine Alarmierung der Bevölkerung nicht angezeigt. Eine Gefährdung ist nach dem derzeitigen Stand nicht zu befürchten. Deshalb sind Empfehlungen zum Verhalten der Bürger gegenwärtig nicht erforderlich und auch nicht beabsichtigt. Ebenso sind Vollzugsanweisungen an die nachgeordneten Behörden nicht vorgesehen.«
Kopfschütteln auch über ein Telex vom 3. Mai:
»Nach Mitteilung des Bundesministeriums für Ernährung und Landwirtschaft vom 3. Mai 1986 hat das Gesundheitsministerium in Bonn Anweisung gegeben, daß Lebensmittel

aus EG-Mitgliedsländern nur zugelassen werden dürfen, wenn sie von einer Bescheinigung begleitet sind, aus der hervorgeht, daß die Ware unbedenklich ist und auch im Herkunftsland verzehrt werden darf.
Die Veterinärämter können die Bescheinigung bis auf Widerruf ausstellen, weil bisher in molkereimäßig bearbeiteter Milch keine bedenklichen Werte bezüglich der Radioaktivität festgestellt wurden. Es wird gebeten, die Veterinärämter umgehend zu unterrichten.«
Das Schreiben wird von Empfängern so ausgelegt, daß die Veterinäre Persilscheine unter anderem für Milch ausstellen können, auch wenn zuvor nicht untersucht worden ist. Das ist ein Skandal.

Obwohl die Strahlenbelastung in Bayern etwas zurückgegangen sein soll, ist sie in einzelnen Landesteilen immer noch mindestens sechsmal höher als in Normalzeiten. In Milchproben der Molkereien werden teilweise sogar die hohen Bonner Werte erheblich überschritten: mit bis zu 680 Becquerel Jod 131 pro Liter. Solche Milch – so heißt es – komme nicht in den Handel. Läßt sich das für alle Fälle garantieren?
Nachdenklich stimmt eine Erklärung der Gesellschaft für Strahlenforschung in Neuherberg bei München:
»Wir werden es nicht mehr erleben, daß es keine Spuren von dieser jetzigen radioaktiven Verseuchung in der Erde gibt. Noch in hundert Jahren werden in Bayern die Spuren von Caesium 137 zu finden sein.«
Aufschlußreiches aus dem Münchner Lokalteil der Süddeutschen Zeitung:
In der Landeshauptstadt habe jeder Bürger täglich eine Ganzkörperdosis von 1,3 Millirem abbekommen. Das Umweltministerium habe die Frage, wie lange man eine solche Dosis als angeblich »akut nicht gefährlich« bezeichnen könne, nicht beantwortet, sondern lediglich Vergleichszahlen genannt:
Die durchschnittliche Jahresbelastung liege bei 120 bis 150

Strahlenbelastung: Tips der Verbraucherberatung

Nach dem Reaktorunfall von Tschernobyl herrscht bei der Bevölkerung weitgehend Unsicherheit darüber, welche Lebensmittel noch bedenkenlos ver-

Verbrauchertip

zehrt werden können. Auch die Verbraucherzentrale Rheinland-Pfalz erhält von den zuständigen Behörden – nach eigenen Angaben – oft nur magere Auskünfte, so daß eine ausreichende Information der Bevölkerung vielfach nicht möglich ist.

Zusätzlich zu den in unserer Zeitung wiederholt veröffentlichten Hinweisen über den Genuß von Gemüse, Obst und Salat gibt die Verbraucherberatung fogende Hinweise: Lebensmittel, die zur Zeit ohne Bedenken verzehrt werden können, sind Getreideprodukte wie Brot, Müsli, Getränke (zum Beispiel Kaffee, Säfte), Fisch und Käse (mit Ausnahme von Schaftskäse). Milch- und Milchprodukte, die vor dem Reaktorunfall verpackt wurden, sind im Handel kaum noch zu finden.

- **Frischmilch** ist nur zehn bis sieben Tage in der Verpackung haltbar,
- **Sahne** und **Butter** zirka zwölf Tage, wobei es sich bei der Butter um eingelagerte Bestände handeln kann. Dies ist für den Verbraucher allerdings nicht erkennbar.
- Milchprodukte wie etwa **Joghurt** und **Quark** sind zirka 18 Tage in der Packung haltbar und
- **H-Milch** mindestens sechs Wochen. Eine weitere Alternative zu Frischmilch stellt die Sterilmilch dar.

Von den Haltbarkeitsdaten läßt sich so auf die Herstellungs- beziehungsweise Verpackungszeit rückrechnen.

- Auf **Rindfleisch** sollte zur Zeit zugunsten von Schweinefleisch verzichtet werden.
- Bei **Eiern** sollte man darauf achten, daß sie aus Käfighaltung stammen.

Die Verbraucherzentrale Rheinland-Pfalz macht diese Aussagen nur schweren Herzens, denn aufgrund der besonderen Belastungssituation muß sie nun teilweise Produkte empfehlen, von denen sie sonst abrät.

Verbraucherberatung mit Verspätung: Nach tagelangem Zögern geben die Verbraucherzentralen endlich Tips, wie man sich beim Essen verhalten soll. (Information aus der Mainzer Allgemeinen Zeitung.)

Millirem für Normalbürger. Für Menschen, die beruflich mit Strahlen zu tun haben, liege sie bei 5000 Millirem pro Jahr.

Vollkommen anders sieht die Gesellschaft für Strahlenforschung die höchstzulässige Strahlenbelastung für diese Personengruppe: Es seien in Wirklichkeit nur 300 Millirem, sagt sie. Kommentar der Süddeutschen Zeitung: »Die Auskünfte der verschiedenen Stellen bleiben also widersprüchlich.«

Widersprüchlich auch dies: Während amtliche Auskünfte wesentlich harmloser klingen, hat nach den Informationen der Zeitung ein Münchner Umwelt- und Energiebüro für Jod 131 an verschiedenen Stellen diese Werte festgestellt: In Pflanzen 7960 Bq pro Kilo; Milch von Kühen 650 Bq pro Liter; Milch vom Schaf, das nur anderthalb Stunden auf der Weide war, 4840 Bq pro Liter; Erdboden 20370 Bq pro Quadratmeter und Regenwasser 12110 Bq pro Liter. Beruhigend ist das nicht.

Während der neue Grenzwert der Bonner Strahlenschutzkommission für Frischgemüse bereits bundesweit zur Kenntnis genommen wird (Verbraucherschützer sagen, er sei viel zu hoch), hält die niedersächsische Landesregierung kontaminiertes Grünzeug nach wie vor für unbedenklich. »Sorgfältig abwaschen, weil Radionuklide an der Blattoberfläche haften«, lautet der Rat. Dabei lernt schon jeder Oberschüler: Gammastrahlen kennen auch bei pflanzlichem Gewebe keine Grenzen. Sie gehen durch und durch. Abwaschen läßt sich Radioaktivität nur zum Teil.

Überhöhte Werte meldet erstmals Rheinland-Pfalz beim Spinat: bis zu sechsfach über dem von Bonn gegebenen Limit, weshalb solcher Spinat auf keinen Fall verzehrt werden darf. In den übrigen Bundesländern haben die Messungen ähnliche Resultate. Nur sagt man es der Bevölkerung noch nicht.

Niemand zweifelt mehr: Auf die deutsche Landwirtschaft kommen enorme Verluste zu. Wer wird sie den Bauern ersetzen? Als erste Partei fordern die Grünen über ihre Bundestagsfraktion den vollen Schadensausgleich für kleinere und mittlere Betriebe bei Milch und Gemüse. Zur

Folgende Doppelseite: Wieviel Caesium steckt im Radieschen? Messungen im Labor der Uni Konstanz.

Freiburg
270 g Spinat
Kopfsalat 200g

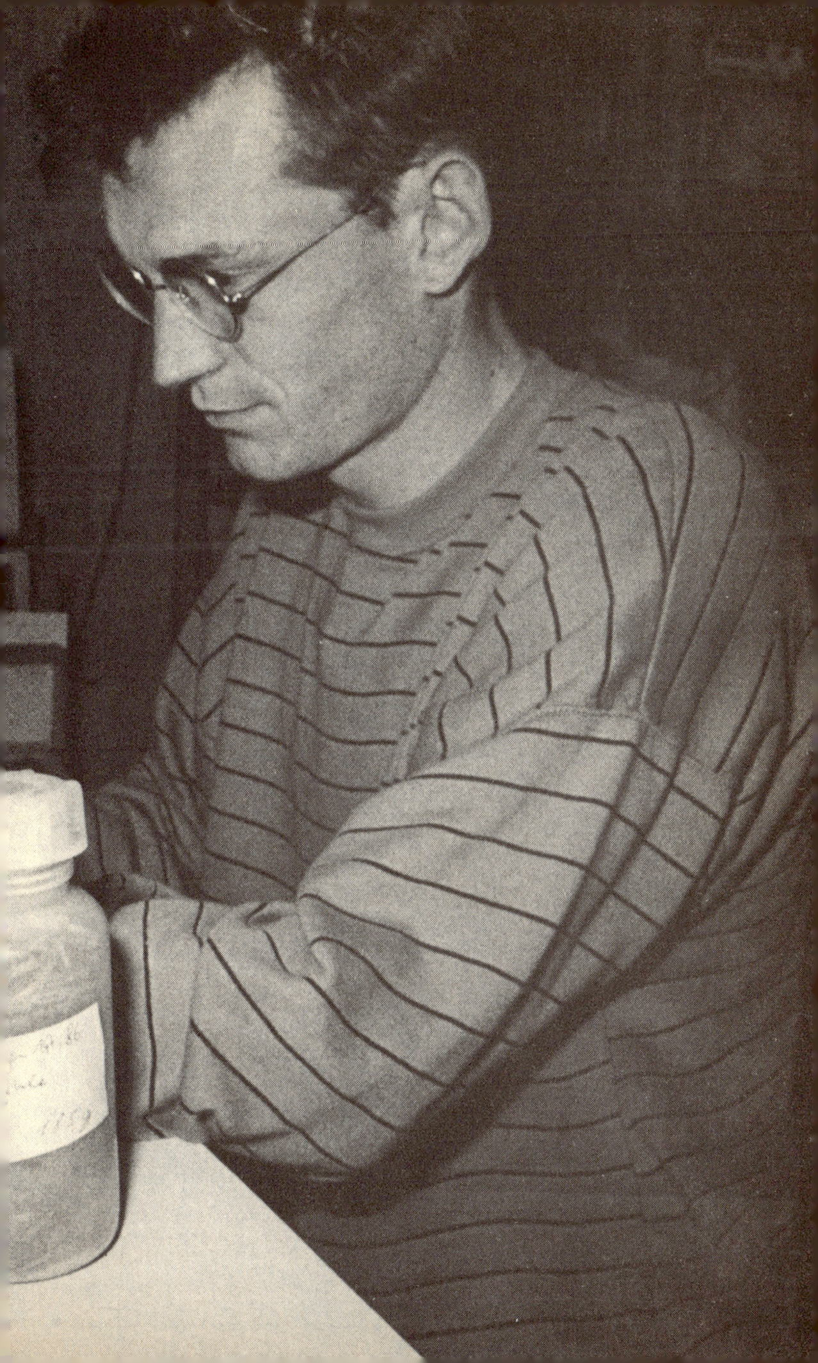

Debatte steht ferner die Frage, ob Bonn die Sowjets verklagen soll, weil die Ernte ’86 durch den Reaktorunfall praktisch verseucht ist?
Inzwischen sind die Agrarpreise international beträchtlich gestiegen, weil die Spekulanten einen gewaltigen Importbedarf der Sowjetunion erwarten. Die USA, Kanada, Australien, Argentinien und Brasilien richten sich auf lukrative Lieferungen ein.

Seitensprung nach Kassel, wo es an diesem Sonntag einige Aufregung gibt:
Vor dem Anpfiff zum Fußballspiel zwischen dem KSV Hessen und Blau-Weiß 90 Berlin wird das Stadion einer längeren Strahlenwäsche unterzogen. Die Landesanstalt für Umwelt hat mitgeteilt, die Becquerelmessungen auf dem Rasen seien alarmierend. Der Grund: Regen mit 5400 Bq Jod 131 pro Liter ist auf die Nordhessenmetropole niedergegangen; deshalb muß nun mit Leitungswasser kräftig nachgespült werden.
Nach dem Match sind die Spieler dran: Trikots müssen zur Entsorgung abgegeben werden. Die Kicker selbst sollen duschen, duschen, duschen . . .

Dem Radioisotop Jod 131 auf der Spur. (Blick in ein Untersuchungslabor.) ▷

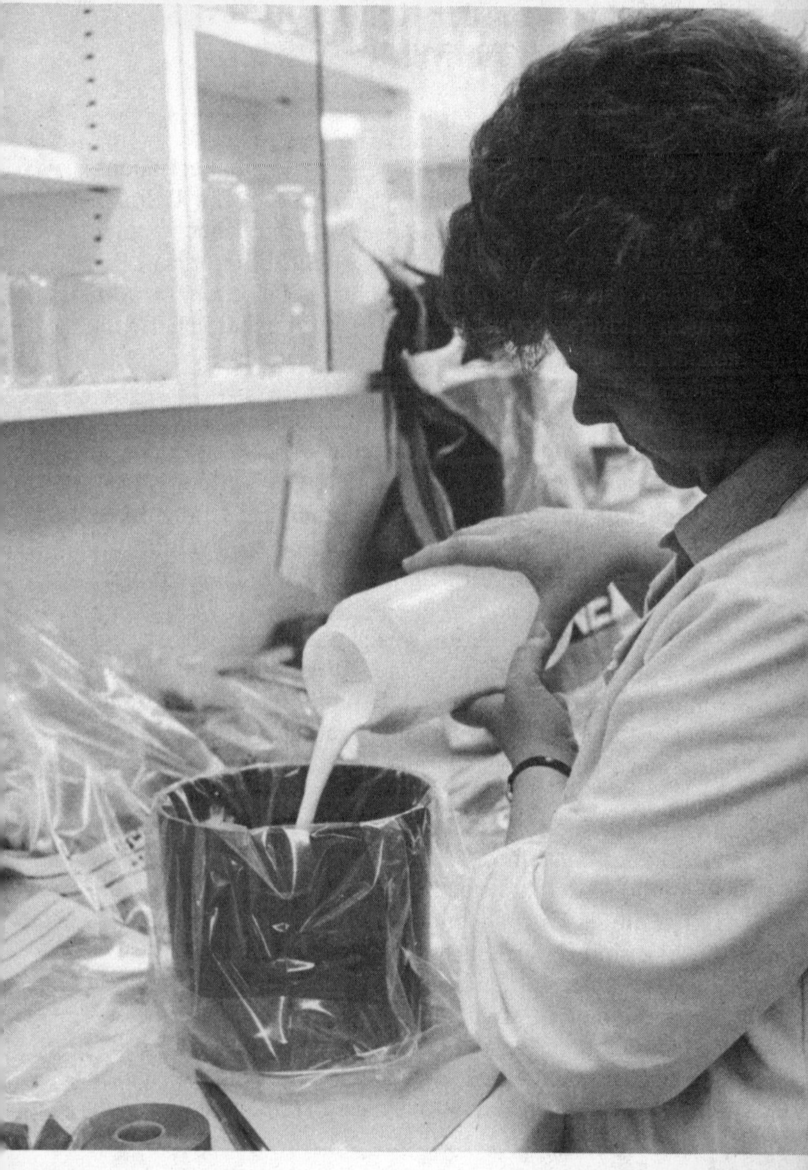

Gepanschtes von der Kuh
Trübe Aussicht für Milch

5. Mai. – Die Medien sprechen jetzt von einer Vertrauenskrise, die chaotische Ausmaße annimmt. Denn Politiker und Behörden haben sich mit ihrer widersprüchlichen Haltung selbst ein Armutszeugnis ausgestellt. Einerseits wollen sie die Bürger glauben machen, es gebe keine Gefahr. Andererseits warten sie jeden Tag mit neuen Sicherheitsmaßnahmen auf. Was tut sich in den Ländern?

Baden-Württemberg: Der Wirtschaftskontrolldienst (WKD) der Landespolizei läßt seine 440 Beamten zu den Großmärkten ausschwirren, nachdem das Verkaufsverbot für Freilandgemüse durchgesetzt worden ist. Tonnenweise werden Mangold, Spinat, Salat, Wirsing und Schnittlauch beschlagnahmt. Alles für den Müll. Oder als (radioaktiver) Dung für den Acker.
Lastwagen werden erneut inspiziert, nachdem erst wenige Tage vorher aus verkehrs- und lebensmittelpolizeilichen Gründen eine der gefürchteten Brummi-Razzien stattfand. Der Gärtnereiverband spricht daraufhin von voreiligen Verkaufsverboten und Aktionen, die für Unruhe sorgen: An die 1700 Gemüseanbaubetriebe gibt es in Baden-Württemberg, die meisten in der Rheinebene. Zwei Drittel von ihnen haben nur ein bis zwei Hektar Anbaufläche. Diese Klein- und Mittelunternehmen werden durch die Tschernobylkrise unter Umständen vor die Existenzfrage gestellt. Allesamt sind sie unverschuldet hineingeschlittert.
Doch die Fakten sprechen für die Behördenmaßnahmen: In einigen Gebieten, so im Raum Aalen und Ravensburg, werden bei den Gemüsetests zwischen 5000 und 10000 Becquerel festgestellt. (250 Bq Jod 131 pro Kilo sollen nach den Empfehlungen der Strahlenschutzkommission gerade noch zulässig sein.)

Bis 70 Prozent Umsatzeinbußen melden Händler auch beim Treibhausgemüse, das an und für sich unbelastet sein soll. Bei Milch sind es rund 30 Prozent. Die Warnung vor dem Verzehr von besonders verdächtiger Milch direkt vom Hof wird wiederholt. Scheinbar halten sich manche noch immer nicht daran.
Schafsmilch gilt als hochgradig verseucht: 1200 Becquerel pro Liter wurden soeben in einer Lieferung aus Stuttgart-Hohenheim entdeckt. Die Schafhalter weiden ihre Tiere auf belastetem Gras.

Bayern: Die Presse wundert sich, daß Messungen – wie im Landkreis Erding – geheimgehalten werden. Das gilt auch für die Molkereigenossenschaften, von denen sich »herumschweigt«, daß bei der Milchqualität wirklich nicht alles zum besten steht.
Der bayerische Landesdurchschnitt soll bei über 200 Becquerel liegen, was Insider des Marktes in Angst und Schrekken versetzt. Sie geben es nur nicht öffentlich zu, weil ihnen dann die Kunden davonlaufen würden.
Die Frage ist: Wird womöglich mit behördlicher Duldung gepanscht? Und in welchem Umfang?
Die Gesellschaft für Strahlen- und Umweltforschung mißt immerhin bis zu 300 Becquerel Jod 131 im Liter Milch. In normalen Zeiten wäre soviel Gift in jedem Fall ein schwerer Verstoß gegen das Lebensmittelgesetz. Jetzt ist es praktisch legal.
Allgemein gilt – mit Ausnahme Hessens – nach Bonner Norm (höchstens 500 Bq) eine Faustregel:

Was weniger belastet ist (um 30 Bq) darf zu Frischmilch gemixt werden. Was höher belastet ist, landet in Käse und Magermilchpulver. Argument der Vermarkter: Jod 131 baue sich wegen seiner relativ kurzen Halbwertszeit bald ab. Niemand scheint sich im Handel dafür zu interessieren, was mit den anderen Radionukliden ist?
Ein anerkanntes Ingenieurbüro für Umweltfragen in Gar-

ENTWARNUNG!

Die **Landesregierung Nordrhein-Westfalen** hat für sämtliche Milchprodukte uneingeschränkte Entwarnung gegeben. Deshalb können **alle Verbraucher,** insbesondere Schwangere, stillende Mütter und Kleinkinder unbesorgt **Frischmilch und Milchfrischprodukte** zu sich nehmen.
Das fordert auch der Mediziner, Prof. Dr. Werner Kübler, Justus-Liebig-Universität Gießen. Er begründet seine Forderung mit dem Hinweis, daß vor allem Frischmilch und Milchfrischprodukte für das Wachstum des Ungeborenen und des Kleinkindes benötigt werden.
Für weitere Informationen stehen wir Ihnen gerne zur Verfügung.

LANDESVEREINIGUNG DER MILCHWIRTSCHAFT
NORDRHEIN-WESTFALEN E.V.
4000 Düsseldorf 30 An der Piwipp 86 Telefon (02 11) 42 45 47

FRISCH AUS NORDRHEIN-WESTFALEN · milch

Der Rubel muß rollen, sonst wird die Milchlobby sauer. Nachdem der erste Rummel um Jod 131 vorüber ist, wird Entwarnung gegeben. Wird nach den übrigen (weit gefährlicheren) Radionukliden erst gar nicht richtig gesucht? (Werbeanzeige der Milchwirtschaft.)

ching nennt in diesem Zusammenhang die Nuklide Caesium 137, Strontium 90, Plutonium und Americum 241.
Im Raum München sollen Bodenproben mit rund 20000 Bq Caesium 137 pro Quadratmeter analysiert worden sein. Dies läßt darauf schließen, daß die Ergebnisse in anderen Gegenden der Bundesrepublik nicht viel besser sind. Doch warum hört man nichts davon?
Das Garchinger Institut nennt gegenüber der Presse einen interessanten Vergleich: »Der höchste Wert, der bei Kernwaffenversuchen in Gebieten, wo sich die Strahlung ungünstig angehäuft hat, gemessen wurde, betrug 6700 Bq pro Quadratmeter.«
Die Garchinger Experten befürchten nun: Die bayerischen Werte nehmen noch weiter zu.
Geradezu unfaßbar ist das Informationsdefizit vieler bayerischer Behörden. Damit dürfte der Freistaat im Vergleich mit den meisten Bundesländern einsames Schlußlicht sein.

Heile Welt auf dem Feld? NW-Landwirtschaftsminister Matthiesen posiert fürs Pressefoto, um für den Rhabarber zu werben, der »völlig unbedenklich« sein soll. Etwas voreilig, denn in anderen Bundesländern wird zu diesem Zeitpunkt vom Rhabarberverzehr noch abgeraten.

Hessen: Die Strahlenfahnder des Landes packt der Frust. Ihre Meßkapazitäten reichen bei weitem nicht aus, um Luft, Boden und Nahrungsmittel gleichzeitig zu untersuchen. Ratlos sind die Kontrolleure auf die Frage nach möglichen langfristigen Auswirkungen der Verseuchung. Niemand hat bisher eine Vorstellung, wie man mit Caesium, Strontium und Plutonium (das sich im Knochenmark ablagert) fertig wird.
Nach Mitteilung des Sozialministeriums sind bisher 87 Milchproben analysiert worden. Fast jede fünfte lag mit bis zu 256 Becquerel Jod 131 über dem von Hessen im Alleingang propagierten Wert (20 Bq).
Nebenbei in Frankfurt bemerkt: Dort reißen sich Kunden um Zitroneneis, für dessen Herstellung nicht Milch, sondern Wasser genommen wird. Von radioaktivem Wasser hat man in Hessen bisher nichts gehört. Die Nuklide sickern erst langsam auf das Grundwasser zu . . .

Rheinland-Pfalz: Bei den vereinigten Großmärkten Ingelheim läuft die Spargelversteigerung an. Noch zeigt man sich optimistisch. Die ersten hundert Zentner gehen binnen kurzem weg, zu Kilopreisen zwischen zehn und 16 Mark in den Spitzenklassen. Spargel – so wird in der Werbung betont – sei so gut wie nicht vom Fallout getroffen, weil er größtenteils in der Erde steckt.
Bei den übrigen Gemüseanbauern steigert sich Unmut zum Zorn. Sie bleiben auf ihren Produkten sitzen und werden sie auf Geheiß von oben wohl unterpflügen müssen, weil die Entsorgung auf Sonderdeponien (wo die verseuchte Ernte eigentlich hingehört) zu umständlich und zu teuer wäre. Eine neue Lebenserfahrung für alle: In Problemsituationen treten selbst die besten Sondermüllgesetze außer Kraft.

Nordrhein-Westfalen: Um Solidarität mit den Gemüsebauern zu demonstrieren, stellt sich Landwirtschaftsminister Matthiesen den Pressefotografen als Erntehelfer (mit Schlips und Kragen) auf einem Rhabarberfeld: Die Stengel

– so sagt er – könne man bedenkenlos verzehren. Seine Kollegen in anderen Bundesländern haben allerdings gegen Rhabarberkompott Bedenken: An den Blättern des Säuerlings schlagen in diesen Tagen die Geigerzähler mächtig aus. Die Jod-131-Bodenwerte betragen in Westfalen pro Quadratmeter bis zu 4000 Becquerel. Zum Schutz der Kinder im Freien warnt das Wirtschaftsministerium alle Eltern: »Vorsicht auf Wiesen und Spielplätzen. Möglichst mit Sand und Gras keinen Hautkontakt.«
Auf den Märkten der Städte ist von Kauflust wenig zu spüren. Für Kunden verhältnismäßig unverdächtig erscheint originalverpackter holländischer Treibhaussalat. Jetzt zahlt es sich für die Niederländer aus: Mit ihren glasüberdachten »Feldern«, die sie sich in den letzten Jahrzehnten systematisch zugelegt haben, sind sie allen anderen voraus. Beim Frischgemüse schlagen sie jede ausländische Konkurrenz.

Niedersachsen: Im Norden der Republik wird bereits diskutiert, was aus der Obsternte wird, nachdem die Blüten den radioaktiven Regen abbekamen. Nuklide mit längerer Halbwertszeit könnten in Kirschen, Äpfel und Birnen gelangen.
Größer sind die Sorgen der Getreideanbauer. Nach Mitteilung des Instituts für Radioökologie der Universität Hannover ist Radioaktivität bis zu zehn Zentimeter in den Boden eingedrungen und wird vielleicht noch Jahre brauchen, bis sie die tieferen Schichten erreicht. Pflanzenwurzeln würden deshalb vorerst weniger stark verseucht. Für oberflächennahe Wurzelstöcke gelte das freilich nicht.

Bremen: Im Stadtstaat steigen die Werte ebenfalls an. Fast 2500 Becquerel im Gras vor der Universität, über 5000 in einer Regenpfütze am Hauptbahnhof. Jede zusätzliche Strahlung – so gibt die Gesundheitsbehörde des Senats zu bedenken – erhöhe das Risiko für Krebs.
Schon merkwürdig: In Bremen, wo die SPD regiert, kriti-

siert die oppositionelle CDU den Senat mit denselben Worten, die in Richtung Bonn überall von Sozialdemokraten zu vernehmen sind. Der Bremer CDU-Landesvorstand wörtlich zur Informationspolitik des Senats:
»Es ist unbefriedigend, daß die Behörden einerseits erklären, es bestehe keine akute Gesundheitsgefährdung, andererseits aber die Bürger zu bestimmten Verhaltensweisen auffordern. Das schafft Verunsicherung.«
Wo hat man das nicht schon überall gehört...

Schleswig-Holstein: Die Lübecker sind sauer, denn die Warnungen aus der Landeshauptstadt kamen zu spät. Die Lübecker Nachrichten melden:
»Dramatische Szenen. Kinder in den Tagesstätten stehen weinend vor der Sandkiste und haben Angst vor den Strahlen, die da rauskommen. Lehrer verbieten Schulkindern, auf dem Rasen zu spielen und lassen den Schulmilchverkauf einstellen. Eltern duschen entsetzt ihre Kinder ab, nachdem sie im Regen gespielt haben.
Unterdessen tagt ein Einsatzstab aus Verwaltung, Polizei und Feuerwehr. Er muß improvisieren, denn die Informationen der Landesregierung sind spärlich.«

Zu den folgenden Bildern: Das Verkaufsverbot für Freilandgemüse hat zur Folge, daß auch Treibhausware nicht mehr an den Mann zu bringen ist. Die Verbraucher meiden beides. Endstation Müllhalde . . .

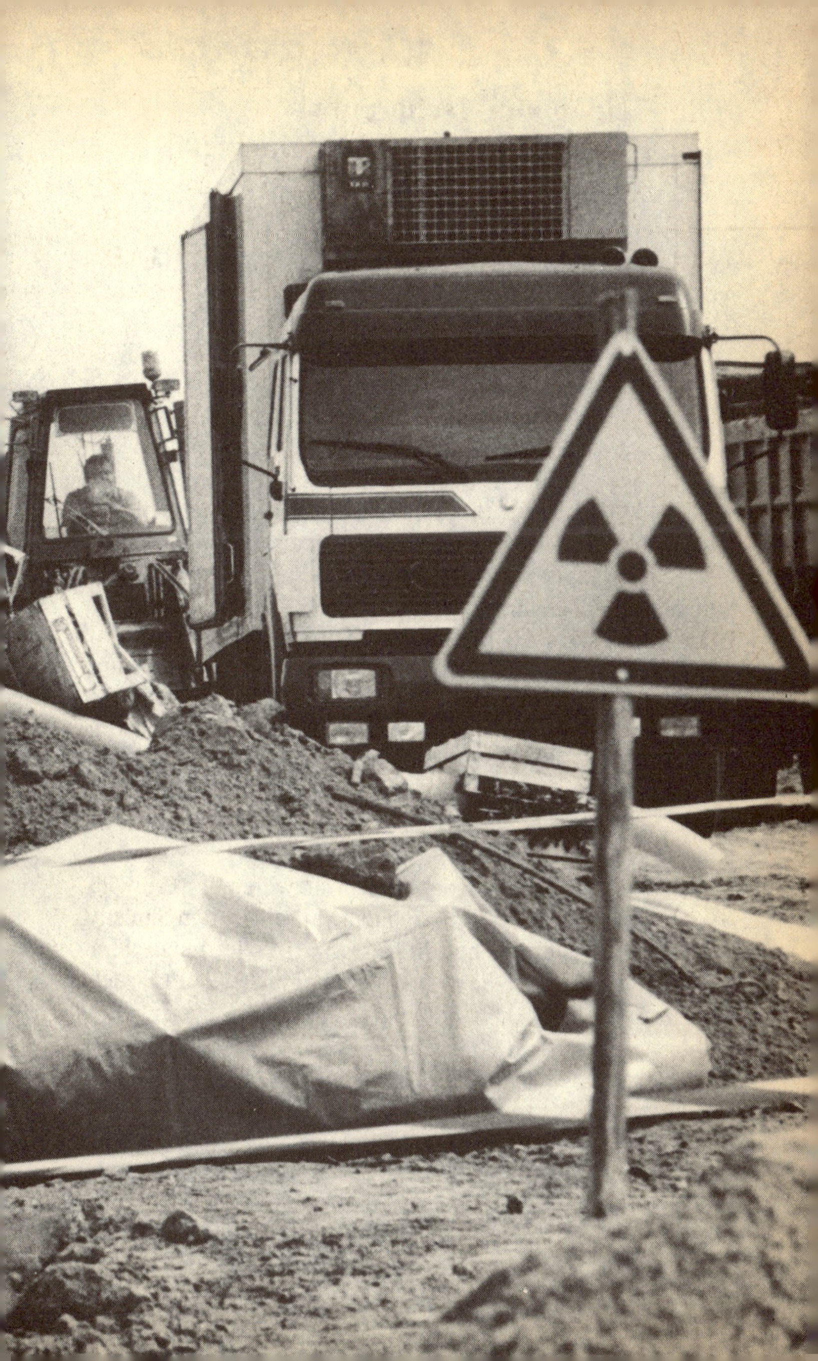

»Die Helden von Tschernobyl«
Sowjetisches Parteiblatt zum Unglück

6. Mai. – Die sowjetische Parteizeitung »Prawda« (tägliche Auflage: über zehn Millionen Exemplare) bringt ihre erste Reportage über das Unglück:

Durch den Brand in der Nacht zum 26. April und die Havarie am vierten Reaktor des Kernkraftwerks sei es zu einer »außerordentlich schwierigen, aber kontrollierbaren Situation« gekommen. Früh am nächsten Morgen habe die örtliche Wetterkarte die erhöhte Radioaktivität bemerkt und dies sofort weitergemeldet. Doch zu dieser Zeit habe man bereits mit der umfangreichen Evakuierung begonnen. Das sei alles diszipliniert und kontrolliert unter Leitung der Parteiorganisationen abgelaufen. Zur Ehre einiger tausend Menschen, die in der Nähe des Kraftwerks wohnten und dort arbeiteten, müsse man sagen, daß es keine Panik unter der Bevölkerung gegeben habe, auch wenn sich einzelne Panikmacher darunter befunden hätten.
Nur wenige Stunden habe es gedauert, um die Familien zu den Sammelstellen zu rufen. Sie seien zügig in den Nachbargebieten untergebracht worden.
Besonders hebt die Prawda den Einsatzwillen der Freiwilligen hervor: In Kiew hätten sich trotz arbeitsfreiem Samstag viele gemeldet, um zu helfen. Darunter Ärzte, Feuerwehrleute und Busfahrer, die zum Teil namentlich in dem Bericht erwähnt werden.

Über den Hergang des Unglücks berichtet das Blatt:
Durch eine Explosion seien Aufbauten des Reaktors zerstört worden und in Flammen aufgegangen. Angehörige der Werksfeuerwehr seien mit ihren Stiefeln in heißem Bitumen gewatet, als sie den Brand auf dem 30 Meter hohen Dach ersticken wollten. Dennoch hätten »die kühnen Männer«

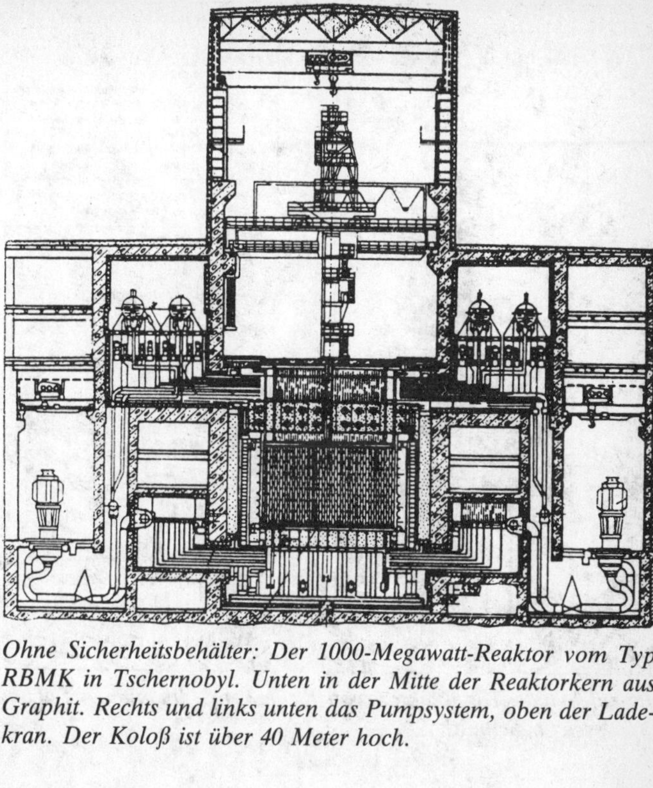

Ohne Sicherheitsbehälter: Der 1000-Megawatt-Reaktor vom Typ RBMK in Tschernobyl. Unten in der Mitte der Reaktorkern aus Graphit. Rechts und links unten das Pumpsystem, oben der Ladekran. Der Koloß ist über 40 Meter hoch.

weitergekämpft, das Schlimmste aber nicht verhindern können.

Die Radioaktivität sei zum Teil »nach oben hinausgeworfen« worden und dadurch in die Atmosphäre gelangt. Dann habe das Feuer auch drinnen gewütet.

»Dabei ist es sehr schwierig, es zu bekämpfen, weil es weder mit Wasser noch mit irgendwelchen Chemikalien gelöscht werden darf. Wegen der beträchtlichen Temperatur würden Wasser wie Chemikalien sofort verdampfen und in die Atmosphäre entweichen.«

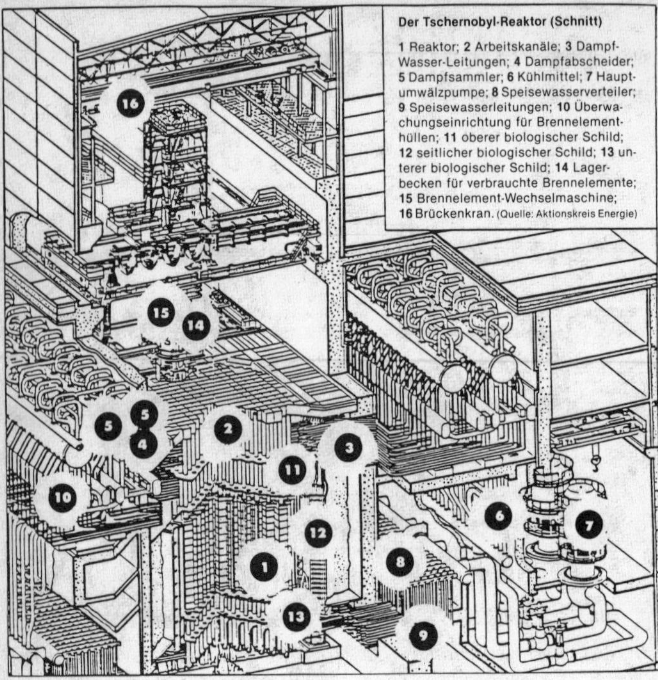

Innenleben des Kernreaktors von Tschernobyl. Im unteren Teil das Kühlsystem (Schnitt).

Die Prawda über ihre Eindrücke bei einem Hubschrauberflug in der Umgebung:
»Noch vor wenigen Tagen haben hier (in Pripjat) 25000 Menschen gelebt. Jetzt ist die Stadt aber leer. Kein Mensch ist auf den Straßen zu sehen, und abends ist kein Fenster beleuchtet. Von Zeit zu Zeit sieht man auf der Straße ein Spezialfahrzeug. Es ist die Strahlenschutzüberwachung. Manchmal zerreißt Motorenlärm die Stille der Siedlung am Fluß. Das ist die nächste Schicht für das Kraftwerk. Drei Reaktorblöcke gilt es zu überwachen. Spezialisten kontrollieren die jetzt stillgelegten Reaktoren.«

ANZEIGE

TSCHERNOBYL IST ÜBERALL!
DESHALB BIBLIS ABSCHALTEN! JETZT!

AUFRUF ZUR GROSSKUNDGEBUNG UND DEMONSTRATION

IN BIBLIS AM SONNTAG, 25. MAI 1986

12 Uhr Kundgebung vor der Riedhalle in Biblis
14 Uhr Demonstration zu den Atomkraftwerken
15-18 Uhr Gewaltfreie Belagerung der Kernkraftwerke

Es ruft auf: Südhessisches Aktionskomitee „Biblis abschalten!"

Flugblätter u. Plakate: Telefon 06151/61430 oder 61490 und 06068/2608

Die Anzeige wurde durch Bürgschaften von Aktiven aus der Anti-AKW-Bewegung vorfinanziert!
Spenden mit Kennwort „Biblis abschalten!" an Prof. Andreas Buro – Sonderkonto, 6121 Sensbachtal
Postgiroamt Hannover, Bankleitzahl 250 100 30, Konto-Nr. 2398 48-309

Presserechtlich verrantwortlich: Klaus Vack, An der Gasse 1, 6121 Sensbachtal

»Biblis abschalten« – Aufruf zur Großkundgebung.

Ausführlich geht die Prawda auf die behördlichen Kontrollmaßnahmen in der Umgebung ein und teilt mit, wie die Lebensmitteluntersuchungen ablaufen. Die Zahl der Opfer und Radioaktivitätswerte von Unglücksort und Nachbarstädten erwähnt sie in dem Bericht mit keinem Wort.
Was die Prawda ebenfalls verschweigt, sind den Sowjets bekannte Sicherheitsmängel des Kernkraftwerks vom Typ RBMK 1000 in Tschernobyl.
Westliche Experten (die Tschernobyl allerdings noch vor einiger Zeit als zuverlässig und sicher gelobt haben) weisen nun auf eklatante Schwachstellen hin.
Nach ihren Kenntnissen ist der Reaktorkern lediglich von einem Betonmantel umgeben. Statt einem stabilen Druckbehälter verfüge man lediglich über nahezu 1700 Druckröhren, die durch den Reaktorkern aus Graphit führten. Für Graphit (Betriebstemperatur: ca. 700 Grad Celsius) bestehe aber im Störfall extreme Brandgefahr.
Auch könnten sich beim Austritt von Dampf aus den Kühlkanälen oder bei Sauerstoffzufuhr explosive Gase bilden. Die Kanäle müßten immer mit Wasser gefüllt sein, weil das Druckrohr sonst beschädigt würde.
Der Reaktor-Kühlkreislauf setze sich bei diesem Typ aus

einer hohen Zahl von Dampfabscheidern, Umwälzpumpen, Druckröhren, Sammlern und Verteilern zusammen. Im Gegensatz zu westlichen Reaktoren gebe es keinen vom Sekundärkreis getrennten Primärkreis (die beide im Sicherheitsbehälter eingeschlossen sind), sondern nur einen Kreislauf, der sich im Reaktorgebäude befinde und in verschiedenen Räumen untergebracht sei.
Maßnahmen zur Verhinderung und zur Bewältigung eines Störfalls seien nicht bekannt.

Frühschäden durch Strahlung
Schwelle: 25 rem

Aus wissenschaftlicher Sicht werden sogenannte »Frühschäden« erst nach einer Mindestmenge von radioaktiven Strahlen erkennbar. Als *Schwellenwert* für Menschen werden bei *einmaliger kurzzeitiger Ganzkörperbestrahlung* 25 bis 30 rem (0,25 — 0,35 Sievert = Sv) angenommen. Diese Dosis schädigt bereits Organe wie Knochenmark, Milz, Thymus und Lymphknoten, aber auch die Schleimhaut in Magen-Darm-Trakt und Luftwegen, ferner Keimdrüsen und Haarpapillen. Es gibt Veränderungen im Blutbild, eine deutlich sinkende Lymphozytenzahl.

75 bis 150 rem (0,75 - 1,50 Sv) werden als *subletale Dosis* (Beginn der Strahlenkrankheit) bezeichnet: Unwohlsein (Strahlenkater), rapides Absinken der Lymphozytenzahl, Haarausfall, Diarrhöe, Müdigkeit, Appetitlosigkeit, Hautflecken, Rachenschmerzen.

300 bis 600 rem (ca. 4 Sv) bedeuten als *mittelletale Dosis* schwere Strahlenkrankheit mit sofortiger Übelkeit und Erbrechen, fast völliges Verschwinden der Lymphozyten aus der Blutbahn, starke Infektionsneigung (durch anfangs steilen Anstieg, dann Sinken der Granulozytenzahl) sowie größere purpurfarbene Hautflecken, Fieber und starke innere Blutungen. Weitere Symptome wie bei subletaler Strahlendosis. Bei Männern Sterilität, bei Frauen Zyklusstörungen. Hohe Todesrate.

700 rem (7 Sv) lösen als *letale Dosis* die tödliche Strahlenkrankheit aus: Übelkeit und Erbrechen nach einer Stunde; binnen drei Tagen: Diarrhöe, Entzündungen in Mund, Rachen, Magen-Darm-Trakt, hohes Fieber, rascher Kräfteverfall. Keine Rettung möglich.

Starke Strahlenbelastung während der Schwangerschaft kann Mißbildungen und geistige Behinderungen beim Kind verursachen. Spätschäden: Krebs, Leukämie.

»Die Verläßlichkeit ist sehr hoch« Deutsches Lob für UdSSR-Reaktor

Bereits vor dem Super-GAU gab es im Westen Expertenstimmen zu sowjetischen Kernkraftwerken wie in Tschernobyl. Sie hörten sich allerdings vollkommen anders an als heute.
Als Beispiel ein Zitat aus der in Düsseldorf erscheinenden Fachzeitschrift »atomtechnik und atomwirtschaft« (12/83) über »Kernenergie in der Sowjetunion« mit Ausführungen über den Reaktortyp von Tschernobyl RBMK-1000:

»Da dieser Baulinie ... kein vergleichbarer Typ in anderen Ländern gegenübergestellt werden kann und sie auch bei uns weniger bekannt ist, sollen hier kurz die Hauptmerkmale aufgezählt werden:
... der Reaktor ist nicht von einem tonnenschweren Hochdruckbehälter umschlossen.
... die Verläßlichkeit des ganzen Systems ist sehr hoch dank der Überwachungs- und Kontrollmöglichkeiten der einzelnen horizontal liegenden Kanäle aus Zirkon.«

»Die Reaktoren (WWER und RBMK) der 1000-Megawatt-Größe sind bereits standardisiert und werden im Fließbandverfahren hauptsächlich im Werk ›Atomasch‹ gefertigt. Zur Betriebssicherheit sind die Kraftwerke mit drei parallel arbeitenden Sicherheitssystemen ausgerüstet.
Die Kraftwerke sind gegen Naturkatastrophen (Orkane, Überschwemmungen, Erdbeben etc.) und gegen Flugzeugabsturz und Druckwellen von außen ausgelegt.
Die Sicherheit wird noch durch die in Rußland mögliche Standortauswahl, Kernkraftwerke in gewisser Entfernung von größeren Ortschaften aufzustellen, erhöht.«

Überraschend ebenfalls ein Urteil in der DDR, das dem Lehrbuch »Kernkraftwerke« von T. C. Margulowa (erschienen im VEB Deutscher Verlag für Grundstoffindustrie, Leipzig) entnommen ist:

»Durch den starken Anstieg der installierten Kernkraftwerksleistung und durch die Errichtung von Kernkraftwerken in dichtbesiedelten Gebieten muß den Fragen der Verhinderung des Austretens radioaktiver Substanzen selbst bei sehr selten zu erwartenden Havariefällen immer stärkere Beachtung geschenkt werden. Aus diesem Grund wurde für den Druckwasserreaktor WWER-1000 ein Containment vorgesehen.
Das Containment besteht aus einem Stahlbetonzylinder mit einem Durchmesser von 45 Metern. Die Stahlbetonhülle ist innen mit Stahlblech ausgekleidet. Die Kernkraftwerke mit dem Reaktor WWER-440 werden in zwei Ausführungen, ohne und mit Containment, gebaut.
In Kernkraftwerken mit Druckröhrensiedewasserreaktoren RBMK-1000 besteht kaum die Gefahr eines Austretens größerer Mengen radioaktiver Substanzen bei Havarien. Daher besitzen sie kein Containment. Es würde sich wegen der großen Ausmaße des Reaktors auch nur schwer realisieren lassen.«

Oben und rechts: Gegendemo für Atomenergie: Plötzlich sind auch sie da – die »Aktionskreise« und »Informationskreise«, mit Werbekampagnen per Inserat. Tenor: »So etwas wie in Tschernobyl kann bei uns nicht passieren.«

KERNENERGIE *NACHRICHTEN*

Atomforum fordert einheitliche internationale Sicherheitsnormen

Mit Betroffenheit haben deutsche Kernenergie-Experten auf den Unfall in Tschernobyl reagiert. Das völlig unterschiedliche Sicherheitskonzept hätte bei westlichen Kernkraftwerken einen solchen Unfall verhindert. Das ergab eine Analyse der verfügbaren Daten zum Reaktorunfall in der Sowjetunion.

Deshalb gebe es keinen Grund an der Verantwortlichkeit der friedlichen Kernenergienutzung in unserem Lande zu zweifeln. Der Vorfall, so das Deutsche Atomforum in Bonn, zeige deutlich, daß es nicht ausreiche, nationale Sicherheitsstandards festzulegen. Erforderlich seien vielmehr einheitliche und verbindliche internationale Normen. An die sowjetische Regierung appellierte das Deutsche Atomforum, sämtliche Informationen über das Unglück offenzulegen.

Fragen? Rufen Sie uns an.

Informationskreis Kernenergie
Heussallee 10 · 5300 Bonn 1
02 28 / 50 72 26

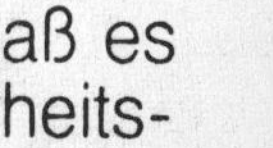

Die deutsche Elektrizitätswirtschaft zu Tschernobyl.

Sehr geehrte Stromkunden!

- Die deutschen Kernkraftwerke sind grundlegend anders aufgebaut als der Reaktor in Tschernobyl.

Sie haben außerdem mehr voneinander unabhängige Sicherheitssysteme zur Beherrschung von Störfällen.

Sie haben darüber hinaus einen druckfesten Sicherheitsbehälter aus Stahl und zusätzlich einen massiven Betonmantel, die den Austritt von Radioaktivität verhindert hätten: insgesamt verhindern bei uns sechs Barrieren den Austritt von Spaltprodukten.

Dieser Sicherheitsstandard ist weltweit führend und unterliegt ständiger Kontrolle. Er ist mit Tschernobyl nicht zu vergleichen.

Deshalb ist ein Unfall wie in Tschernobyl in unseren Kernkraftwerken weder nach dem Hergang, noch nach den Folgen möglich.

- Eine Abschaltung der deutschen Kernkraftwerke ist deshalb nicht erforderlich.

Es wäre auch widersinnig, die sicheren deutschen Kernkraftwerke abzuschalten und in den uns umgebenden Ländern die Kernkraftwerke weiter zu betreiben.

Eine Abschaltung brächte schwere Nachteile für Menschen und Umwelt in unserem Lande, weil alle älteren fossil befeuerten Kraftwerke mit hohen Schadstoff-Emissionen betrieben werden müßten.

- Unser Verzicht auf Kernenergie würde also keine zusätzliche Sicherheit für unsere Bevölkerung bringen und zugleich unsere ganze Volkswirtschaft schwer schädigen: durch Gefährdung der bisher sicheren Stromversorgung und drastische Strompreiserhöhungen.

Wir brauchen die Kernenergie nicht für uns, die Versorgungsunternehmen, sondern für Sie, die Stromverbraucher:
zur Sicherung Ihrer Arbeitsplätze im internationalen Wettbewerb und zur Schonung unserer Umwelt.

Der Betrieb der deutschen Kernkraftwerke ist sicherheitstechnisch verantwortbar und für uns als Industrienation unverzichtbar.

Ihre Stromversorger
VDEW – Vereinigung Deutscher Elektrizitätswerke – e.V., Frankfurt

Der Meinungsumschwung der Bundesbürger liegt der Elektrizitätswirtschaft im Magen: Sie bangt um ihre Pfründe bei der Kernenergie, droht mit Preiserhöhungen und Schäden für die Volkswirtschaft, falls die Atomgiganten abgeschaltet werden.

Ein Mitarbeiter der amtlichen Berliner Strahlenmeßstelle untersucht ein Stück Fleisch auf radioaktive Belastung. Zuvor sind in Hessen bedenkliche Werte festgestellt worden. ▷

Blauer Dunst von Frau Barbara »Zigaretten schlimmer als Atomgespenst«

7. Mai. – Wie werden die Urlauber reagieren? Bleiben sie aus Furcht vor nuklearen Schäden den Stränden an Nord- und Ostsee fern? In Grömitz, dem größten deutschen Seebad, ist die Strahlungsintensität jetzt fünfmal stärker als sonst. Von anderen Orten hört man nichts.
Das schleswig-holsteinische Sozialministerium hat jedoch keine Bedenken gegen ausgiebige Sonnenbäder im Ufersand. Die Erklärung aus Kiel kommt pünktlich zum Auftakt der Saison.

Beim grünen Licht werden feine politische Unterschiede gemacht. Was bei uns sein darf, hat für Reisen ins andere Deutschland nicht unbedingt Gültigkeit:
Am gleichen Tag bläst Baden-Württemberg eine Reihe geplanter Schulausflüge in die DDR und Staaten des Ostblocks ab. Das derzeit schwarze Niedersachsen, das ebenfalls einen Stopp für Studienfahrten und Schüleraustausch verhängt, klammert den roten Nachbarn dagegen in seiner Verfügung demonstrativ aus.
Dazu Kultusminister Oschatz in Hannover:
»Aufgrund der schlechten Information durch die sowjetische Regierung stellen Fahrten in den Osten ein unkalkulierbares Risiko dar. Noch immer haben wir keine verläßlichen Daten, wie stark Luft, Boden und Nahrung dort tatsächlich mit Strahlen belastet sind. Nur für die DDR liegen präzise Angaben vor.«
Hochbetrieb herrscht an den Schaltern der Reisebüros in der Bundesrepublik: Man habe noch nie so viele Buchungen von Eltern mit Kindern erlebt wie jetzt. Viele Familien wollen der Radioaktivität ausweichen, indem sie in ferne westliche Länder flüchten. Manche buchen den vorher in Bulgarien und Rumänien geplanten Urlaub auf die Kanari-

schen Inseln oder nach Florida um. »Bis wir zurückkommen, ist das Ärgste vorbei.«

Schwabenstreiche am 8. Mai. – Wenn es um Lebensmittel- oder Umweltprobleme geht, sind bestimmte Mitglieder der baden-württembergischen Regierungsmannschaft immer für eine Überraschung gut. Besonders gilt dies für Gesundheitsministerin Barbara Schäfer.
Neuerdings schätzt sie das Risiko durch Rauchen und Alkoholmißbrauch »unvergleichlich höher« ein als eine mögliche Schädigung durch Strahlen. Erstaunt vernehmen dies 1000 Krankenschwestern und -pfleger anläßlich einer Fortbildungsveranstaltung in Ulm, wo die Ministerin zur Lage spricht: Eine gesundheitliche Bedrohung durch den Fallout hält sie in Süddeutschland für »nicht gegeben«.
Peinlich wirkt es schon, wenn die Ministerin blauen Dunst vormacht. Sie hätte sich vielleicht besser mit ihren Kollegen vom Umweltministerium absprechen müssen.
Die teilen zur gleichen Stunde in Stuttgart mit, daß die Bodenwerte im Ländle sich drastisch erhöhen. Über 100000 Becquerel Jod 131 pro Quadratmeter seien keine Seltenheit. In Ravensburg 164000, im Schwarzwald-Baar-Kreis 114000 Becquerel. Entwarnung könne man bei soviel Strahlen nun doch nicht geben.

Querbeet durch die Bundesrepublik werden Pannen beim Messen festgestellt. Die Werte an ein und demselben Untersuchungsobjekt schwanken um mehr als 100 Prozent. Außerdem macht den Untersuchungsämtern ihre unzulängliche Ausrüstung zu schaffen. Längst nicht alle verfügen über ein Gammaspektrometer, mit dem man Lebensmittel auf den Grad ihrer Verseuchung kontrolliert.
Alles rätselt, warum die Strahlenschutzkommission beim Bundesinnenministerium so wenig Lust verspürt, Grenzwerte für Fleisch, Fisch und Eier einzuführen. Ein Grund könnte die praktische Handhabung an den Einsatzorten sein.

Sämtliche Küchenkräuter aus dem Glashaus!
Basilikum

Wenn die Länder neben Gemüse und Milch auf Bonner Weisung auch noch Fleisch unter die Lupe nehmen müßten, dürfte manche Lebensmittelbehörde streiken. Es wird ihr einfach zuviel, wenn ein Milchtest auf Jod 131 bereits anderthalb Stunden dauert.
Als außerordentlich schwieriges Verfahren stellt sich die Analyse auf Strontium heraus, für die bis zu acht Tage benötigt werden. Keiner weiß heute angesichts des enormen Aufwands, wie die Aufgaben der kommenden Monate zu lösen sind. Drücken die Kontrolleure dann im Zweifelsfall beide Augen zu?

Nicht einmal Treibhaussalat bietet nuklidfreien Genuß: Was ein Bauer in Oberbayern unter seinem Glasdach erntet, hat (gültig für Jod 131) mindestens 1250 Becquerel. Unklar bleibt, ob soviel Radioaktivität nur durchs offene Fenster kommen kann?

Nur bruchstückhaft erfährt die Öffentlichkeit, was alles in der Wolke steckt, die seit Tagen über der Bundesrepublik schwebt. Der Deutsche Wetterdienst in Offenbach scheint mehr zu wissen:
Außer Jod 131, das mit 25 Prozent vertreten ist, kommen Ruthenium 103 zu 28, Ruthenium 106 und Caesium 137 (Halbwertszeit 30 Jahre) zu je 12, Caesium 134 (2 Jahre) zu 7 und Barium 140 zu 9,4 Prozent vor.
Nach weiteren Radionukliden wird gesucht. Plutonium 239 mit einer Halbwertszeit von über 24000 Jahren hat man bisher angeblich nicht entdeckt.

◁ *Küchenkräuter strahlenfrei? – Szene vom Münchner Viktualienmarkt.*

Wir haben auch ohne Atomkraft genügend Energie

Und das ist sicher

Kohle, Gas, Öl, Wasser, Wind und Sonne sind sichere Energiequellen, auf die wir uns verlassen können. Ohne die Umwelt zusätzlich zu strapazieren und unnötige Risiken einzugehen.

An Kraftwerken gibt es in der Bundesrepublik zur Zeit eine Überkapazität von über 30%.

Ohne auf den gewohnten Komfort zu verzichten, können wir in den privaten Haushalten außerdem unseren Stromverbrauch durch Einsparmaßnahmen erheblich reduzieren. In Hessen bis zu rund 58%. Noch immer werden 85% der Energie im Haus für die Wärmeerzeugung verbraucht. Zum Verheizen ist Strom viel zu schade.

Die Hessische Landesregierung fördert daher Energiesparmaßnahmen und die Nutzung umweltfreundlicher Technologien, so unter anderem die Kraft-Wärme-Kopplung. (Hessisches Energiespargesetz).

Es ist seit langem nachgewiesen, daß unsere Energieprobleme umweltfreundlicher, billiger und arbeitsplatzgerechter gelöst werden, wenn wir unser Geld in Energiespartechniken stecken, statt in Atomkraft.

Der Ausstieg ist möglich.

Der Hessische Minister
für Umwelt und Energie

Einstieg in den Ausstieg: Hessen will auf Atomkraft verzichten. Jedenfalls kündigt dies der (grüne) Umweltminister Joschka Fischer in Zeitungsinseraten an.

Heißer Schnee von gestern: Dem Trinkwasser droht Gefahr

Seit dem 9. Mai wissen wir es genau: Das Gros der Bevölkerung hat kein Vertrauen zur Kernkraft mehr. Nur noch 29 Prozent sind für den weiteren Ausbau der Atomenergie. (Vor Tschernobyl waren es 52 Prozent.)
Die Zahlen stammen aus einer Repräsentativbefragung des Bielefelder Emnid-Instituts im Auftrag des Hamburger Nachrichtenmagazins Der Spiegel. Dieser Erdrutsch wird zu Konsequenzen führen. Der Streit um Atomenergie wird sich weiter verschärfen.

Nachrichten zum aktuellen Tagesgeschehen:
In Brüssel wird wieder mal müde vertagt. Die Europäische Gemeinschaft verschiebt den großangekündigten Einfuhrstopp für Lebensmittel aus dem Ostblock auf Wunsch der Italiener um 24 Stunden. Am Vortag hatte die EG-Kommission den Importstopp für Frischfleisch und Lebendvieh als Folge des Reaktorunglücks verfügt. Dabei soll es vorläufig bleiben.

Das nordrhein-westfälische Gesundheitsministerium hat brisante Strahlenquellen aufgespürt: Filter von Klimaanlagen mit stark radioaktivem Staub. Über eine halbe Million Becquerel werden in Westfalen pro Quadratmeter Filterfläche gemessen. In Baden-Württemberg sogar noch erheblich mehr.
Dringender Behördenrat: Die mit Nukliden bedeckten Filter sollen erst nach Abklingen der Jod-131-Strahlung ausgetauscht werden. Dabei muß das Personal Schutzkleidung und Staubmasken tragen. Die ausrangierten »Staubsauger« werden als Sondermüll entsorgt.

Entgegen amtlicher Verschleierungstaktik kommt doch heraus: Die Strahlen sind auch ins Wasser getaucht.
Der Deutsche Alpenverein macht aufsehenerregende Entdeckungen im Gletscherbereich. Pro Kilo Schnee zwischen 4000 und 5550 Becquerel. Mit der Schneeschmelze rauscht das Gift in die Täler. Deshalb kann eine deutliche erhöhte Belastung des Trinkwassers vieler Berggemeinden nicht mehr ausgeschlossen werden.
Manche Städte und Gemeinden im Flachland scheinen nicht besser dran zu sein. Der Verdacht erhärtet sich, daß manche Wasserwerke in der Bundesrepublik ihre Beobachtungen bisher vertuschen. Denn es gilt als sicher, daß zumindest Versorgungsunternehmen mit offenen Filterbecken den Fallout nicht problemlos verkraften. In den Speichern unter freiem Himmel sind die verseuchten Niederschläge pausenlos aufgefangen worden. Belastetes Naß kann also über die Leitungsnetze in die Nahrungskette gelangen. Es gibt auch schon einen Beweis:
Ganz Hamburg merkt nichts davon, daß die dortigen Wasserwerke am 6. Mai zwei ihrer wichtigsten Betriebe (Einzugsbereich fast eine Viertelmillion Menschen) klammheimlich schließen, nachdem ungewöhnliche Werte in den Becken festgestellt werden. Die riesigen Bassins (Baursberg und Kaltehofe) waren tagelang dem Fallout ungeschützt ausgesetzt. Lediglich der Senat wird über den Schritt der Werksleitung informiert, hält es allerdings ebenfalls nicht für nötig, die Verbraucher zu informieren. Es überrascht nicht, wenn die Bürger bei soviel Heimlichtuerei mißtrauisch werden.

Und wieder gibt es Probleme mit Milch. Erstmalig registrieren die Instrumente in einer baden-württembergischen Käserei fast 620 Becquerel Jod 131. In auffällig vielen Proben der schwäbischen Fahnder finden sich über 100 Bq Caesium, und zwar nachdem die Bonner Strahlenschutzkommission diese kritische Grenze aufgehoben hat.
Dies zeigt: Der Rückzieher der Kommission kam eindeutig zu früh.

Verbraucherschützer erwarten noch im Mai einen Anstieg der Milchbelastung, weil die Bauern mit ihrem Latein am Ende sind. Das Winterfutter geht zur Neige, und die Tiere können deshalb nicht länger im Stall bleiben. Im Weidegras aber steckt außer Caesium wohl noch mehr. Dies dürfte manchem Verbraucher den Durst vergällen.
Die Folgen zeichnen sich unausweichlich ab: Ein nordrhein-westfälisches Unternehmen verbucht einen Rückgang von 500000 auf nur noch 30000 Liter pro Tag. Der zweite Schock für die Firma: Statt 60000 Flaschen werden jetzt täglich nur 900 verkauft. Die angelieferte Ware wird größtenteils zu Pulver umfunktioniert. Das heißt: Auch Milchpulver kann künftig Nuklide enthalten.

Alternative Kritiker wehren sich gegen den Vorwurf der Schwarzmalerei, den man andauernd gegen sie erhebt: Der Bund für Umwelt und Naturschutz (Bonn) und das Öko-Institut (Freiburg) halten es für denkbar, daß nicht nur Freilandgemüse, sondern auch die Getreide- und Obsternte dieses Jahres mehr oder weniger stark von den radioaktiven Niederschlägen betroffen sind. Ein Patentrezept dagegen gibt es nicht.
Jetzt vergeht einem der Appetit beim Fleisch. Hessen, das Bonn wegen seiner Zurückhaltung bei entsprechenden Grenzwerten »unverantwortliche Verharmlosungspolitik« unterstellt, legt nach ersten Untersuchungen fast astronomische Spitzenwerte auf den Tisch:
Aus der Schilddrüse eines Rehs bis zu 17 Millionen Becquerel Jod 131 und bis zu 3,3 Millionen Becquerel Caesium 137; bei Schafen über 760000, bei Rindern über 300000 Becquerel Jod.
Im Sozialministerium weiß man selbstverständlich, daß Schilddrüsen nicht verzehrt werden. Sie sind aber andererseits wichtige Indikatoren für die Fleischqualität. Was die Untersuchungen des Muskelfleischs der Tiere unwiderlegbar bestätigen: Die Hälfte der Proben ergibt 250 bis 4000 Becquerel Jod 131 und bis zu 180 Becquerel Caesium 137.

Das Sozialministerium deshalb an die Adresse der Verbraucher: Zunächst auf Gefrierfleisch zurückgreifen und den wöchentlichen Konsum auf höchstens 500 Gramm Frischfleisch pro Person beschränken.
Minister Armin Clauss: »Es ist überhaupt nicht einzusehen, warum – richtigerweise – einerseits die Fleischeinfuhr aus Osteuropa untersagt wird, die von westeuropäischen Lebensmitteln ausgehenden Gefahren aber nach wie vor ignoriert werden.«
Unbehagen ist überall: Baden-Württemberg appelliert – wie andere Bundesländer – an die Waidmänner, die Jagd auf Schwarzwild, Rehe und Hirsche bis zum 15. Juni einzustellen, nachdem man in den Innereien der Tiere bedrohliche Nuklidanreicherungen bemerkt habe. Die Vermarktung von verdächtigem Wildbret ist durch nichts zu rechtfertigen.

Über steigende Umsätze freut sich in diesen Tagen lediglich die Tiefkühlindustrie. Auf nahezu allen Gebieten – vom Fleisch bis zum Gemüse – weichen die Verbraucher auf Gefrorenes aus. Hier können sie (noch) die Gewißheit haben: Die Angebote stammen aus der Zeit vor Tschernobyl. Die Unternehmen lassen die Kassen klingeln und erwarten einen weiteren Nachfrageschub.

Sehr zum Wohl

»Wenn Sie Milch kaufen, achten Sie darauf,
daß sie aus einer hessischen Brauerei kommt.«
(Der Hessische Rundfunk am 7. Mai 1986
in einem Bericht über
in Hessen geltende niedrige Grenzwerte
für Jod 131 in Milch.)

Aktion Eichhörnchen: Auf einmal interessiert sich alles für Vorratshaltung. Verbraucherverbände beraten.

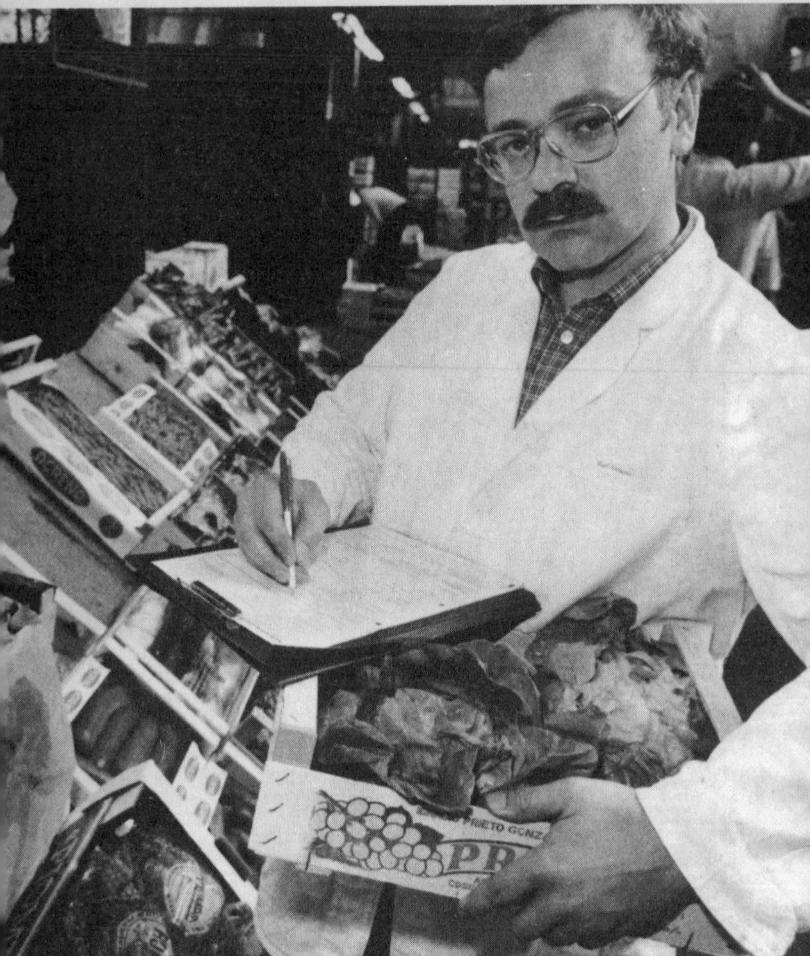

Aus dem Verkehr gezogen:
Gemüse auf dem Frankfurter Großmarkt.

Wird der Bock zum Gärtner gemacht? Niedersachsen setzt auf Freiwilligkeit

Wo liegt die Gefahrenschwelle für Radioaktivität in Muttermilch? Genau weiß es keiner. Der Berliner Senat wertet am 10. Mai insgesamt 45 Muttermilchproben aus und beobachtet nach eigenen Angaben »weiter sinkende Tendenz«: Der überwiegende Teil der Proben (40) liege für Jod 131 unter 11 Becquerel pro Liter, der Rest bis zu sieben Bq darüber. Berlins Umweltsenator: »Mütter können ihre Kinder unbesorgt stillen.«

Ausgesprochen großzügig legt Niedersachsen die Frischmilchüberwachung aus. Zwar würde die amtierende CDU-Regierung in Hannover (in wenigen Wochen sind Wahlen) ihre Hand dafür ins Feuer legen, »daß keine Milch vermarktet wird, die gesundheitsschädlich ist«. Woher aber kann sie das wissen?
Soll sie doch am Vortag (9. Mai) erst schriftlich bestätigt haben, daß die Überprüfung eine Angelegenheit der freiwilligen Selbstkontrolle der Milchwirtschaft sei. Verbraucherschützer fragen: »Warum löst der Ministerpräsident nicht gleich seine staatlichen Untersuchungsämter auf und läßt die Lobby frei schalten und walten?«
Unangenehm für die Absender an der Leine, daß ausgerechnet die SPD-Landtagsfraktion ihren Schrieb in die Hand bekommt und ihn dem politischen Gegner öffentlich unter die Nase hält:
Es sei einfach zuwenig, wenn dieser Verfügung zufolge nur in begründeten Verdachtsfällen eine amtliche Probe auf Radioaktivität gezogen werde.
Wann haben staatliche Stellen in Niedersachsen überhaupt schon mal bei Umwelt- und Lebensmittelskandalen rechtzeitig Verdacht geschöpft? Lassen sie in der Regel nicht lieber andere Länder den Vorreiter machen?

Im Land, wo mehr Gülle als klares Quellwasser fließt, ist man in diesen Tagen – nach einem offiziösen Werbeslogan – erst recht »stolz auf unsere Milchprodukte«. Kunststück, wenn der Amtsschimmel nicht mal dran leckt.

Und wieder schlagen die Nachbarn weiter südlich zu. Hessen macht ernst mit Fleisch. Sozialminister Clauss hat den Ärger mit der Strahlenschutzkommission satt, die sich nicht zu einem Grenzwert durchringen will. In Wiesbaden tut man das nun selbst:
Ab sofort darf in Hessen kein Rindfleisch mehr verkauft werden, das pro Kilo mehr als 200 Becquerel Jod 131 oder mehr als 100 Becquerel Caesium 137 enthält. Gebratenes von Schafen, Dam- und Rehwild soll vorläufig ganz aus den Speiseplänen verschwinden. Clauss legt es den Hausfrauen unter Hinweis auf erschreckende Untersuchungsergebnisse seiner Behörde nahe.
Die neuen Grenzwerte können – laut Clauss – freilich nur für in Hessen geschlachtete Tiere gewährleistet werden. Bei allem, was von draußen reinkommt, will man extra wachsam sein. Das wird nicht einfach sein, wie die Kontrolleure aus der Vergangenheit wissen. Weil der deutsche Fleischhandel trotz strenger Vorschriften seine eigenen Marktgesetze hat und sich geschickt durchzulavrieren versteht.

Im Süden knacken die Geigerzähler wieder. Die Bayern stoßen erstmals auf Plutonium 239. Die Gesellschaft für Strahlen- und Umweltforschung in Neuherberg bei München weist »kleinere Mengen« des gefürchteten Isotops in radioaktiven Niederschlägen nach. Die Strahlung sei zwar nicht sonderlich alarmierend, doch lassen die Forscher keinen Zweifel daran: Schon die geringste Aufnahme von Plutonium in den Organismus erhöhe das Risiko eines späteren Knochenmarkkrebses.
Dieser Stoff wird uns Heutige bis in die Ewigkeit verfolgen, weil er eine Halbwertzeit von über 24000 Jahren hat.

Ein Vermögen wird untergepflügt:
Manchem Gemüsebauern brachte der Ernteausfall Verluste von über 100 000 Mark.

Blick nach Brüssel: Unsere hochbezahlten EG-Funktionäre rühren sich nicht von der Stelle: Das bereits vor fünf Tagen beschlossene Einfuhrverbot für bestimmte Nahrungsgüter aus Ostblockländern ist immer noch nicht in Kraft, weil Italien sein Veto eingelegt hat.
Sollte ein Zusammenhang mit dem Gerücht bestehen, wonach der Osten manche verdächtige Lieferung auf dem Umweg über Italien in das übrige Europa schleust, um an den Grenzen nicht aufzufallen?
Seit einer Woche rangelt man sich in der EG nun schon um Grenzwerte und Importstopps. Doch außer endlosen Debatten am grünen Tisch ist bisher so gut wie nichts passiert. Das Einfuhrverbot sollte neben anderem auch für Kaviar, Wild, Muscheln, Süßwasserfische, Schalentiere und Froschschenkel gelten – Waren mit denen die Ostblocklieferanten pro Jahr insgesamt über 1,5 Milliarden Devisen kassieren. Nach wie vor also sind die radioaktiv belasteten Fische und Muscheln ungehindert im Handel. Bleibt nur zu hoffen, daß die Verbraucher sich die Etiketten genau nach den Herkunftsländern ansehen und daß beim Etikettieren nicht gemogelt wird.

Alarmsignale trotz Entwarnung
Erste Spuren von Strontium

Entwarnung auf der ganzen Linie. Auf Bonner Linie. Die Bundesregierung läßt am 12. Mai durch ihren Sprecher Friedhelm Ost verkünden, die Bevölkerung könne nun wieder ohne Bedenken Fleisch und Gemüse essen, ihre Menüs mit Kräutern würzen und Molkereimilch in vollen Zügen genießen. Ebenso gebe es am Leitungswasser nichts auszusetzen.
Um das alles recht schmackhaft zu machen, hat Ost einen Strahlenexperten mitgebracht, der die gebeutelte Landwirtschaft beruhigen soll:
Dort, wo stark kontaminierte Pflanzen umgepflügt würden, könne anschließend sofort und ohne gesundheitliche Risiken mit dem neuen Anbau begonnen werden. Der Fachmann spricht ganz nach Bonner Lesart. Der Regierungssprecher hat ihn eigens für den Presseauftritt engagiert.

In diesen Tagen melden sich noch andere Fachleute zu Wort, deren Informationen weniger hoffnungsvoll stimmen. Die Bremer Professorin Ingrid Schmitz-Feuerhake zum Beispiel, die seit Jahren die Langzeitwirkung schwacher Strahlung auf den menschlichen Organismus erforscht. Sie kreidet der Bonner Strahlenschutzkommission (einschließlich Regierung) an, bei der Auswertung von Gutachten und Meßdaten »selektiv« vorzugehen. Die Kommission nehme seriöse Studien über Langzeitgefahren einfach nicht zur Kenntnis. Das Bundesinnenministerium wiederum fördere vorzugsweise wissenschaftliche Arbeiten, mit denen die Bevölkerung beruhigt werden solle.
Der Krebs- und Leukämieforscher Professor Herbert Begemann glaubt, die ersten Anzeichen von vermehrtem Blutkrebs würden sich in wenigen Jahren bemerkbar machen, andere Krebsarten später.

Ärzte nehmen Stellung zur Atomkatastrophe!

Der Super-GAU, das heißt der größte anzunehmende Reaktorunfall, ist eingetreten – zufällig in Tschernobyl. Er hätte auch in Stade oder anderswo in der Welt passieren können, denn kein Atomkraftwerk ist sicher.

Die gesundheitlichen Folgen für die Menschheit und die Natur sind nicht absehbar.

Die Gesamtmenge an Radioaktivität, die durch den Unfall bisher und künftig jeden Bürger belastet, liegt noch nicht fest. Besondere Gefahr besteht durch die künstlichen radioaktiven Substanzen, die mit der Atmung und der Nahrung unbemerkt in den Körper gelangen, sich in den Organen und Knochen ansammeln und laufend Strahlung abgeben. Jede noch so kleine Strahlenbelastung kann Schäden an den kleinsten Bausteinen unseres Körpers, den Zellen, verursachen: Es bleibt der Strahlungsstärke und dem Zufall überlassen, ob die Zellen zerstört werden, ob sie sich erholen oder ob aus ihnen Krebszellen werden und zu einer Krebserkrankung führen. Es gibt keine zuverlässige und ungefährliche Methode, radioaktive Substanzen wieder aus dem Körper zu entfernen.

Bei einem Atomunfall können wir Ärzte nicht helfen!

Wenn wir eine menschliche Zukunft wollen, müssen wir den sofortigen Ausstieg aus der Atomindustrie fordern!

Es gibt keine friedliche und ungefährliche Nutzung von Atomenergie.

Wir appellieren an die Politiker, ihrer Verantwortung gegenüber der Bevölkerung gerecht zu werden!

Dr. Peter Gnändiger, Dr. Heinz Buttelmann, Rüdiger Spies, Dr. Giuliana Heinen, Dr. Sabine Vogt, Dr. Ursula Hill, Dr. Hartmut Rausch, Dr. Bernd Bublitz, Dr. Christiane Seefeld-Abraham, Dr. Jurgen Borchert, Maja Belikoff, Elisabeth Seidel, Dr. Ulrike Tecklenborg-Hohmann, Dr. Barbara Haas, Dr. Bärbel Siebert-Meyer, Dr. Amei Gnändiger, Dr. Sieglinde Brenner-Jaksch, Dr. Monika Paulsen-Smitmans, Eva Wintol-Schnizer, Dr. Gerd Iseler, Dr. Knut Bortfeld, Dr. Ingwer Jurgensen, Dr. Ralf Knübel, Hannelore Schulz, Dr. Fokko de Boer, Dr. Bernward Fröhlingsdorf, Peter Springmann, Dr. Elisabeth Pahl, Dr. Gerd-L. Meyer, Dr. Helga Lenkeit, Dr. Bärbel Bula-Wiese, Dr. Lur Köper, Dr. Georg Bleyer, Dr. Detlef Ambrassat, Dr. Brigitte Landwehr, Dr. Margret Schutt-Schulze, Dr. Peter Hoffmann, Dr. Klaus Kressmann, Dr. Koloski-Schwarz, Dr. Heinz Paulsen, Dr. Klaus Kiehl, Ruth Kiehl, Dr. Schulte, Dr. Frantz, Dr. Hegenscheidt, Dr. G. Trittin, Lutz Stegemann, Dr. Stöbbe, Harald Faltz, Hubert Litty, Peter Frerich, Thorsten Schack-Friedrichs, Dr. Hildegund Mikoteit, Dietmar Heupel, Evelyn Zimmermann-Heupel, Hans Böhmann, Jochen Richter, H. und M. Camacho-Castanieda, Thomas Steidel, Cornelia Auffenberg, Dr. Rüdiger Schmidt, Dr. Gudrun Scherff, Dr. Wolfgang Trescher, Dr. Ingrid Kleider, Rolf Rohlfsen, Assad Aggour, Rüdiger Reber, Birgit Friedrichs, Dr. Georg Wujanz, Dr. Kurt Schwender, Dr. Thomas Linkenbach, Dr. Jurgen Brenner, Dr. Anette Hennig-Schreiber, Roland Schreiber, Dr. H. Eitmann, Dr. Petra Kleen, Dr. Jürgen Kleen, Dr. Olaf Höper, Dr. Günter Nolte, Dr. Günter Spatz, Nothardt Becher, Westerkamp, Dr. Jürgen Brenner, E. Toben-Herrmann, Hermann Fuchs, Norbert Heuwinkel, Dr. Stephanie Martin, Dr. M. Jaeschke, Johannes und Monika Bablias, O. D. Sens, Dr. H.-Hennig Schreiber, Dr. Jürgen Beeck, Viola Becher, Dr. Jörg Weinert, Dr. Frank Lichtenauser, Annette Hoffmann-Ditschkowski, Almut Rewerts, Wolfgang Bornemann, Dagmar Erwes, Werner Morbach, Dr. Stephan Lenkeit, Lothar Rödszus, Siegrid Fries, Sybille Eickens-Bonke, Rainer Medlin, Christa Scholing, Wolfgang Schmiedekamp, H. J. Streicher, Dr. M. H. Streicher, Clemens Riedel, Ursula Makowiec, Michael Vaittinger, Dr. Martin Becker, Margret Heider, Dr. Beate Kellermann, Dr. Norbert Kellermann, Dr. Norbert Scholz, Reinhard Lehmann, Dr. Michael Kaupisch, Dr. Karla Schmaltz, Dr. C. Selke-Seehafer, Sigrid Herlyn, Juliane Klostermann, Gisela Wobst, Thoman Knaak, Gertrud Hoeck, Franz G. Burscheidt, Petra Görtz-Langer, Wolfgang Brörken, Achim Scheffler, Klaus Langer, Dr. Werner Claßen, Dr. Eberhard Otto, Birgit Hesse, Dr. Walter Vorderstraße, Bettina Friedrich, Gerhard Dimmlong-Jung, Wolfgang Woerner, Dr. Rolf Schwartz, Dr. Marie-Luise Hofinga, Gisela Logemann, Andreas Hause, Dr. Heide Tönnies, Dr. Volker Grötzen, Dr. Kurt Willrich, Dr. Ghazahl, Dr. Saylan, Wilfried Lietzau, Dr. Peter Platiel, Dr. Ilsemarie Blessing, Dr. Brigitte Kohn, Dr. Walter Schimmler, Dr. W. Sikorski, Dr. B. Hasler, Dr. W. Koch, Dr. R. Blessing, Dr. v. Lingen, Petra Voigt, Dr. Klüver-Mossner, Dr. Gisela Freund, Dr. Ulrich Dolle, Brigitte Buhr, Dr. Christian Kleinschmidt, Dr. Ekkehart Schlung, Gerhard Ellereit, Dr. Wolf Schmidt-Apelt, Horst Seyler, Cornelia Dreysel, K.-H. Weingard, Charlotte Rechenmacher, Michael Szonn, Dr. Tilmann Törner, Udo Vehlies, Christoph Neuhann, Dr. Eva Busemann, Ralf Hardenberg, Dr. Mara Greve, Karl Wilhelm Tischer, Dr. Kurt Schopmans, Uwe Pönninghaus, Herbert Hofstätter, Astrid Peyn, Fritz Schnapper, Peter Olinczuk, Wolfgang Klein, Klaus Wittig, Dr. Joachim Stüve, Dr. Marie-Pierre de Jong, Norbert Kania, Dr. Jürgen Menzel, Dr. Wilhelm Wolff, Dr. Gudrun Abromeit, M. Reinhold, Dr. Caster, Dr. M. Ebert, Dr. Gertrude Gamedinger Ries, Emil Ries, Harald Dehmel, Lisa Dehmel, Anke Bruemmer, Carsten Wilkens, Dr. G. Hartlap, Rolf Meyer, Hinke Deyda, Reinhold Senker, Horst Thierfelder, Beate Werner, Sabina Rokohl, Jörg Gröticke, Günter Balzer, Peter Schröder, Dr. Thomas Ruhl, Dr. Kay von Olshausen, Dr. H.-U. Werner, Dr. Barbara Hermes, Chr. Schmitthenner, Dr. Sigrid Geerken, Ilse Wick-Dammann, Dr. Diedrich Heumann, Dr. Jochen Holdorff, Uta Kehrer, Manfred Klaus, Christian Schultz, Monika Leigemann, Marlen Schubert-Stadler, Barbara Fischer, Dr. Ingrid Kuther-Kellermann, Dr. Jurgen Kellermann, Dr. Ernst Bösenberg, Dr. Bernd Winkler, Dr. Walter Sablotny, Dr. Karsten Münch, Dr. Peer Weiner, Dr. Uta Specht-Ehlers, Dr. W.-F. Voss, Dr. J. Schneider, Dr. Wolfgang Smitmans, Christian Warrlich, Ilga Schraad, Dr. Horst Schnizer, Dr. Erik Meyer, Thomas Schröder, Dr. Karlheinz Lindner, Dr. Ursula Helmin, Dr. Eva-Maria Wilk, Dieter Nowack, Ulrich Thiemann, Katharina Schulze, Andreas Schreckenberg, Christoph Engelhardt, Franz Börschel, Wolfgang Mang, Schulz, Christiane Kroggel, Dr. Barbara Luther, Haun-Jünger, Eva Neuhaus, Manfred Popp, Burkhard Mehl, Thomas Lieber, Christian Ribbentrop, Maria Günther, Dr. Bachmann-Klotz, Annette Müller, Petra Kludt, Ulrich Gidion, Katharina Uhlemann, G. Einemann, Dr. Henner Kolb, A. Schulze, Günter Scheuble, Dr. Detlef Frieg, Dr. Brigitte Reepergaard-Fellehner, Dr. Henning Fellehner, Ludwig Holstiege, Wolfgang Heckmann, Harald Oellermann, Ulrich Kutz, Michael Schonberger, W. Lotz, Gert Pietsch, Dr. C. Schiltenwolf, Dr. H. Jochen Zenker, Dr. Christel Zenker, Dr. Gerd Glaeske, Dr. Thomas Hilbert, Dr. Norbert Schmacke, B.-M. Damitz, Dr. H. v. Schwarzkopf, Dr. Güse, Dr. Felix Richter-Hebel, Stephan Schlenker, Dr. Klaus Schön, Peter Habermann, Hans-Jörg Klencke, Bärbel Grützmacher, Menno Visser, Manfred Thielen, Karl Sterz, Michael Kleppe, Günther Egidi, Heike Diedrichs-Egidi, Corinna Beyer, Hanne Rickert, Wolfgang Ritter, Ulrike Gliemann-Ritter, Dr. Karin Forssmann, Dr. Cornelia Manhold, Dr. Barbara Binder, A. Wenzel-Simon, Günther Kruse, Gabriele Kruse-Herrmann, Dr. Peter Stuke, Dr. Hans H. Hünger, Dr. Andreas Scholz, Dr. Elisabeth Horstkotte, Klaus Gutberlet, Dr. Norbert Langen, Michael Faßbender, Dr. Gerhard Müller, Dr. Imke Luhrs, Dr. Gabriele Friedhoff, Dieter Abraham, F. Büge-Kolb, Dr. Ilse Steinkamp-Zimmer, Dr. Stephan Zimmer, Christa Mertinkat, Clemens Feldhaus, Dr. Helgard Neumann, Dr. Michael Neumann, Schottky, Dr. Lessner, Doris Breuer, Sprenger, Dr. H. J. Schmeck, Viktor Klein, Dr. Hans Haack, Silke Emmerich, Dr. Klaus Binder, Christian Michelsen, Dr. Pawlik-Hanisch, Dr. Hanisch, Dr. Birgit Wessely, Dr. Roland Stickel, Sigrid Prolingheuer, Henning Wolski, Mechthild Gerhardy, Eckhard Piegsa, K. Steinmetz, Hermann Brüning, Dr. Jochen Bertzbach, M. Seeball, B. und F. Schubert, Dr. Norbert v. Ow, R. Heltzel, Dr. E. Tielke, P. Neumann, Dr. Th. v. d. Marwitz, Dr. O. Rathmann, Uta Fetz, Dr. B. Hofmann, Dr. Herbert Musers, Dr. Jochen Flechtenmacher, Dr. Gisela Flechtenmacher, Dr. H. E. Scheres, Manfred Wehrenberg, Dr. Werner Meyer, Dr. G. von Speth-Frenzel, Dr. G. L. Meyer, Dr. G. Tull, Hogrefe, R. Frenzel, Dr. Klaus Eckert, Dr. Brigitte Beisel-Eckert, Jürgen Kuhl, Klaus Pramann, Joachim Köhler, Dr. Wilfried Paetz, Dr. Matthias Groll, Schwanstecker-Claßen, Irene Bozeth, Dr. Weiderer-Kühl, Johann Ahten, Dr. Ekkehard Wolf, Dr. Hans-Joachim Hesse, C. Tiedelen, St. Steimer, Manfred Störms, Kirsten Bungies, E. Piglosiewicz, Dr. C. Heins, E. Bredenbeck, Ingrid Plawe-Mauch, Dr. Uta Bublitz, Dr. W. Kuhlmann, Dr. D. Tauschke, Dr. F. Westermann, Dr. W. Heidrich, Dr. D. Heidrich, Dr. Merlin, Ingrid Behse, Manfred Deetken, Werner Kunz, Dr. Susanne Hanes, Sabine Richter, Dr. Diethart Wolters, Dr. Gertraud Kruppke, Dr. Heinz Paulsen, Dr. Peter Kruckenberg, Dr. Christiane Böttcher, Dr. Dirk Mittermeier, Dr. Peter Riethmuller, Dr. Sabine Bruchmuller, Dr. Reinhild Geier, A. Sonnborn, Y. L. Lehm-Sonnborn, Dr. Sybille Germann.

Verantwortlich im Sinne des Pressegesetzes: Dr. Sieglinde Brenner-Jacksch, 2800 Bremen 33, Am Lehester Deich 115

Mediziner im Konflikt: Wer wird beim Atomunfall helfen?

Zunehmender Widerspruch auf die amtlichen Verlautbarungen kommt von Medizinern: Nach Informationen der Deutschen Presseagentur hält die »Liste Demokratischer Ärzte« (die nach eigenen Angaben in zehn Bezirks- und Landesärztekammern zu 15 Prozent vertreten ist) langfristige Gesundheitsschäden der Bevölkerung für unausweichlich. Genauere Aussagen seien bis auf weiteres nicht möglich, da man nur einen kleinen Teil der rund 300 beim Reaktorunglück freigesetzten Radionuklide bisher kenne. Nach etwa acht Jahren aber werde die Zahl der Leukämiefälle, nach rund 25 Jahren die Zahl der Fälle von Organkrebs aller Wahrscheinlichkeit nach zunehmen. Ab der nächsten Generation müsse mit mehr Mißbildungen gerechnet werden. Zu forcieren ist nach Ansicht dieser Ärzte unbedingt die Suche nach langlebigen Nukleiden wie Plutonium 249.

Solche Stellungnahmen bleiben glücklicherweise nicht ungehört. Als erste Stadt in der Bundesrepublik gründet Frankfurt eine Sonderkommission von Medizinsachverständigen, die dem Magistrat bei der Bewältigung von Gesundheitsgefahren unter die Arme greifen soll. Wie Frankfurt sehen viele andere Städte jetzt ein:

Alle bisherigen Katastrophenschutzpläne halten den Anforderungen der Wirklichkeit nicht stand. Sie müssen überarbeitet, vermutlich völlig neu konzipiert werden. Was bisher in den Schubladen an Vorsorge für den Ernstfall schlummert, ist völlig ungenügend. Theoretiker haben es sich ausgedacht, eher politischen Ambitionen folgend als der Realität.

Erneut Signale aus dem Süden. Die Münchner Gesellschaft für Strahlen- und Umweltforschung (GSF) zieht mit ihren Messungen in diesen Wochen mehrfach bundesweites Interesse auf sich.

Wie schon bei Jod 131, Caesium 137 und Plutonium 239 liegt sie nun mit ihrem Resultat für Strontium 90 ebenfalls vorn. Analysen vom Münchner Stadtrand ergeben für das berüchtigte Nuklid einige hundert Becquerel. Strontium 90 ist etwa 25mal gefährlicher als Caesium 137.

Unverändert hat Regensburg seinen Ärger mit den Bodenwerten, die seit Beginn der Krise erheblich über dem Bundesdurchschnitt liegen. Nach dem Freilandgemüse wird nun in Regensburg erstmalig auch der Handel mit Treibhausware verboten, die dort angebaut worden ist.
Wie man sieht, ergibt sich selbst in ein und demselben Bundesland kein einheitliches Bild: Die einzelnen Regionen kämpfen als Folge ungleich starker Fallout-Belastung gegen unterschiedliche Probleme an.

Im Gegensatz zur Bundesregierung halten sich etliche Bundesländer mit der Entwarnung noch zurück. Die baden-württembergische Landesregierung erwägt neuerdings sogar die Schließung von Kinderspielplätzen (die sie kürzlich noch belächelte), nachdem in mehreren Gegenden über 100000 Becquerel für Jod 131 pro Quadratmeter Boden festgestellt worden sind.
Nordrhein-Westfalen schließt ein generelles Verbot für den Weideauftrieb nicht aus, wenn die Bauern die Haltung der Landesregierung, die bisher nur dringende Empfehlungen aussprach, nicht respektieren sollten. Düsseldorf hofft jedoch auf die Einsicht der Landwirtschaft.

Radioaktivität – aktuelle Informationen

Aus dem eigenen Garten sollten Blattsalate noch nicht geerntet werden. Das empfiehlt das Umweltschutzreferat. In etwa drei Wochen könnten sie aber nach gründlicher Zubereitung verzehrt werden. Spinat und Lauch (sofern diese Gemüse geerntet werden müssen) sollten nach der Zubereitung tiefgefroren werden. Nach vier Wochen sei die Strahlenbelastung ins Unbedenkliche gesunken, sagen die städtischen Experten. Die Meßwerte für Rhabarber, Rettiche, Radis und Grünspargel seien bereits so niedrig, daß keine Bedenken bestehen würden. Das Gleiche gelte für Kohlrabi ohne Laub. Bleichspargel sei von Anfang an so niedrig belastet gewesen, daß er ohne jede Einschränkung gegessen werden könne. Neu ausgesätes und gepflanztes Gemüse könne später ohne Einschränkung verzehrt werden.

*

Das bayerische Innenministerium hat Salate, die einen Kopf bilden, auch für Südbayern am letzten Freitag wieder freigegeben. Damit gelten Verkehrsverbote nur noch für Freilandspinat und -salate, die keinen Kopf bilden, wie etwa Feldsalat.

*

Abfälle der geernteten Gemüse sollen in den nächsten Wochen nicht auf den Komposthaufen. Ebenso nicht das gemähte Gras. Diese Abfälle sollten gesondert kompostiert und später unter Hecken, aber nicht auf Gemüsebeete ausgebreitet werden. Ein Bodenaustausch ist nach Ansicht des Umweltministeriums auch bei Gemüsebeeten nicht nötig.

*

Einfuhren aus dem Ostblock sind nach einem Erlaß des Bundesfinanzministeriums bis zum 31. Mai unzulässig. Betroffen sind beispielsweise lebende Pferde und Esel, Hausgeflügel, Fleisch, Froschschenkel, Süßwasserfische, Krebs- und Weichtiere, Milcherzeugnisse, frisches Obst und Gemüse aus Bulgarien, Ungarn, Polen, Rumänien, der CSSR, der Sowjetunion und Jugoslawien. Die zuständigen Dienststellen sind unterrichtet. Im Zweifelsfalle müssen die Importeure nachweisen, daß ihre Ware „sauber" ist.

*

Die zunächst erhöhte **Radioaktivität** der Gewässer ist deutlich abgeklungen. Am Feldmochinger See wurden noch 8,7 Becquerel (Bq) je Liter gemessen. Am Fasaneriesee waren es 16,5 Bq und am Lerchenauer See 8,1 Bq. An der Ruderregattastrecke und am Olympiasee betrugen die Meßwerte 6,0 beziehungsweise 6,2 Bq. In der Isar lag die Radioaktivität am Flauchersteg bei 4,3 Bq, am Oberföhringer Wehr bei 0,7 Bq und im Isarkanal bei 4,13. Die Messungen wurden am 13. Mai vorgenommen. Kontrollen am 5. Mai hatten noch beachtlich höhere Werte ergeben. In den Schwimmbädern haben Wasserproben im Schyrenbad und im Maria Einsiedel jeweils nur noch 2,6 bq erbracht.

*

Im Laufe des Freitags wurden über 50 Geschäfte überprüft. Es ging um Fisch-, Wild- und Fleischwaren aus osteuropäichen Ländern. In keinem Fall mußten Waren aus dem Verkehr gezogen werden. In 33 Gaststätten, die regelmäßig osteuropäische Gerichte anbieten, wurden bei Proben keine verwendeten Ostblockimportwaren gefunden. Auch am Samstag wurden 86 weitere Geschäfte überprüft. Zusammenfassend stellen die Verbraucherschützer fest, daß nach dem Reaktorunglück Importe aus dem Ostblock praktisch nicht mehr erfolgt sind.

*

Die GSF hat ihr Bürgertelephon eingestellt. Die Strahlenforscher meinen, die Lage habe sich wieder entschärft. Per Anrufbeantworter danken sie „für Ihr entgegengebrachtes Vertrauen".

*

Rund 200 Ukrainer haben am Samstag mit einem Schweigemarsch vom Odeons- zum Marienplatz der Opfer des Reaktorunglücks gedacht. Vor der Mariensäule wurde ein Gottesdienst von orthodoxen und uniert-katholischen Geistlichen abgehalten.

*

Weil keine gesicherten Erkenntnisse über mögliche Gesundheitsgefährdungen auf Grund des Reaktorunglücks vorliegen, meint die Deutsche Angestellten Krankenkasse (DAK), ärztliche Hilfe sei grundsätzlich nicht erforderlich. Wer (als DAK-Mitglied) aber glaubt, wegen der Radioaktivität in seiner Gesundheit beeinträchtigt zu sein und deshalb zum Arzt gehen will, wird – wenn er seinen Krankenschein abgegeben hat, auf Krankenkassenkosten behandelt. *Ekkehard Müller-Jentsch*

Vorbildlich die Süddeutsche Zeitung: Täglich das Neueste zur Radioaktivität.

„Auch wir in Bayern müssen umdenken."

Wer hätte Anfang des Jahres gedacht, daß er in diesem Mai lieber keine Milch trinken soll und seine Kinder nicht im Gras spielen lassen darf?

Als das Reaktorunglück in Harrisbourg/USA passierte, sagten die Sowjets „das kann bei uns nicht passieren, unsere Kraftwerke sind sicher." Nach dem Schock der Atomkatastrophe von Tschernobyl beschwichtigten die Kernkraftbetreiber in anderen Ländern die Menschen „das kann bei uns nicht passieren, unsere Kernkraftwerke sind sicher." Aber die Gefahren und Risiken der Kernenergie lassen sich nicht abstreiten. Spätestens nach Tschernobyl müssen wir umdenken.

Dies ist nicht die Stunde der Rechthaberei. Auch wir Sozialdemokraten haben sehr frühzeitig und lange Zeit viele Hoffnungen auf die friedliche Nutzung der Kernenergie gesetzt. Viele politische Entscheidungsprozesse – nicht zuletzt der vielgeschmähte Protest und Widerstand von Kernkraftgegnern – haben dazu beigetragen, daß die Sicherheitsvorschriften bei uns strenger sind als anderswo. Trotzdem bleibt ein Risiko und sei es nur die menschliche Unzulänglichkeit. Die Folgen eines Reaktorunfalls in der dichtbesiedelten Bundesrepublik wären grauenvoll und unabsehbar. Wer kann so ein Risiko vor seiner Familie, vor den Menschen dieses Landes verantworten?"

Wir Sozialdemokraten haben uns seit langem entschieden: Es dürfen keine weiteren Kernkraftwerke gebaut werden, der Einstieg in die Plutoniumwirtschaft mit ihren zusätzlichen Risiken darf nicht stattfinden. Ausgerechnet bei uns in Bayern soll mit der Wiederaufbereitungsanlage Wackersdorf im oberpfälzischen Kreis Schwandorf der entscheidende Schritt zur Plutoniumwirtschaft getan werden – gegen den erbitterten Widerstand der betroffenen Bevölkerung, gegen schwerste ökologische und wirtschaftliche Bedenken unbestechlicher Experten.

Die CSU-Staatsregierung hält aber bedenkenlos an dem gefährlichen Großprojekt fest – zum Entsetzen vieler ihrer eigenen Anhänger. Beschwichtigungsformeln und notfalls Polizeieinsätze sollen die Bevölkerung ruhig stellen.

Wir bayerischen Sozialdemokraten sagen NEIN zur Plutoniumwirtschaft, NEIN zur WAA in Wackersdorf. Wir wollen den schrittweisen Ausstieg aus der Kernenergie: Vor allem Energiesparen und sanfte Energien machen es möglich.

Panikmache und unerfüllbare Forderungen helfen niemandem – aber auch nicht durchsichtige Beschwichtigungsversuche, wie sie der zuständige Bundesminister Zimmermann von der CSU und die bayerische Staatsregierung betreiben.

Das schreckliche Unglück in Tschernobyl muß zu eindeutigen und nachhaltigen Konsequenzen für die Politik in der Bundesrepublik und auch in Bayern führen. Tschernobyl ist der endgültige Abschied von einer Politik des blinden Glaubens, daß alles machbar ist und auch alles gemacht werden darf. Es ist allerhöchste Zeit zum Umdenken! Der Mensch und unsere Umwelt müssen Vorrang haben vor reinen Kapitalinteressen und blinder Technologiegläubigkeit. Neue Technologien müssen den Menschen helfen, nicht sie gefährden. Die bisherige Politik hat uns in eine gefährliche Sackgasse geführt. Das wissen wir spätestens nach Tschernobyl. Ein afrikanischer Philosoph hat den Satz geprägt: „Wir haben unsere Erde nicht nur von unseren Eltern geerbt, sondern auch von unseren Kindern geliehen." Dieser Satz ist heute aktueller denn je. Helfen Sie bitte mit, daß diese Umorientierung möglich wird.

Ihr

Karl-Heinz Hiersemann

Ich bitte um weitere Informationen:

Name __________

Straße __________

PLZ/Ort __________

Coupon ausschneiden, auf Postkarte kleben und absenden
an Karl-Heinz Hiersemann,
SPD-Landesverband, Oberanger 38/II,
8000 München 2

Nein zu Wackersdorf: SPD-Veröffentlichung in Bayern.

Strafanzeige abgeschmettert Schalteten zwei Minister zu spät?

Nach dem Atomunglück ein spektakulärer juristischer Schlagabtausch in der bayerischen Politik:
Der umweltpolitische Sprecher der SPD-Landtagsfraktion, Hans Kolo, stellt beim Landgericht München I Strafanzeige gegen zwei Regierungsmitglieder des Freistaats:
Innenminister Karl Hillermeier und Umweltminister Alfred Dick (beide CSU) sollen »wegen unterlassener Hilfeleistung« nach Paragraph 323c des Strafgesetzbuchs zur Rechenschaft gezogen werden.
Kolo wirft ihnen Schwerwiegendes vor: Obwohl ihnen frühzeitig die Gefahren für bayerische Bürger bekannt gewesen seien, hätten sie es versäumt, unverzüglich entsprechende Informationen an die Bevölkerung weiterzugeben.
Diese Information – so der SPD-Abgeordnete – hätte bereits am 30. April (also vier Tage nach dem Unglück in der Ukraine) erfolgen können.
Dick und Hillermeier hätten auch die nachgeordneten Behörden sofort unterrichten und vor allem die Nahrungsmittelerzeuger und die Bevölkerung über mögliche Schutzmaßnahmen und Verhaltensweisen aufklären müssen.
Der sozialdemokratische Umweltexperte wirft beiden Ministern in diesem Zusammenhang »bedingt vorsätzliches Verhalten« vor. Sie hätten den Umfang der Gefahr bewußt verschwiegen und somit eine weitere Gefährdung der Bevölkerung in Kauf genommen.
Die zwei Din-A4-Seiten lange Strafanzeige wird in ihrer juristischen Begründung aus angeblicher Nicht-Information und Nicht-Warnung von Landwirten und übriger Bevölkerung abgeleitet.
In dem an die Staatsanwaltschaft gerichteten Schreiben heißt es noch:

Die Wolke traf Bayern voll

Erste Ergebnisse der Strontium-90-Analysen

MÜNCHEN (SZ) – In den Labors der Gesellschaft für Strahlen- und Umweltforschung (GSF) in Neuherberg bei München liegen jetzt die ersten Ergebnisse der Strontium-90-Analysen aus dem Fallout des Reaktorunfalls in Tschernobyl vor. Danach wurden am nördlichen Stadtrand von München im Gesamtniederschlag pro Quadratmeter „weniger als 1000 Becquerel Strontium 90" ermittelt, wie ein Sprecher der GSF mitteilte.

Die Mengenbestimmung von Strontium 90 ist nur in zeitaufwendigen Analysen möglich. Das Verhältnis der emittierten Mengen an Cäsium 137 zu Strontium 90 ist aber konstant. Die Wissenschaftler beziffern dieses Verhältnis mit etwa 30 (Cäsium) zu 1 (Strontium). Strontium 90 ist jedoch viel gefährlicher als Cäsium 137. Den sogenannten Transferfaktor, mit dem Strontium in die Nahrung gelangt, beziffern die Wissenschaftler auf 10mal höher, den sogenannten Dosisfaktor für die Wirksamkeit nach der Aufnahme im Körper auf 2,5mal höher als bei Cäsium. Damit kann eine 25fach höhere Gefährlichkeit des Strontium-90-Isotops gegenüber Cäsium 137 angenommen werden.

Die „effektive Dosis", das ist die Gesamtstrahlenmenge, welche die Menschen in Bayern aus dem Fallout abbekommen haben und in ihrem künftigen Leben abbekommen werden, beziffern die Wissenschaftler mit „unter einem rem" aus allen Isotopen. Das Krebsrisiko werde damit um ein Hunderttausendstel bis ein Zehntausendstel erhöht.

Aus der Tatsache, daß im Verhältnis zum Cäsium relativ wenig Strontium 90 in die Atmosphäre freigesetzt wurde, schließen die Wissenschaftler, daß der Reaktor zum Zeitpunkt des Unfalls „nicht sehr heiß" war. Im ungünstigsten Fall hätte das Verhältnis Cäsium zu Strontium 2 zu 1 betragen können.

Bei der GSF liegen inzwischen auch erste, allerdings inoffizielle Meßwerte über die Nahrungsmittelbelastungen in osteuropäischen Ländern, ermittelt in westlichen Botschaften, vor. Daraus geht hervor, daß in Bayern wegen der starken Regenfälle der in den Boden geschwemmte Fallout wesentlich höher ist als etwa in Polen oder Ungarn. Über Bayern scheint demnach die Hauptmenge der radioaktiven Wolke niedergegangen zu sein.

Christian Ullmann

Erfuhr die Bevölkerung zuwenig?

»Spätestens am 30. April war laut Pressemitteilungen sowohl dem Staatsministerium des Inneren als auch dem Staatsministerium für Landesentwicklung und Umweltfragen bekannt, daß die Werte der radioaktiven Strahlung in Bayern ansteigen.
Erst in den Abendstunden des 2. Mai informierte das Staatsministerium des Innern über die Gefährdung der Bevölkerung und die Verhaltensempfehlungen der Strahlenschutzkommission in Bonn. Eine eigene Erklärung zur Situation in Bayern mit Verhaltensempfehlungen für die bayerische Bevölkerung erließen die beiden Ministerien erst am 5. Mai. In den folgenden Tagen wurde von beiden Ministerien über rückläufige Tendenzen der Strahlenbelastung unterrichtet.

Die dem Umweltministerium bereits am 2. Mai bekannten hohen Belastungswerte aufgrund von Boden- und Milchproben wurden der Bevölkerung nicht sofort mitgeteilt.«

Rechtlich untermauert wird die Strafanzcige so:
Die durch den Reaktorunfall auf Menschen und Umwelt einwirkende radioaktive Strahlung stellt eine Gefahr im Sinn des § 323c des Strafgesetzbuches dar, zumal mit der am 30. April bereits meßbaren Strahlung und der zu diesem Zeitpunkt bekannten Großwetterlage mit weiterer Gefahr und Schäden zu rechnen gewesen sei.
Weil die Öffentlichkeit über die wahre Situation – insbesondere jedoch über die erwarteten Regenfälle – zunächst nicht aufgeklärt wurde, sei die Bevölkerung Bayerns unnötig gefährdet worden. Ferner:
»Durch den Verzicht, die Landwirte aufzufordern, ihre Tiere von der Weide zu holen beziehungsweise kein Grünfutter zu verabreichen, wurde die Milch in einem überhohen Maß radioaktiv kontaminiert, was zu einer radioaktiven Belastung vor allem von Kleinkindern und schwangeren Müttern führen mußte bzw. hohe wirtschaftliche Verluste bei den Landwirten verursachte.«
Nach Kolos Auffassung hätte besonders Hillermeiers Ministerium als oberste Behörde für Katastrophenschutz und Sicherheit die untergeordneten Stellen sofort informieren und Schutzmaßnahmen für die Bevölkerung einleiten müssen. Denn:
»Gerade die nachgeordneten Sicherheits- und Katastrophenschutzbehörden waren aus eigenem Wissen nicht in der Lage, mit einer Strahlengefahr und ihren Folgen umzugehen.«
Aus der ständigen Betonung der rückläufigen Strahlentendenz und der anfänglichen Zurückhaltung der hohen Meßwerte sei zwar zu schließen, »daß die Minister die Bevölkerung nicht verunsichern wollten«. Sie hätten aber den Umfang der Gefahren bewußt verschwiegen und somit eine weitere Gefährdung der Menschen in Kauf genommen. So

betrachtet, sei ihr Verhalten »zumindest bedingt vorsätzlich« zu werten.

Der bayerische Umweltminister Alfred Dick hält diese Vorwürfe für »ebenso falsch wie absurd«. Seit Bekanntwerden des Reaktorunglücks hätten sich die Fachleute seines Hauses praktisch Tag und Nacht im Einsatz befunden. »Unzählige Anrufe von Bürgern« seien beantwortet, über Pressemitteilungen jeweils die neuesten Meßergebnisse verbreitet und in Interviews ergänzende Bewertungen abgegeben worden.
Dicks Gegenattacke: Nicht durch das Umweltministerium, sondern durch so manche, die diese Situation zur Selbstdarstellung ausgenutzt hätten, sei es zu einer Verunsicherung der Öffentlichkeit gekommen. Der Vorwurf einer Verschleierungstaktik entbehre jeglicher Grundlage.
Für den Minister ist der SPD-Politiker »das beste Beispiel dafür, daß unsinniger Aktionismus Verwirrungen auslöst, nicht aber sachbezogene und verantwortungsbewußte Information.«

Dick und Hillermeier meinen, Kolos Strafanzeige sei ein rein »wahltaktisches Manöver«. Offenbar wolle der SPD-Abgeordnete die Gerichte als Austragungsort politischer Auseinandersetzung mißbrauchen und politisches Kapital aus Tschernobyl und dessen Auswirkungen schlagen.
Auch in der Sache seien die von Kolo aufgestellten Behauptungen unhaltbar. Es sei »stets offen, umfassend und dem eigenen Kenntnisstand entsprechend sachgerecht informiert« worden. Nichts werde verharmlost, »auch keine Spur von Beschwichtigungen«.
Journalisten fällt auf, daß die Lageberichte des Umweltministers seit Beginn der Krise fast täglich einen Rückgang der radioaktiven Werte melden, was zur Folge hat, daß man sich in den Redaktionen schon über Dicks Informationstaktik lustig macht: »Demnach müßten die Bayern schon längst

»Wieviel Becquerel hat mein Salat?« –
Viele Bürger meinen, sie hätten einen Rechtsanspruch auf sämtliche Messungen. Werden sie enttäuscht, ziehen sie vor Gericht.

Minuswerte haben.« Man spricht vom »weiß-blauen Wunder«.
Wie aber stehen Kolos Chancen bei der Justiz?
Was Kenner der bayerischen Politszene – wenn auch nicht in diesem Tempo – erwarten, tritt postwendend ein:
Nach flotter Überprüfung des Sachverhalts schmettert die Staatsanwaltschaft beim Münchner Landgericht den Strafantrag Kolos ab. Dieser fragt sich nun, ob sich die Justiz damit nicht zum »Büttel der Staatsregierung« mache?
Er meint, in der Einstellung des Verfahrens »eine grenzenlose Willfährigkeit gegenüber der bayerischen Landesregierung« zu erkennen, wenn die Staatsanwaltschaft ihren Schritt damit begründe, daß Informationen über die Strahlenmeßergebnisse »ohne Verzögerung« bekanntgegeben worden seien. Kolo: »So funktioniert das in einem Obrigkeitsstaat.«
Beim Landgericht habe man sich nicht einmal die Mühe gemacht, den korrekten Sachverhalt zu ermitteln. Tatsache bleibe, daß die Regierung erst 72 Stunden nach der Reaktorkatastrophe über eine Gefährdung der Bevölkerung informiert habe.
Für einen Rechtsstaat sei es »schlicht skandalös, wenn dafür der CSU-Staatsregierung jetzt ein Persilschein ausgestellt wird«. Es gehöre schon »eine Portion von Arroganz und Unverfrorenheit« dazu, die Aufgaben der Sicherheitsbehörden so zu verkennen.

Kurzer Prozeß: Gerichte haben es plötzlich eilig

Deutschlands Gerichte, bei denen Verfahren sonst wegen Arbeitsüberlastung der Justiz eine Ewigkeit dauern können, haben es nach dem Reaktorunfall furchtbar eilig. Dabei blitzt so mancher Kläger ab, der gegen die Mächtigen aufmucken will. In Sachen Tschernobyl & Nachwehen fallen im Mai 1986 bemerkenswerte Entscheidungen.

Das Verwaltungsgericht Schleswig weist die Klage eines Ratzeburgers (Kreis Herzogtum Lauenburg) ab, der von der Landesregierung in Kiel laufende Kontrollen auf Radioaktivität verlangt.
Der Mann ist selbst Jurist und klagt im Namen seiner beiden Kinder. Er habe keinen Rechtsanspruch auf fortwährende Messungen und auf Bekanntgabe der Werte in seinem Wohnort, begründen die Richter ihre Entscheidung, die zunächst allerdings noch nicht rechtskräftig ist.
Falls dieses Urteil Schule macht, brauchen Behörden künftig auf die Wünsche der Bevölkerung bei den Kontrollen auf Radioaktivität keine Rücksicht zu nehmen. Der Bürger muß einfach hinnehmen, wo, wie und was das Land mit seinen Geigerzählern mißt. In Schleswig-Holstein bedeutet es im konkreten Fall, daß nur der jeweils niedrigste und der höchste Meßwert ohne genaue Ortsangabe zu publizieren sind.
Ob die Einwohner dieses Bundeslandes sich mit der selbstherrlichen Einstellung ihrer Landesfürsten zufriedengeben?

Um Strahlenmessungen geht es auch bei einer Einstweiligen Verfügung, die zwei Vertreter der Bayerischen Agraropposition gegen das Münchner Umweltministerium beantragen. Es soll gezwungen werden, unterschiedliche Bo-

denuntersuchungen auf radioaktive Strahlung vorzunehmen.
Das Verwaltungsgericht lehnt den Antrag ab. Seine Auffassung: Die Regierung habe mit ihren Maßnahmen nach dem Super-GAU alles Erforderliche getan.
Den gleichen Wunsch wie die Kläger hegen viele andere Bürger im Land: Auch sie wollen, daß das Ministerium ihnen jederzeit Einblick in die Meßresultate gewährt, und zwar nicht nur für Jod 131, sondern auch für Caesium 137, Strontium 90 und sonstige Radionuklide. Die bisher geübte Veröffentlichungspraxis, so meinen sie, reiche bei weitem nicht aus.
Interessant, wie das Umweltministerium als Gegnerin darüber denkt: Im Prinzip habe es seine Pflicht zur Informationsbeschaffung und Gefahrenabwehr bei der Tschernobylkrise stets erfüllt. Da Messungen jederzeit möglich seien, die Regierung aber kein Monopol darauf habe, stehe es den Klägern frei, sich einer anderen Institution zu bedienen.
Daraus kann man folgern: Wenn der Bürger mit der Strahlenkontrolle des Staates unzufrieden ist, kann er gefälligst auf eigene Rechnung die nötigen Untersuchungen in die Wege leiten. Bedeutet das einen Auftragsboom für private Ingenieurbüros?

Das Verwaltungsgericht im baden-württembergischen Sigmaringen hat gegen den Bonner Grenzwert von 500 Becquerel Jod 131 im Liter Milch nichts einzuwenden. So lehnt es in einem Eilverfahren die Festsetzung eines von mehreren Klägern verlangten niedrigeren Limits ab.
Wenig Verständnis zeigen Verbraucherschützer für diese Argumentation der Verwaltungsrichter: Bei 20 Becquerel könne die Milchversorgung beeinträchtigt werden (weil es dann zu viele Überschreitungen gibt?) während die Möglichkeit einer gesundheitlichen Schädigung durch 500 Becquerel vom Gericht nicht zu beurteilen sei. Auch müßten die Familien der Kläger wegen der kurzen Halbwertszeit

von Jod 131 ja nur vorübergehend auf andere Getränke ausweichen.
Im Klartext bedeutet das: Die Tatsache, daß Milch belastet ist, reicht allein noch nicht aus, um den Grenzwert zu senken. Dem Verbraucher wird zugemutet, auf (belastete) Milch zeitweilig zu verzichten und statt dessen etwas anderes zu trinken. Die mögliche Gesundheitsgefährdung von Kleinkindern bleibt dabei außer Betracht.
Zu bedauern ist, daß das Sigmaringer Verwaltungsgericht sich anscheinend nicht sachkundig macht. Es hätte zum Beispiel kurzfristig verfügbare Gutachter hinzuziehen können. Da es sich im wesentlichen nur auf Jod 131 konzentriert, muß es sich fragen lassen, ob es noch nichts von den anderen (zum Teil weit riskanteren) Radionukliden gehört hat, die bei einem Urteil von solcher Tragweite ebenfalls zu berücksichtigen wären?

Wird radioaktiver Schlamm in den Entsorgungsanlagen verbrannt, so treten erneute Belastungen auf. Erster Prozeß vor dem Berliner Verwaltungsgericht, das – im Schnellverfahren – die Klage dreier Bürger gegen das Klärwerk Marienfelde abweist. Sie haben die Stillegung gefordert.
Zum Hintergrund: Radionuklide aus Regenwasser und Boden sind infolge des Tschernobyl-Fallout überall in der Bundesrepublik in die Abwässerkanäle gelangt und haben sich in den Schlammsammelbecken der Klärwerke angereichert. Bei der üblichen Verbrennung der Rückstände gelangen die Isotope wiederum in die Luft und damit erneut in den Kreislauf. Im Grunde müßte der Schlamm auf Spezialdeponien als Sondermüll gelagert werden.
Eindeutige rechtliche Handhabe dafür gibt es bisher offenbar nicht. Weder die Abfallgesetze noch die Strahlenschutzverordnung (die sich mit kerntechnischen Anlagen und ihren Auswirkungen befaßt) sehen eine Regelung für diesen Spezialfall vor. Eine Gesetzeslücke also, die dringend korrigiert werden muß, um weitere Gefahren für die Bevölkerung abzuwehren.

Bürgerzorn contra Staatsgewalt. Exemplarisch ist die Strafanzeige eines baden-württembergischen Ehepaars, die Mitte Mai bei der Bonner Staatsanwaltschaft eingeht und ein ganzes Bündel von Strafanzeigen enthält.
Sie richten sich gegen die Bundesregierung, den Bundeskanzler und seinen Innenminister persönlich, gegen den Vorsitzenden der Strahlenschutzkommission »und alle anderen Entscheidungsträger« dieses Gremiums sowie gegen die Betreiber der deutschen Kernanlagen und gegen Unbekannt.
Begründung: Fahrlässigkeit im Amt, Verdacht auf fahrlässige Tötung, wissentliche Gesundheitsgefährdung der Bevölkerung, »insbesondere von Kindern, Kleinkindern, Säuglingen und Ungeborenen«; wissentliche Inkaufnahme beträchtlicher volkswirtschaftlicher, ökologischer Schäden und so weiter.
Das Ehepaar bittet den Staatsanwalt »zu berücksichtigen, daß wir keinerlei juristische Erfahrung haben«. Er möge dennoch »diese Vorgänge überprüfen und die Verantwortlichen strafrechtlich verfolgen«, da diese der Bevölkerung durch Falschaussagen suggeriert hätten, sie brauche keine besonderen Vorsichtsmaßnahmen zu ergreifen, um sich vor Strahlen zu schützen.

Wir können sicher sein: Der Bundesrepublik steht wegen der Atomkatastrophe eine Flut von Ermittlungs- und Gerichtsverfahren ins Haus, bei denen es wahrscheinlich meist um Schadensersatzforderungen gehen wird. Ein Teil der zu erwartenden rechtlichen Schritte wird den Juristen harte Nüsse zu knacken geben. So auch dieser Grundsatzprozeß, den ein Münchner Rechtsanwalt anstrengt:
Er will durch eine Verfassungsbeschwerde in Karlsruhe erreichen, daß die Bundesregierung sich noch einmal gründlich mit den Sicherheitsrisiken friedlicher Nutzung der Kernenergie befaßt. Der Gesetzgeber soll aus dem Unglück in der Ukraine Konsequenzen für die Bundesrepublik ziehen. Das sogenannte Restrisiko, das der Bürger nach Mei-

Was zeigt die Skala an? Bange Frage im Mai '86. Bonner Richtwerte führen zu heftigem Streit.

nung von Regierung und Atomkartell in Kauf nehmen soll, erscheint in diesem Verfahren in einer neuen Dimension.

Vergleichsweise unproblematisch dürfte eine Reihe von Prozessen werden, die das Geschäft mit der Angst zum Inhalt haben. Es geht um die Frage, ob Werbemethoden beim Verkauf von Meßgeräten stets mit dem Gesetz in Einklang stehen?
Den Startschuß gibt die Münchner Staatsanwaltschaft. Sie ermittelt gegen den Hersteller eines Geigerzählers, mit dem man radioaktive Verseuchung angeblich beizeiten erkennen kann. Ein Wunderapparat soll es sein.
Verbraucherorganisationen halten Ticker, mit denen gutgläubigen Bürgern seit dem sowjetischen Atomunglück das Geld aus der Tasche gezogen wird, für nutzloses Zeug. Dem Staatsanwalt geht es um unlauteren Wettbewerb und Betrugsverdacht.

Beim Essen alles in Butter? Widersprüche der Strahlenschützer

Die Strahlenschutzkommission (SSK) beim Bundesinnenministerium gibt unter Leitung des Saarbrücker Nuklearmediziners *Professor Ernst Oberhausen* am 8. Mai eine Reihe von Empfehlungen für Richtwerte der radioaktiven Lebensmittelbelastung bekannt. Gleichzeitig nennt sie Verhaltensmaßregeln für die Bevölkerung. Diese Entscheidungen lösen bei Verbraucher- und Umweltorganisationen, besonders aber bei Kernkraftgegnern scharfe Kritik aus. Die SSK-Empfehlung in Kurzfassung:

☐ Begründung von Richtwerten für die Aktivitätskonzentration von Jod 131 in Nahrungsmitteln:

Die Strahlenschutzverordnung sieht für die Bevölkerung in der Umgebung kerntechnischer Anlagen vor, daß im bestimmungsgemäßen Betrieb eine Schilddrüsendosis von 90 mrem (Millirem oder tausendstel rem) pro Jahr nicht überschritten wird. Für Störfälle gelten 15 rem.
Die SSK entscheidet bei ihren Erörterungen im Zusammenhang mit dem sowjetischen Atomunglück, daß keiner dieser beiden Richtwerte hierauf angewendet werden soll. In der gegebenen Situation hält sie für die Schilddrüsendosis des Kleinkindes einen Richtwert von 3 rem für annehmbar. Wörtlich:
»Dieser Wert ist insbesondere gerechtfertigt durch die Ergebnisse der Untersuchungen über Spätwirkungen der langjährigen Anwendung von Jod 131 in der nuklearmedizinischen Diagnostik. Die hierüber durchgeführten Untersuchungen haben gezeigt, daß bei Schilddrüsendosen von mindestens 50 rem und Beobachtungszeiten von mehr als 17 Jahren keine Erhöhung der Inzidenz von Schilddrüsenkarzinomen fest-

stellbar war. Damit kann selbst unter Annahme einer erhöhten Strahlenempfindlichkeit des Kleinkindes der Wert von 3 rem als annehmbar angesehen werden.«
(An diesem Punkt entzündet sich in der Folgezeit auch wissenschaftlicher Widerspruch.)

□ Richtwert für Jod 131 bei Milch:

Auf der Grundlage der angegebenen Schilddrüsendosis errechnet die SSK für die Aktivitätskonzentration von Jod 131 in Milch einen Richtwert von 500 Becquerel pro Liter. Dieser Wert beruht auf folgender Annahme:
– Der Milchkonsum betrage beim Kleinkind 1 Liter pro Tag.
– Während einer Woche habe die Milch eine konstante Aktivitätskonzentration von rund 500 Becquerel pro Liter.
– Nach einer Woche werde keine wesentliche Zufuhr von Spaltprodukten aus der Atmosphäre mehr erfolgen und die Aktivitätskonzentration dem physikalischen Zerfall entsprechend abnehmen.
Für Erwachsene nimmt die SSK an, daß neben Frischmilch auch Frischmilcherzeugnisse (zum Beispiel Joghurt, Quark, Frischkäse) konsumiert werden. Da beim Erwachsenen durch die Zufuhr von Milch die Schilddrüsendosis nur etwa die Hälfte derjenigen des Kleinkindes betrage, könne eine zusätzliche Zufuhr von Frischmilcherzeugnissen mit der angegebenen Aktivitätskonzentration von Jod 131 zugelassen werden, entscheidet die SSK.
Dies setze allerdings voraus, daß für die Herstellung von Frischmilchprodukten nur Milch einer Aktivitätskonzentration von weniger als 500 Becquerel pro Liter verwendet werde.

□ Jod 131 in frischem Blattgemüse (Spinat, Salat):

Als Richtwert für die Freigabe von frischem Blattgemüse, gegebenenfalls auch nach Lagerung und Konservierung, nennt die SSK 250 Becquerel pro Kilogramm. Dadurch trete »keine Erhöhung der Strahlenexposition gegenüber der durch Jod 131 in der Milch bedingten Exposition« ein.

□ Jod 131 in Rhabarber, sonstigem Gemüse, Kräutern, Gewürzen, Wurzelgemüse, unterirdischem Sproßgemüse wie Spargel:

»Wegen der bei der Zubereitung eintretenden Reduzierung der Aktivität (zum Beispiel durch Schälen) oder der geringen pro Tag zugeführten Menge, bei Wurzelgemüse wegen der geringen Aktivität«, hält die SSK es nicht für erforderlich, hierfür Jod-131-Richtwerte anzugeben.

□ Jod 131 in sonstigen tierischen Produkten und den übrigen Lebensmitteln:

Für die tierischen Produkte einschließlich Honig und für die übrigen Lebensmittel besteht nach Auffassung der SSK »bei den üblichen Verzehrgewohnheiten« keine Notwendigkeit, einen Richtwert für Jod 131 anzugeben.
Bei Lebensmitteln, die in einer geringeren Menge als etwa 0,1 kg pro Tag verzehrt werden (z. B. Kräuter, Gewürze, Eier, Honig, Pilze usw.) seien »generelle Einschränkungen beim Verzehr nicht nötig«.

□ Jod 131 in lagerfähigen Produkten:

Alle wegen Überschreitung des Richtwerts für Jod 131 hergestellten Produkte dürfen erst vier Wochen nach Herstellung zum Verzehr freigegeben werden.
Die SSK weist darauf hin, daß auch die zeitlich gestaffelten EG-Richtlinien für Milch, Obst und Blattgemüse »im wesentlichen im Einklang« mit ihren eigenen Feststellungen ständen.

□ Richtwerte für Caesium 137:

Die Kommission erörtert ferner die Bewertung der Strahlenexposition durch langlebige Radionuklide im Fallout nach dem Kernkraftwerksunglück von Tschernobyl:

Unter Berücksichtigung der radioökologischen Eigenschaften dieser Radionuklide und der Dosisfaktoren bei Ingestion (Aufnahme zum Beispiel durch Nahrung im menschlichen Körper) ergebe sich, daß für die langlebigen Radionuklide Caesium 137 als »Leitnuklid« betrachtet werden könne. Der Beitrag der Strontium-Isotope und anderer langlebiger Spaltprodukte sei vergleichsweise klein gegenüber dem Beitrag von Caesium 137. Das gleiche gelte auch für langlebige Transurane wie zum Beispiel Plutonium.
Die SSK zu ihrem Richtwert (vom 4. Mai) für die spezifische Aktivität von Caesium 137 (100 Bq/kg für Gemüse):

»Dieser Wert wurde unter Vorsorgegesichtspunkten sehr restriktiv festgelegt und bezog sich ausschließlich auf das im Freiland zur Ernte anstehende Frischgemüse, da dieses unmittelbar dem Fallout ausgesetzt war.«

Die Kommission habe jetzt aufgrund der vorliegenden Daten eine umfassende Analyse durchgeführt, wobei die Abschätzung und Bewertung der durch Caesium 137 bedingten Strahlenexposition unter drei Gesichtspunkten erfolgt sei:

1. mit vorliegenden Analysen des Fallout aus früheren Kernwaffenversuchen;

2. mit einer radioökologischen Analyse, basierend auf der allgemeinen Berechnungsgrundlage;

3. durch einen Vergleich mit der Aktivität des natürlich vorkommenden Kalium 40, das sich im Körper des Menschen und in der Umwelt ähnlich wie Caesium 137 verhalte.

»Diese Untersuchungen führen übereinstimmend zu dem Ergebnis, daß die aus diesem Unfall akkumulierte Dosis kleiner als die natürliche Kalium-40-Aktivität ist. Im ungünstigsten Fall kommt sie ihr etwa gleich.
Aus diesen Überlegungen ergibt sich kein Anlaß zur weiteren Aufrechterhaltung eines Richtwerts für Caesium 137 und andere langlebige Spaltprodukte in Lebensmitteln.«

Generell werde in der Bundesrepublik bereits seit 1958 der Caesium-137-Gehalt in Lebensmitteln überwacht, erklärt die Kommission.
(Anmerkung: Diese Behauptung der SSK könnte beim Verbraucher den Eindruck erwecken, Lebensmittel würden bundesweit regelmäßig und gründlich auf Caesium 137 untersucht. Ein solcher Eindruck wäre aber nachweislich falsch: Die Untersuchungen werden – nach einer Umfrage bei Untersuchungsämtern und Lebensmittelkontrollstellen – allenfalls gelegentlich und dann nur stichprobenartig gemacht. Von einer generellen Überwachung kann also überhaupt keine Rede sein.)
Im übrigen empfiehlt die SSK »eine zusätzliche Strahlenschutzüberwachung des Caesium-137-Gehaltes von Lebensmitteln nur für Regionen, in denen während der letzten Tage eine außergewöhnlich hohe Caesium-Aktivität dem Boden zugeführt wurde«.

□ Sonderfragen (Trinkwasser, Entsorgung usw.):

Im *Trinkwasser* – so meint die SSK – würden derzeit keine Aktivitätswerte gemessen, die Einschränkungen beim Verbrauch nötig machten. Mit einer Ausnahme: »Zisternenwasser sollte nicht als Trinkwasser benutzt werden.« Dagegen seien beim Tränken von Tieren, auch beim Verbrauch von Fluß- und Regenwasser keine Einschränkungen erforderlich. Bei Oberflächengewässern sieht die SSK die laufenden Überwachungsmessungen ebenfalls als ausreichend an.

Lebensmittel, die bei der Aktivitätskontrolle die vorgeschlagenen Richtwerte überschreiten, dürften »ohne besondere Schutzmaßnahmen verworfen werden, zum Beispiel durch Einarbeiten in die Erde oder Ablagerung auf einer Mülldeponie«.

Filterwechsel bei Klimaanlagen sei wegen der radiologischen Situation nicht notwendig. Falls jedoch aus betrieblichen Gründen Filter ausgetauscht werden müßten, schlägt die SSK vor:
»Das Personal soll Staubmasken tragen. Ein direkter Kontakt der Körperoberfläche mit dem Filter beziehungsweise mit dem Filterstaub ist zu vermeiden. Die Filter sind zum Beispiel in Plastiksäcken an einem Ort zu lagern, an dem sich Personen nicht längere Zeit aufhalten.
Die endgültige Beseitigung (Entsorgung) kann nach ca. 2 Monaten, wie bisher üblich, erfolgen. Vor dem Essen und nach Beendigung der Arbeiten sind die Hände zu waschen und mit Filterstaub verschmutzte Kleidung abzulegen.«
Das Auswechseln von Luftfiltern aus Kraftfahrzeugen aus Gründen des Strahlenschutzes hält die SSK dagegen nicht für notwendig. Die Filter seien beim üblichen Austausch »wie normaler Abfall« zu behandeln.

Fahrzeuge (Kraftfahrzeuge, Personenzüge, Güterwagen), an denen bei der angeordneten Grenzkontrolle eine Oberflächenaktivität von mehr als 100000 Becquerel festgestellt wird, sollen nach Möglichkeit dekontaminiert (entseucht) werden. Besondere Maßnahmen für den Schutz des Personals und die mit der Dekontamination beauftragten Mitarbeiter seien hingegen nicht nötig.

Reisen in andere von dem Kernkraftwerksunglück betroffene Länder seien nur dann unbedenklich, wenn die amtlichen Informationen eine ausreichende radiologische Überwachung in diesen Ländern erkennen lassen.

Wir fühlen uns verunsichert! Sie auch?
Da wir uns durch die offiziellen Informationen zum Thema
radioaktive Strahlenbelastung ungenügend aufgeklärt wissen,
suchen wir zum Aufbau einer **unabhängigen** telefonischen Beratungsstelle
dringend kompetente Wissenschaftler und Techniker aus den Bereichen
Physik, Chemie, Umwelt und Lebensmitteltechnologie, Medizin,
Landwirtschaft, Meteorologie, die aktuelle Daten und Hintergründe
kennen und/oder über geeichte Geräte verfügen. ☎ [redacted]/[redacted]

Die Bürgerängste bleiben: Inserat in einer Zeitung.

Entscheidend ist diese wörtliche SSK-Gesamtbilanz:

»Die Strahlenschutzkommission sieht keine Veranlassung, unsere natürlichen Lebensgewohnheiten zu ändern. Weder ist ein Kinderspielverbot im Freien notwendig, noch stellen Sandkästen, Tennisplätze und Aschenbahnen eine Gesundheitsgefährdung dar.«

□ Was nach solchen Verlautbarungen des Expertengremiums bleibt, ist eine Fülle von Ungereimtheiten. Es sind einmal die im Vergleich mit den Entscheidungen verschiedener Länder hohen Grenzwerte der (von der Bundesregierung berufenen) Strahlenschutzkommission; denn kein Außenstehender vermag zu begreifen, warum der eine Experte nur 20, der andere 500 Becquerel für Jod 131 pro Liter Milch für erforderlich hält.

Zweitens ist nicht einzusehen, warum das Personal beim Auswechseln von Luftfiltern in Betrieben und Bürohäusern Schutzmasken tragen und sich hinterher gründlich säubern soll, kleine Kinder aber den Staub auf Straßen und Spielplätzen in anscheinend unbegrenzter Menge schlucken dürfen.

Die Auffassung der Kommission, es gebe keine Veranlassung, »unsere natürlichen Lebensgewohnheiten zu ändern« halten nicht nur Gegner der Kernkraft für eine Ungeheuerlichkeit. Man kann wohl davon ausgehen, daß nach Tschernobyl kaum ein Bürger völlig unbeeinflußt bei seinen alten Gewohnheiten bleibt, nicht einmal die Herren Professoren dieser Kommission.

So betrachtet, darf man getrost einige Fragezeichen hinter die Empfehlungen des Bonner Strahlengremiums setzen. Es ist nur allzu verständlich, daß solche Verlautbarungen beim kritischen Publikum einigen Argwohn wecken: Wie unabhängig, wie wenig beeinflußbar ist sie wirklich, die sogenannte Strahlenschutzkommission, die uns weismachen will, es sei alles halb so wild?

Gemüse und Milch kritisch belastet

Die Stuttgarter Landesregierung hat am Dienstag alle ihr zur Verfügung stehenden Meßergebnisse über die Strahlenbelastung der Luft, des Bodens und landwirtschaftlicher Erzeugnisse veröffentlicht. Wir geben den jeweils aktuellsten Stand der Stichproben-Messungen für die Leitsubstanz Jod 131 in Becquerel je Kubikmeter Luft, je Kilo oder je Liter und den Wochentag der Stichprobe wieder:

Luft (Montag)

Normalwert	0 bis 10
Schauinsland	7
Freiburg	10
Karlsruhe	5
Stuttgart	8
Neckarwestheim	7
Philippsburg	12
München	18

Milch (Sonntag)

Grenzwert	500
Molkereimilch:	
Freiburg	43,7
Karlsruhe	47,3
Mannheim	100
Radolfzell	72,3
Bad Mergentheim	40,3
Stuttgart	35,4
Heilbronn	30,3
Künzelsau	83,5
Rottweil	42,1
Riedlingen	38,8
Creglingen	27,9
Schafsmilch vom Bauern:	
Bietigheim-Bissingen	2800
Reichenbach	7850
Horrheim	8850
Kuhmilch vom Bauern:	
Braunsbach	490
Bad Wurzach	1707

Trinkwasser (Samstag bis Montag)

Bisher kein Grenzwert, vorläufig	ca. 250
Bodenseewasser Rohr	0,14
Landeswasser Langenau	0,6
Egau-Wasser	0,18
Bad Wurzach	0,28
Leipheim	130

Gemüse (Montag)

Grenzwert	250
Denkendorf (Spinat)	2504
Hattenbühl:	
Kopfsalat	497,4
Spinat	1223
Kernen (Rhabarber)	79
Dossenheim (Kopfsalat)	2300
Dielheim (Spinat)	630
Schifferstadt:	
Wirsing	398
Schnittlauch	1378
Lauch	21,8
Spinat	81,8
Rhabarber	81,5
Rommelshausen (Spinat)	158,8
Bietigheim:	
Freilandsalat	1400
Salat unter Folie	170
im Foliengewächshaus	14
im Glasgewächshaus	70
Reichenau:	
Freilandsalat	1800
unter Folie	700
unter Vlies	60
im Glasgewächshaus	70

Stichproben in Baden-Württemberg: Bei Schafsmilch fast 9000 Becquerel Jod 131 im Liter.

IFEU-Institut: Bonner Werte sind unverantwortlich hoch

Die von der Strahlenschutzkommission beim Bundesinnenministerium in Bonn festgesetzten Grenzwerte für radioaktiv belastete Nahrung stoßen von Anfang an auf Bedenken und Widerspruch bei Lebensmittelexperten und einzelnen Landesregierungen, weil sie nach deren Ansicht zu hoch angesetzt sind:
Bekanntlich hat die laut Regierungsaussage unabhängig entscheidende Kommission – bezogen auf Jod 131 – für Milch eine Grenze von 500 Becquerel pro Liter (Hessen: 20 Bq/l), für Gemüse 250 Bq pro Kilogramm und – bezogen auf Caesium 137 – für Gemüse 100 Bq/kg empfohlen. Für das Gros der Lebensmittel gibt es jedoch überhaupt keine amtlichen Werte oder sonstige helfende Anhaltspunkte. Hier einzugreifen, lehnt die Kommission entweder ab oder – was wahrscheinlicher ist: Sie sieht sich dazu infolge eigener Unsicherheit außerstande.
Energischer Protest kommt von den Alternativen und Atomkraftgegnern. Das mit den Grünen und dem Bund für Umwelt und Naturschutz Deutschland e. V. (BUND) zusammenarbeitende *Institut für Energie- und Umweltforschung (IFEU, Im Sand 5, 6900 Heidelberg)* spricht in seinen Presseverlautbarungen von »unverantwortlich hohen Grenzwerten« der Bonner Strahlenschützer.
Das Institut gilt seit langem als wichtige Anlaufstelle für Wissenschaftler, Politiker und Behörden, wenn es um radioökologische Fragen geht. Auch müssen die Heidelberger immer wieder Studien für Länder- und Bundesministerien erstellen. Sie werden allgemein wegen ihrer Fachkompetenz akzeptiert.
Nach Einschätzung des IFEU-Instituts »müßten die amtlichen Bonner Werte um mindestens das Fünfzigfache gesenkt werden, um das Krebsrisiko durch Aufnahme der

IFEU INSTITUT FÜR ENERGIE- UND UMWELTFORSCHUNG HEIDELBERG E.V.

Das Heidelberger IFEU-Institut für Energie- und Umweltforschung, das in den letzten Jahren zahlreiche radioökologische Studien für Länder- und Bundesministerien durchgeführt hat, hält die Grenzwerte, die die Strahlenschutzkommission in Bonn für die radioaktive Belastung der Milch und des Gemüses empfohlen hat, für unverantwortlich hoch. Nach Einschätzung des Institutes müßten die Grenzwerte um mindestens das 50fache gesenkt werden, um auch das Krebsrisiko durch Aufnahme der radioaktiven Stoffe und durch deren Einlagerung im Körper auf ein akzeptables Maß zu reduzieren.

Die Strahlenschutzkommission empfiehlt für Jod 131 einen Grenzwert für Milch von 500 Bq/l und für Gemüse von 250 Bq/kg, für Cäsium 137 in Gemüse von 100 Bq/kg.

Kommen Lebensmittel, bei denen diese Grenzwerte knapp unterschritten werden, zum Verzehr, so ergeben sich nach Berechnungen des IFEU-Instituts extrem hohe Belastungen insbesondere bei Kleinkindern. Bei einer 4-wöchigen Exposition durch Milch und Gemüse erhält ein Kleinkind allein durch Jod 131 eine Schilddrüsendosis von mehreren 1000 millirem. Die Belastung eines Erwachsenen liegt dann knapp unter 1000 millirem. Der Grenzwert für die Schilddrüse beim Normalbetrieb von Kernkraftwerken ist 90 millirem pro Jahr.

Eine Risikoberechnung des IFEU-Institutes ergibt, daß bei 1 Million Menschen, die 4 Wochen lang Lebensmittel unterhalb dieser Grenzwerte der Strahlenschutzkommission verzehren, langfristig über 400 Fälle von Schilddrüsentumoren erzeugt werden.

Zusätzlich zu dieser Jod-131-Belastung durch Milch und Gemüse sind die Menschen in der Bundesrepublik zur Zeit auch durch die Inhalation radioaktiver Stoffe sowie durch Aufnahme und Anreicherung anderer Nuklide, die derzeit noch nicht quantifiziert werden können, wie z.B. Strontium 90 oder Technetium 99, belastet.

Obwohl durch diese Belastungen nicht mit einer akuten Gesundheitsgefährdung gerechnet werden muß, entsteht dadurch für die nächsten Jahre ein erhöhtes Krebsrisiko. Die derzeit bekannten Strahlendosen der Luft, des Bodens und der Milch, wie sie in Süddeutschland in den letzten Tagen gemessen wurden, ergeben bereits jetzt eine Belastung, die nach Berechnungen des IFEU-Instituts in den nächsten Jahren zu mehreren Tausend zusätzlichen Krebsfällen führen wird.

Das IFEU-Institut hält dieses zusätzliche Riskio für nicht akzeptabel und fordert die Bundes- und Landesregierungen auf, niedrigere Grenzwerte für Milch und Gemüse zu erlassen und die Bevölkerung verstärkt über notwendige Verhaltensmaßregeln zu informieren. Bleibt der Milchgrenzwert auf dem derzeitigen Wert von 500 Bq/l, so muß das IFEU-Institut der Bevölkerung von einem Genuß dieser Milch in den nächsten Wochen abraten, da sich das Risiko bei dieser Milch nicht abschätzen läßt. Das IFEU-Institut hält den hessischen Milchgrenzwert von 20 Bq/l dagegen für wesentlich besser.

IFEU-Institut für Energie- und Umweltforschung Heidelberg e.V., Im Sand 5, 6900 Heidelberg, 06221-10101 oder 12956

Heidelberg, den 5.Mai 1986

IFEU-Institut für Energie- und Umweltforschung Heidelberg e.V.
Im Sand 5, 6900 Heidelberg 1
Tel. 06221-10101 u. 12956
Kto. 163629-756 PSchA Karlsruhe

Vereinsregister des Amtsgerichts Heidelberg Nr. 1022; als gemeinnützig und besonders förderungswürdig anerkannt

Vorstand:
B. Franke, Biol.; Dr. U. Höpfner, Dipl. Chem.; Dr. Th. Koch, Dipl. Phys.; Dr. R. Ratka, Dipl. Chem.; B. Steinhilber-Schwab, Biol.; E. Stotz, Dipl. Volksw.; Dieter Teufel, Dipl. Biol.

Gefahr für Kleinkinder: Wissenschaftler warnen.

radioaktiven Stoffe und durch deren Einlagerung im Körper auf ein akzeptables Maß zu reduzieren«.
Kommen nämlich Lebensmittel zum Verzehr, bei denen die amtlichen Bonner Grenzen nur knapp unterschritten werden, so ergeben sich daraus nach den IFEU-Berechnungen »extrem hohe Belastungen insbesondere bei Kleinkindern«. Zum Beispiel erhalte ein Kleinkind allein durch Jod 131 bei einer vierwöchigen Exposition durch Milch und Gemüse eine Schilddrüsendosis von mehreren tausend Millirem.
Die Abweichung von den bisherigen Größenvorstellungen sei also enorm. Die Belastung eines Erwachsenen liege dann knapp unter 1000 mrem, während der Grenzwert für die Schilddrüse beim Normalbetrieb von Kernkraftwerken bisher mit nur 90 mrem pro Jahr angegeben werde.
Am 5. Mai wendet sich das Institut mit einer alarmierenden Information an die Öffentlichkeit:
»Unsere Risikoüberlegungen haben ergeben, daß bei einer Million Menschen, die vier Wochen lang Lebensmittel unterhalb dieser Grenzwerte der Strahlenschutzkommission verzehren, langfristig über 400 Fälle von Schilddrüsentumoren erzeugt werden können.«
Zusätzlich zur Jod-131-Belastung durch Milch und Gemüse seien die Menschen in der Bundesrepublik zur Zeit auch durch die Inhalation radioaktiver Stoffe sowie durch die Aufnahme und Anreicherung anderer Radionuklide belastet, die man noch nicht quantifizieren könne. Strontium 90 oder Technetium 99 gehörten dazu.
Aus alledem erwachse für die Zukunft ein erhöhtes Krebsrisiko, das man nicht einfach ignorieren dürfe. Die aus verschiedenen Gebieten der Bundesrepublik bekannt gewordenen Strahlendosen der Luft, des Bodens und der Milch »ergeben bereits jetzt eine Belastung, die nach den Berechnungen des IFEU-Instituts in den kommenden Jahren zu mehreren tausend zusätzlichen Krebsfällen führen wird«.
Dieses vorausschaubare Risiko könne auf gar keinen Fall akzeptiert werden. Deshalb fordere man die Regierungen in

Bonn und in den Bundesländern auf, niedrigere Grenzwerte festzulegen und die Bevölkerung verstärkt über notwendige Verhaltensmaßregeln zu informieren.

Aus dem IFEU-Institut stammen unter anderem diese Veröffentlichungen:

»Radioökologie – Beantwortung des Themenkatalogs zum Strahlenrisiko« (Studie im Auftrag der Enquete-Kommission zur zukünftigen Energiepolitik des deutschen Bundestags: Wie hoch ist die Strahlenbelastung in der Nähe kerntechnischer Anlagen, wie wird sie berechnet und gemessen?);

»Studie über die Folgen von Unfällen im Kernkraftwerk Grafenrheinfeld« (1981 im Auftrag der Stadt Schweinfurt);

»Die Gefährdung der Bevölkerung in der Umgebung des Kernkraftwerks Neckarwestheim« (Studie 1982 über Auswirkungen des Normalbetriebs und eines kleinen Unfalls);

»Bewertungsgrundlagen für radioökologische Berechnungsverfahren« (Forschungsvorhaben im Auftrag des Bundesinnenministeriums 1982);

»Risikovergleich Kernenergie, Kohle und natürliche Radioaktivität« (Studie im Auftrag des Bundesinnenministers 1983).

Wie wirkt sich Jod 131 bei Schwangerschaft aus?

Die Strahlengefahr durch Jod 131 verdient bei der Ernährung besonders kritische Beachtung, weil sich dieser Stoff über den Belastungspfad Weide–Kuh–Milch in der Schilddrüse wiederfindet. Kinder und Kleinkinder gehören zu den Risikogruppen, weil sie im allgemeinen mehr Milch trinken als Erwachsene und im übrigen wegen ihrer geringen Schilddrüsenmasse höheren Strahlendosen ausgesetzt sind.
Was dies im Ernstfall bedeutet, wissen deutsche Gesundheitsbehörden nicht erst seit dem Atomfeuer in der Ukraine. Das Heidelberger IFEU-Institut hat darüber bereits sehr konkret und eingehend vier Jahre vor Tschernobyl in seiner Studie über die *»Gefährdung der Bevölkerung in der Umgebung des Kernkraftwerks Neckarwestheim«* berichtet.
Die Heidelberger Ergebnisse stützen sich auf detaillierte wissenschaftliche Recherchen. Verschiedene repräsentative, wirklichkeitsnahe Situationen werden beschrieben, die beim Kleinkind zur Schilddrüsenbelastung durch Jod 131 führen.
Noch ein wichtiger Aspekt: Auf dem Land wird häufig Schafsmilch getrunken. (In der Untersuchung wird für ein Milchschaf eine durchschnittliche Laktationszeit von 5,3 Monaten mit einer Milchleistung von 125 Litern in dieser Zeit angenommen.)
In diesem Fall kann die Strahlenbelastung sechsfach höher als bei Kuhmilch sein. Unter Berücksichtigung der Tatsache, daß Schafsmilch für Kleinkinder zu 50 Prozent mit Wasser verdünnt wird, kann die radioaktive Belastung mehr als 2000 mrem betragen. In Bremen werden im Mai 1986 in Schafsmilchproben über 5500 Becquerel (Jod 131) pro Liter Schafsmilch festgestellt. Solche Milch ist pures Gift.

Seit der Tschernobyl-Krise wird oft nach der Wirkung ionisierender Strahlen auf Kinder gefragt. Besorgte Eltern erhalten darauf selbst von Ärzten und Gesundheitsbehörden nicht selten unbefriedigende Antworten. Die Heidelberger IFEU-Experten unterscheiden drei Phasen, in denen Schäden verursacht werden können.

□ Schon vor Beginn einer Schwangerschaft können Nachkommen geschädigt werden, wenn an den Keimzellen der Eltern (infolge Strahlenbelastung zum Beispiel) negative Veränderungen (genetische Schäden) stattfinden.

□ Während der Entwicklung des Kindes im Mutterleib können durch Strahleneinwirkung Mißbildungen, Krebs und Leukämie entstehen. Der Nachweis, daß es sich um frühere genetische oder um spätere Schäden durch Strahleneinwirkung handelt, ist allerdings äußerst schwer zu erbringen.

□ Krebs und Leukämie können schließlich durch Strahlenbelastung in der Kindheit ausgelöst werden.
Auch wenn die Verteilung der Radionuklide im embryonalen Organismus und weitere Zusammenhänge noch weitgehend unerforscht sind, so weiß man doch, daß radioaktive Stoffe über die Plazenta in das werdende Kind gelangen können. Die Heidelberger Studie besagt:

□ Nur selten kann die Strahlendosis berechnet werden, die ein Kind im Mutterleib erhält, wenn die Mutter radioaktive Stoffe mit der Nahrung (Fleisch, Gemüse, Milch, Wasser) zu sich nimmt.

□ Jod 131 wird in der embryonalen Schilddrüse bereits ab der zwölften Woche angereichert. Die Jodkonzentration kann zum Ende der Schwangerschaft diejenige der Mutter um ein Vielfaches übersteigen.

□ Strontium (das Kalzium chemisch sehr ähnlich ist) wird ab dem Beginn der Skelettbildung in die Knochen des Fötus eingebaut.

□ Dasselbe gilt für Plutonium, wenn es sich in der Nahrung der Mutter befindet.

Das IFEU-Institut zur Kernfrage:

»Es besteht überhaupt kein Zweifel daran, daß bei einer Verseuchung der Umwelt, das heißt: einer Verseuchung von Luft, Nahrung und Wasser mit radioaktiven Stoffen, die Kinder in utero (im Mutterleib) mit diesen Stoffen direkt in Berührung kommen und sie zum Teil in ihre Organe einbauen. Selbstverständlich können Kinder in utero auch durch radioaktive Stoffe bestrahlt werden, die sich außerhalb oder innerhalb des mütterlichen Körpers befinden. Dies zeigen die statistischen Auswirkungen von röntgendiagnostisch bestrahlten schwangeren Frauen, deren Kinder an Leukämie oder Krebs erkrankten.«

Die Heidelberger Wissenschaftler weiter:
»Wir wissen heute, daß Zellen in einer bestimmten Phase ihres Teilungsprozesses am strahlensensibelsten sind. Und die Wahrscheinlichkeit, daß die Strahlen genau in diese Phase treffen, ist bei einem wachsenden Gewebe größer, da sich dort mehr Zellen in Teilung befinden.
Hinzu kommt, daß bei wachsendem Gewebe ein einmal entstandener Fehler vervielfältigt wird. Ist zum Beispiel die Zelle, die dafür bestimmt ist, ein Organ zu bilden, geschädigt, so kann dies das Fehlen oder die Mißbildung des Organs zur Folge haben.«
Als Schäden nennen die Heidelberger Forscher außer Krebs und Leukämie unter anderem:
Mißbildungen des zentralen Nervensystems, die zu geistiger Behinderung führen; Abnormalitäten der Sinnesorgane; alle Formen von Herzmißbildungen; Wolfsrachen, Skelett-

abnormalitäten; unnormale Anzahl von Fingern; Schäden des Magen-Darm-Traktes; Fehlen oder Teilentwicklung von Organen.

Über die statistische Erfassung von Schäden in der Umgebung des süddeutschen Kernkraftwerks Neckarwestheim berichtet das IFEU-Institut (unter Berücksichtigung seiner vom Statistischen Landesamt erhaltenen Daten):
»Ersichtlich ist, daß in beiden Landkreisen (Heilbronn und Ludwigsburg) in den vier Jahren vor Betriebsbeginn im Jahr 1976 die Mißbildungsraten erheblich geringer waren als in den vier Jahren danach.
Im Landkreis Heilbronn weisen die Mißbildungsraten in den vier Jahren nach Betriebsbeginn insgesamt eine Erhöhung um mehr als das Dreifache auf, verglichen mit den vier vorausgegangenen Jahren. Im Landkreis Ludwigsburg waren die Mißbildungsraten im entscheidenden Zeitraum auf das Doppelte angestiegen.
Beide Landkreise befinden sich in unmittelbarer Nachbarschaft des Standortes Neckarwestheim. Die Grenzen beider Landkreise berühren sich auf dem Kraftwerksgelände. Die stärkere Erhöhung im Landkreis Heilbronn ließe sich damit erklären, daß die Winde häufig in dieses Kreisgebiet wehen.«

Auch die bayerische Landesregierung unterstreicht in ihrer vielbeachteten Publikation *»Strahlenschutz, Radioaktivität und Gesundheit« (Staatsministerium für Landesentwicklung und Umweltfragen; 1985)*, »daß Gewebe mit hohen Zellumsätzen besonders strahlenempfindlich sind ... Es kann daher nicht überraschen, daß das keimende Leben im Mutterleib durch ionisierende Strahlen besonders gefährdet ist.«
Als typischen Embryonalschaden nennen die Autoren die Microcephalie (verringerte Schädelgröße, häufig in Kombination mit geistiger Behinderung).
Sie erwähnen in diesem Zusammenhang Untersuchungen an insgesamt 26 Kindern, »die im Rahmen einer freiwilligen gynäkologischen Strahlentherapie ihrer Mütter im Mutter-

STATISTISCHES LANDESAMT
BADEN-WÜRTTEMBERG

Statistisches Landesamt Postfach 898 7000 Stuttgart 1

An das
Institut für Energie- und
Umweltforschung Heidelberg e.V.
Im Sand 5

6900 Heidelberg 1

Stuttgart, den 3. Febr. 1982
Fernsprecher Durchwahl (07 11) 6 65 - 570
Aktenzeichen: (Bitte bei Antwort angeben) 1000/8

Betr.: Gesundheitsdaten aus den Landkreisen Heilbronn und Ludwigsburg
Bezug: Ihr Schreiben vom 21. Jan. 1982
Anl. : 4

Sehr geehrte [redacted]

Als Anlage übersenden wir Ihnen für die Jahre 1973 bis 1980 und die Landkreise Ludwigsburg und Heilbronn
- Gestorbene an Leukämie insgesamt
- Lebend- und Totgeborene und Geborene mit bei der Geburt erkennbaren Fehlbildungen
- Perinatale Sterblichkeit
- Kopien aus den Statistischen Berichten 1965 bis 1980 mit Angaben über die Säuglingssterblichkeit.

Diese Unterlagen konnten mit vertretbarem Aufwand erstellt werden. Wir verzichten daher hierfür auf eine Kostener- [redacted]

Eine pränatale Sterblichkeit kennen wir in der Statistik nicht. Wir haben daher Daten über die perinatale Sterblichkeit übermittelt.

Wir wissen nicht, wie Sie die "Mißbildungsraten" berechnet haben wollen. Wir haben Ihnen daher die Grundzahlen übersandt. [redacted] des abweichenden Gebietsstandes nicht vergleichbar. Grundzahlen zur Entwicklung der Geborenen und Gestorbenen und auch zur Säuglingssterblichkeit finden Sie jedoch in den übersandten Kopien der Statistischen Berichte 1965 bis 1980, allerdings im jeweiligen Gebietstand.

Daten für Gemeinden liegen uns nicht vor.

leib mit Dosen von mindestens 2,5 Gy (250 rad) und zum Teil erheblich mehr belastet wurden«.
Die Diagnose erschreckt:

»Diejenigen, die in der embryonalen oder fetalen Phase exponiert waren, zeigten ausnahmslos Wachstumshemmungen und Microcephalie mit geistiger Retardierung (geistige Behinderung). Am stärksten waren die Mißbildungen bei denen, die in der Embryonalphase bestrahlt wurden. Drei von den 26 Kindern, deren Exposition am Anfang bzw. Ende der Schwangerschaft erfolgte, kamen selbst bei diesen hohen Dosen gesund zur Welt und zeigten auch später keine Schäden.«

Nach Tschernobyl steht fest: Die Sorgen und Ängste der Menschen im Blick auf die radioaktive Belastung ihrer Umwelt und Nahrung sitzen tief. Es ist ein Skandal, wenn man sie über den vollen Umfang der Risiken, über die möglichen Folgen des Atomfeuers von Tschernobyl im unklaren läßt.

◁ *Die Statistik kennt keine »pränatale Sterblichkeit«. Gesundheitsdaten der Landkreise Heilbronn und Ludwigsburg vom Landesamt an das Heidelberger IFEU-Institut.*

Ärzte: Wer nie das Wimmern einer Mißgeburt hörte ...

Berlin liegt mittendrin. Hier reagiert man oft rascher als in der übrigen Bundesrepublik. Bereits am 29. April werden erste Analysen radioaktiver Zerfallsprodukte bekannt, von denen man allerdings noch nicht genau weiß, woher sie stammen. »Sie dürften aus einer Kernspaltanlage entwichen sein«, vermutet der amtierende Berliner Umweltsenator, Professor Dr. Jürgen Starnick.
Für Jod 131 sind es angeblich 0,04 und für Caesium 137 nur 0,02 Becquerel pro Kubikmeter Luft und Stunde. Beruhigungsspritze fürs Volk: »Lassen Sie sich von den Werten weit jenseits der Gefährdungsschwelle nicht verunsichern.« Doch da ist nichts mehr zu verunsichern. Denn 24 Stunden später muß der Senator einen »erhöhten Anteil radioaktiver Zerfallsprodukte« eingestehen.
1,5 Becquerel Jod. Das ist zwar noch nicht besonders aufregend, aber dennoch vielfach mehr als am Vortag und müßte zu denken geben. Wieder der Spruch: »Eine Gefährdung der Bevölkerung ist auch weiterhin nicht zu befürchten.«
Der Mann hat Nerven. Natürlich wächst die Furcht. In Berlin wie überall. Was der Senat tun müßte, aber wohlweislich unterläßt, machen andere. Sie klären auf:
In einem Flugblatt »Radioaktivität – ärztliche Information zum Reaktorunglück in der Sowjetunion« beantwortet die »Berliner Ärzteinitiative gegen Atomenergie« brennende Fragen. Ein Auszug:

Was befindet sich in der radioaktiven Wolke?
Unter den etwa 200 verschiedenen strahlenden Substanzen (Isotopen), die als Gase oder winzige Staubteilchen zu uns gelangten, sind besonders gefährlich: radioaktives Jod 131, Caesium 137, Strontium 90 und Plutonium 239.

Wo befindet sich diese Radioaktivität jetzt?
Der größte Teil ist mit der Wolke weitergezogen. Ein Teil jedoch hat sich bei uns auf Wiesen, Feldern, Straßen und Häusern abgelagert. In welchen Mengen die einzelnen radioaktiven Stoffe in Berlin zurückgeblicbcn sind, hat der Senat bisher nicht veröffentlicht.

Ist es möglich, Berlin von Radioaktivität zu reinigen?
Antwort: Nein.

Wann wird die Strahlung abgeklungen sein?
Die Strahlung von Jod 131 ist nach acht Tagen auf die Hälfte abgeklungen (Halbwertszeit), nach weiteren acht Tagen nochmals auf die Hälfte usw.
Bei Caesium 137 und Strontium 90 beträgt die Halbwertszeit etwa 30 Jahre, bei Plutonium 239 sind es 24000 Jahre. Allerdings werden einige Stoffe durch Niederschläge in den Erdboden eingewaschen. Wir werden also zumindest einige Jahre mit dieser Strahlung leben müssen.

Ab welcher Menge wird Radioaktivität für uns Menschen gefährlich?
Jede noch so kleine Strahlenbelastung kann Schäden an den kleinsten Bausteinen unseres Körpers, den Zellen, verursachen: Es bleibt der Strahlungsstärke und dem Zufall überlassen, ob die Zellen zerstört werden, ob sie sich erholen oder ob aus ihnen Krebszellen werden, die dann zu einer Krebserkrankung führen.

Wie hoch ist für uns die radioaktive Belastung?
Die Gesamtmenge an Radioaktivität, die durch den Unfall bisher und künftig jeden Bürger belastet, kann durch Messungen und Rechnungen nur abgeschätzt werden. Die bisher vorliegenden Daten wurden nicht veröffentlicht. Die Behörden teilen lediglich mit, daß die Strahlungsmengen gering seien. Allerdings werden Transporte radioaktiv verseuchter Milch aus der DDR sichergestellt.

Wenn die Werte so niedrig sind, worin kann dann eine Gefahr bestehen?
Besondere Gefahr besteht durch die radioaktiven Substanzen, die mit der Atmung und der Nahrung unbemerkt in den Körper gelangen, sich in den Organen und den Knochen ansammeln und laufend Strahlung abgeben. In Nahrungsmitteln kann sich die Konzentration sogar noch sehr verstärken.
Ein Beispiel: Eine Kuh konzentriert über das verseuchte Gras in einem Liter Milch die radioaktive Jodmenge aus fünftausend Kubikmetern Luft.
Manche Isotope, die in den Körper gelangt sind, werden bald wieder ausgeschieden, andere bleiben lebenslang im Körper. Schon ein unsichtbares Plutonium-Staubteilchen von Millionstel Gramm steigert deutlich das Krebsrisiko, wenn es sich in der Lunge festsetzt. Wir werden also nicht unmittelbar krank, aber die Wahrscheinlichkeit steigt, daß wir irgendwann im späteren Leben an Krebs erkranken werden.

Was kann der Arzt für uns tun?
Es gibt keine zuverlässige ungefährliche Methode, radioaktive Substanzen wieder aus dem Körper zu entfernen ...

Können auch künftige Generationen geschädigt werden?
Ja, Erbschäden sind eine besondere Gefahr der Radioaktivität.

Die Ärzte fügen ihrem Infoblatt ein Wort von Albert Schweitzer hinzu:
»Nur Leute, die nie dabei waren, wenn eine Mißgeburt ins Dasein trat, nie ihr Wimmern hörten, nie Zeugen des Entsetzens der armen Mutter waren, Leute, die kein Herz haben, vermögen den Wahnsinn der Atomspaltung zu befürworten ...«

Währenddessen strebt in Berlin die politische Diskussion über das Unglück ihrem Höhepunkt zu. Im Abgeordnetenhaus stellen die Alternativen einen Antrag zur »Verhinderung des Inverkehrbringens von radioaktiv kontaminierten Lebensmitteln«.
Der Senat soll sicherstellen, daß keine verstrahlte Nahrung in den Handel gelangt, mit der vor allem Kleinkinder gefährdet werden. In keinem Fall dürfte es Ausnahmen von den gesetzlichen Regelungen des Strahlenschutzes geben. Bei Milch sei unter Berücksichtigung der besonderen Empfindlichkeit von Kindern der Höchstwert auf sieben Becquerel Jod 131 pro Liter festzulegen. Die vom Gesundheitssenator verordneten 100 Bq (zum Vergleich: Bonn hat sich für 500, Hessen für 20 Bq entschieden) halten die Alternativen für »eine allzu lockere Handhabung der Kontrolle«.
Ferner fordern sie eine Untersuchung des Berliner Trinkwassers auf Radioaktivität und die sofortige Verstärkung des Untersuchungspersonals. Begründung ihres Antrags im Abgeordnetenhaus:
»Die gegenwärtige Situation Berlins bezüglich radioaktiver Kontamination und die möglicherweise andauernde Gefährdung über einen langen Zeitraum machen es nötig, alle Möglichkeiten auszuschöpfen, um den Grad der Gefährdung so gering wie möglich zu halten. Die Verbesserung der personellen und technischen Situation in den zuständigen Stellen muß deshalb so schnell wie möglich realisiert werden.«
Doch nicht nur in Berlin ist die staatliche Lebensmittelkontrolle angesichts der neuen Situation total überfordert. Im gesamten Bundesgebiet fehlt es an fachkundigen Mitarbeitern und Gerät. Jetzt rächen sich die Unterlassungssünden der Vergangenheit: Die Untersuchungsämter hätten längst verstärkt und mit modernem Instrumentarium ausgestattet werden müssen.

WIR KÖNNEN UNS NICHT BERUHIGEN!

*Wir wollen unseren Salat,
unsere Erdbeeren und unsere Äpfel
nicht nur anschauen,
sondern essen können.
Wir wollen, daß unsere Kinder
draußen spielen können.
Wir wollen, daß Tschernobyl
der letzte Atomunfall war.
Wir wollen, daß alle Atomkraftwerke
abgeschaltet werden.*

---

*Margarete Armstrong, Gabriele Benkelmann, Christa Grumm,
Angelika und Klaus Grumm, Dieter Heise, Franz Huber, Reinhard Mesletzky,
Rita Mühlbauer, Ilse und Günter Ohnemus, Hermann Redwitz, Irmingard Seidel,
Claudia Schönhals, Charlotte Wustmann, Sabine Wustmann*

*Diese Anzeige kostet 1.966,-DM.
Weitere Anzeigen sollen folgen, bitte helfen Sie uns!
Tel. 17-19 Uhr: 089 / 76 63 43, 72 53 158*

ATOMKRAFTWERKE SIND TOD-SICHER

Demo in den Medien: Protest per Zeitungsannonce.

Lebensmittelrecht soll Verbraucher vor Strahlen schützen

Die Gefahren durch radioaktive Stoffe und andere Quellen ionisierender Strahlung werden durch eine Reihe von Gesetzen und Verordnungen gebremst und der staatlichen Kontrolle unterworfen.

Grundlage ist das unter anderem 1985 neu gefaßte *Atomgesetz*. Es soll Leben, Gesundheit und Sachgüter vor der schädlichen Wirkung ionisierender Strahlen schützen. Die Strahlenschutzbestimmungen finden ihren Niederschlag auch im Lebensmittel-, Arzneimittel-, Verkehrs- und Wasserrecht der Bundesrepublik.

Zu den wichtigsten Paragraphenwerken gehört die *Strahlenschutzverordnung* für den Umgang mit radioaktiven Stoffen in Medizin, Forschung und Technik, die grundsätzlich einer Genehmigungspflicht unterliegen. Ausnahmen sind jedoch in ganz bestimmten Fällen (zum Beispiel bei niedriger Aktivität und besonders geprüften Vorrichtungen) möglich. Die Erteilung der Genehmigung ist von der Erfüllung besonderer Voraussetzungen abhängig, durch die gewährleistet werden soll, daß keine Gefahren für Mensch und Umwelt entstehen.

Für die Überwachung des Umgangs mit Kernbrennstoffen innerhalb kerntechnischer Anlagen ist zum Beispiel in Hessen das Wirtschaftsministerium zuständig, während diese Aufgabe außerhalb der Anlagen den staatlichen Gewerbeaufsichtsämtern obliegt. Im hessischen Umweltbericht wird versichert:

»Mit der Überwachung der Anlage wird sichergestellt, daß Radioaktivität nur auf den dafür vorgesehenen Pfaden abgegeben und daß die Forderung eingehalten wird, die Strahlenbelastung so gering wie nur möglich zu halten.« Durch vorbeugende Maßnahmen sei dafür zu sorgen, daß unzulässige Emissionen erst gar nicht auftreten.

Verbraucherschützer DVS

Der Deutsche Verbraucherschutzverband e. V. (DVS, Leberberg 4, 6200 Wiesbaden) arbeitet bundesweit und ist ein privater Zusammenschluß von kritischen und engagierten Verbrauchern. Er bekämpft nach eigenen Angaben die Herstellung und den Vertrieb von gesundheitsschädlichen und umweltfeindlichen Produkten — unabhängig von Wirtschaft, Regierung, Behörden und Konfessionen.

Der DVS über sich selbst:

»Wir verzichten völlig auf öffentliche Gelder und Zuschüsse und finanzieren unsere Arbeit ausschließlich über die Beiträge und Spenden unserer Mitglieder. Dadurch können wir auch das sagen und aufdecken, was andere nicht mehr wollen — oder dürfen.

Unsere Unabhängigkeit ist unsere Stärke. Für uns gibt es keine Rechtfertigungsversuche oder Tabus. Wir brauchen auf niemanden Rücksicht zu nehmen: nicht auf Parteienproporz oder Berufsfunktionäre, nicht auf Geldgeber oder Standesvertretungen.

Wir setzen auf den mündigen Verbraucher. Er soll frei entscheiden können, was er zu tun und zu lassen hat. Aber dafür braucht er Informationen.

Informationen zum Beispiel darüber, ob alles, was Politiker und Behörden ihm an guten Gesetzen und Schutzvorschriften zeigen, auch tatsächlich angewendet und eingehalten wird? Ob die Kontrolle und Überwachung der bestehenden Vorschriften so sichergestellt ist, daß im Zweifel nicht immer für die Wirtschaft und ihre Interessen entschieden wird und damit gegen die Verbraucher.

Jedermann hat das Recht auf Leben und körperliche Unversehrtheit. Dieses Grundrecht gilt auch für Menschen als Verbraucher.«

Radioaktivität ist tod-sicher
DVS: Schluß mit der Augenwischerei

Die radioaktive Gefahr werde von den amtlichen Stellen weitgehend bagatellisiert. Kein Wort darüber, »daß die Reinigung der belasteten Felder, Wiesen, Häuser und Straßen unmöglich ist und daß in einigen Wochen unser Trinkwasser verseucht sein kann«.
Der *Deutsche Verbraucherschutzverband (DVS, Leberberg 4, 6200 Wiesbaden)* übt nach zweiwöchiger Beobachtung der offiziellen Reaktionen auf die Atomkatastrophe scharfe Kritik an der »skandalösen Informationspolitik des Bundes und der Länder«.
»Radioaktivität ist tod-sicher«, überschreibt er eine Presseerklärung. Die staatlichen Stellen hätten sich praktisch auf der ganzen Linie falsch verhalten. Wörtlich:

»Der Bundesinnenminister demonstrierte anfangs mit Beschwichtigungen seine Hilflosigkeit: ›Akute Gefahren‹ für die Bevölkerung seien auszuschließen. Aber wo bleibt die Langzeitwirkung? Dann empfiehlt die Strahlenschutzkommission, bei Gewitterschauern nicht im Regen stehen zu bleiben und schickt kontaminierte östliche Lastwagen und Ladungen an der Grenze zurück.
Westliche Wagen müssen angeblich dekontaminiert werden – mit einfachem Waschwasser, das dann wieder kontaminiert in den Kanal geleitet wird. Aufgrund der total falschen Einschätzung der Situation trugen diejenigen, die die Fahrzeuge in den ersten Tagen wuschen und prüften, nicht einmal Gasmasken.

Folgende Doppelseite: Spritzkur am Grenzübergang Herleshausen (Hessen): Brummis, die – wie dieser Holländer – aus dem Osten kommen, werden entseucht.

CENTRUM
BG·9

Grenzwerte für Blattgemüse und Milch werden festgesetzt: Die radioaktive Belastung von Gemüse mit Jod 131 darf höchstens 150 Bq, mit Caesium 137 höchstens 100 Bq betragen. Doch wer garantiert uns, daß die jetzt zurückgehaltenen Lebensmittel uns nicht später in irgendeiner verarbeiteten oder vermischten Form vorgesetzt werden?«

Was der Verband zu diesem Zeitpunkt noch nicht wissen kann: In mehreren Bundesländern darf belastete Milch mit ausdrücklicher Billigung durch die Behörden zu »lagerfähigen« Produkten wie Butter und Pulver vermarktet werden, die später in den Handel kommen. Beim Fleisch drücken die Kontrolleure vielerorts ebenfalls ein Auge zu.
Ingesamt – so der DVS – gelangen an die 200 strahlende Substanzen (Isotope) in die Umwelt, von denen im Fall Tschernobyl Caesium 137 und Strontium 90 zu den am meisten gefürchteten gehören. Offizielle Stellen hätten sich in der Sache in zahlreiche Widersprüche verstrickt. Alle machten einen Haufen Fehler.
»Während die hessische Landesregierung – wenn auch viel zu spät – dringend rät, Kinder weder auf Wiesen noch in Pfützen spielen zu lassen, und die öffentlichen Sandkästen schließt, genügt es im benachbarten rheinland-pfälzischen Mainz, wenn die Bauern eine Woche lang ihre Kühe nicht auf die Weide treiben.
Das hessische Sozialministerium gibt an, daß das Krebsrisiko langfristig ansteigen wird, doch die Reaktion der Bundesregierung erschöpft sich in der Verbesserung der Störfall-Meldepflicht und der Einführung eines Standards für Mindestsicherheit. Die Ignoranz ist skandalös, denn allein in den letzten zehn Jahren wurden weltweit 151 ernsthafte Störfälle verzeichnet, und die Dunkelziffer kann noch weit höher liegen.«

Bisher sei die Bevölkerung weitgehend darüber im unklaren gelassen worden, »daß sich radioaktive Stoffe in unseren Organen und Knochen anreichern und uns lebenslänglich von innen bestrahlen werden«. Statt dessen würden Lebensmittelgesetze gefordert, die eine künstliche Bestrahlung von Nahrung und Arznei zur Konservierung zulassen. »Man tut so, als gäbe es keine Erbschäden und steigende Krebsraten. Nur den Händlern für Geigerzähler geht es gut. Sie haben Hochkonjunktur . . .«

Die Wiesbadener Verbraucherschützer wollen nicht locker lassen. Sie fordern eine umfassende Aufklärung der Bevölkerung über das gesamte Ausmaß der akuten und langzeitlichen Belastung durch Radioaktivität.

»Schluß jetzt mit der Augenwischerei! Die Bevölkerung braucht klare und einheitliche Verhaltenshinweise statt widersprüchlicher und verharmlosender Erklärungen der Politiker.«

Für alle, die mehr wissen wollen: Für eine Mark Versandkosten erhalten Interessenten von dem Verband ein Infoblatt zum aktuellen Problem.

Die lieben Mitbürger sollen vertrauen: Beruhigungspillen von Zimmermann

Kraft seines Amtes ist er der oberste Strahlenwächter der Nation: Nachdem die Bundesregierung tagelang aus der verunsicherten Bevölkerung mit Anfragen und Beschwerden bombardiert worden ist, meldet sich Bundesinnenminister Dr. Friedrich Zimmermann an einem dieser aufregenden Maienabende auf dem Bildschirm zu Wort.
Die »lieben Mitbürgerinnen und Mitbürger« werden um Vertrauen gebeten, das Zimmermann anscheinend dahinschwinden sieht. Hier – zur Dokumentation – der wichtigste Teil seines Fernsehappells:

»Leider hat die sowjetische Regierung ihre europäischen Nachbarstaaten erst verspätet und unvollständig unterrichtet. Meßwerte vom Unglücksort fehlen noch heute. Obwohl wir über keine genauen Informationen verfügen, ist die Lage bei uns unter Kontrolle, weil wir über die Daten unserer Meßstellen verfügen und sachverständige Wissenschaftler haben, die daraus die richtigen Schlußfolgerungen ziehen.
Nach den vorliegenden Erkenntnissen bestand und besteht keine Gefahr für uns. Die kurzzeitig angestiegene Radioaktivität in der Luft ist inzwischen gesunken und hat vielerorts bereits wieder den Normalwert erreicht.
Die Weltgesundheitsorganisation der Vereinten Nationen sieht ebenfalls keine Gefährdung der Menschen außerhalb der betroffenen Region in der Sowjetunion. Die Bundesregierung hat zusammen mit den Bundesländern trotzdem Vorsorgemaßnahmen für unsere Bevölkerung veranlaßt.
Sie werden jetzt vielleicht fragen: Warum Vorsorge, wenn doch keine Gefahr besteht?
Das hat zwei Gründe: Erstens konnte niemand wegen der mangelnden Informationen aus der Sowjetunion wissen, ob

und wann die Lage in Tschernobyl wirklich unter Kontrolle ist. Zweitens ist die Strahlenmedizin bemüht, die radioaktive Belastung so gering wie möglich zu halten.
Die Umweltschutzpolitik der Bundesregierung verfolgt das Ziel, überall die Schadstoffe, soweit es geht, zu senken. Für die Strahlenbelastung gilt dieses Prinzip: Je weniger, desto besser.
Sofort nach Bekanntwerden des Unglücks in der Sowjetunion hat die Bundesregierung Schutzvorkehrungen getroffen. Menschen und Fahrzeuge an unseren östlichen Grenzen werden auf Radioaktivität hin überprüft. Wenn nötig, wird gesäubert und sogar zurückgeschickt.
Die Europäische Gemeinschaft hat wie wir einen vorläufigen Einfuhrstopp für Frischprodukte aus dem Ostblock verfügt.
Die meisten von Ihnen, liebe Mitbürgerinnen und Mitbürger, wissen vermutlich wenig von den Wirkungen der Strahlung radioaktiver Stoffe. Bei diesen wichtigen Fragen stützt sich die Bundesregierung auf den Rat der Strahlenschutzkommission aus namhaften Biologen, Physikern und Ärzten.
Die Strahlenschutzkommission hat aus Gründen der Vorsorge bestimmte Richtwerte für den Verbrauch von Milch und Blattgemüse empfohlen. Wenn weitere Empfehlungen notwendig sind, wird die Öffentlichkeit zum Zweck einer optimalen Gesundheitsvorsorge unverzüglich unterrichtet werden.
Die Gesundheitsbehörden der Bundesländer orientieren sich bei ihren Überprüfungen daran, daß beim Verkauf von Milch und Blattgemüse die Richtwerte der Strahlenschutzkommission nicht überschritten werden. Selbstverständlich wird die Bundesregierung mit den Ländern dafür sorgen, daß den betroffenen Bauern und Händlern eine angemessene und rasche Hilfe zuteil wird.
Einzelne Bundesländer oder Kommunalbehörden haben bei ihren Maßnahmen die von der Strahlenschutzkommission gegebenen Richtwerte noch unterschritten. Dies geschah sicher in bester Absicht. Dabei ist es jedoch zu Unsicherheiten in der Bevölkerung gekommen.

Die Strahlenschutzkommission sieht keine Veranlassung, unsere natürlichen Lebensgewohnheiten zu ändern. Weder ist ein Kinderspielverbot im Freien notwendig, noch stellen Wiesen und Sandplätze eine Gesundheitsgefährdung dar.
Liebe Mitbürgerinnen und Mitbürger. Wir sind gemeinsam mit unseren europäischen Nachbarn in eine Situation geraten, deren Ursache wir weder vorhersehen noch beeinflussen konnten. Wir werden in der Europäischen Gemeinschaft die Erfahrungen auswerten und die notwendigen Konsequenzen ziehen. Jetzt sind Besonnenheit und rationales Handeln gefragt.
Bund, Länder und Gemeinden bemühen sich seit Tagen in enger Zusammenarbeit, angepaßt an die jeweilige Situation, das Notwendige für die Gesundheitsvorsorge zu tun. Die Bundesregierung wird Sie auch weiterhin offen und vollständig unterrichten. Zusätzlich haben Länder und Gemeinden vielerorts Informationsstellen eingerichtet.
Ich bin nach den Auskünften der Strahlenschutzkommission zuversichtlich, daß die jetzt getroffenen Vorsorgemaßnahmen bald nicht mehr nötig sein werden. Bis dahin bitte ich Sie um Ihr Verständnis und Ihr Vertrauen.«

Zimmermann wird beides brauchen können, denn die Bevölkerung ist gar nicht so zuversichtlich.

Lobby des Atomkartells? Grüne attackieren SSK-Professoren

Mit Argwohn verfolgen die Grünen im Bundestag die Tätigkeit der vom Bundesinnenministerium berufenen Strahlenschutzkommission (SSK), in der sie nicht das »unabhängige Expertengremium« (offizielle Sprachregelung) und schon gar nicht den Anwalt der Verbraucher sehen, sondern die Interessenvertretung des deutschen Atomkartells.

Bereits in den ersten Tagen nach der Katastrophe (2. Mai) werfen die Grünen der Bundesregierung vor, »wissentlich Strahlenwerte zu verfälschen«. Die Regierung – die dies energisch bestreitet – habe hohe Jodwerte aus Südhessen »unterschlagen und der Öffentlichkeit nach unten veränderte Angaben präsentiert«.

Im gleichen Zusammenhang fordern die Grünen im Bundestag die Strahlenschutzkommission auf, »mit ihrer extrem parteilichen Tradition zugunsten der Nutzung von Atomenergie und zugunsten ›zumutbarer‹ Strahlenrisiken endlich zu brechen und allein nach den Kriterien der Gesundheit der Bevölkerung zu urteilen«.

Der spätere SSK-Beschluß, den zunächst empfohlenen Grenzwert von 100 Becquerel Caesium 137 je Kilogramm Gemüse aufzuheben, stößt bei der Bundestagsfraktion der Grünen auf erneute scharfe Kritik. Dies kommt in einer gemeinsamen Stellungnahme mit dem Öko-Institut Darmstadt zum Ausdruck:

Überlegungen der SSK hätten ergeben, daß dieser Grenzwert angeblich unnötig und die Belastung durch natürliche radioaktive Stoffe – zum Beispiel Kalium 40 – in Lebensmitteln höher sei. Damit setze die Kommission ihre unverantwortliche Beratungsstrategie weiter fort, denn der Nachweis von Caesium 137 bedeute gleichzeitig, daß auch noch andere langlebige radioaktive Stoffe – wie Caesium 134 oder Strontium 90 – vorhanden seien.

DIE GRÜNEN IM BUNDESTAG

Tschernobyl ist überall

Den tatsächlichen Preis der Atomtechnologie zahlen wir jetzt!

AUF DEM MÜLL landete verseuchtes Gemüse kistenweise wie hier in Berlin-Wannsee. Die Müllwerker sind mit Atemschutzmasken ausgestattet. Foto: AP

Am 26. April 1986 kam es in Tschernobyl, Ukraine, zu einem Supergau — dem größtmöglichen Unfall der Atomtechnik. Obwohl Tschernobyl Tausende von Kilometern von uns entfernt ist, breitet sich die radioaktive Verseuchung auch bei uns aus.

Atomanlagen stehen immer vor unserer Haustüre.

Atomtechnik ist nicht kontrollierbar, Entfernungen, scheinbare Sicherheitsvorkehrungen und Katastrophenschutzpläne bieten keine Sicherheit.

Die Regierungen in Ost und West haben die Bevölkerung über das tatsächliche Ausmaß und die Folgeschäden der Atomschäden im Unklaren gelassen und verfolgen auch angesichts der jetzigen radioaktiven Verseuchung eine Politik der Verharmlosung. Die von der Bundesregierung getroffenen Maßnahmen haben größtenteils nur psychologischen Wert. Der Einzelne hat keine Möglichkeiten, die radioaktive Belastung festzustellen. Radioaktivität ist nicht zu riechen, nicht zu sehen und nicht zu schmecken. Mit den pauschalen Meldungen der Radio- und Fernsehstationen über die Strahlenbelastung und den vagen Verhaltensvorschlägen kann der Einzelne kaum etwas anfangen.

Der Mai beschert uns dieses Jahr eine teuflische Idylle. Die Natur blüht auf, doch wir dürfen uns nicht ins Gras legen, keine Blumensträuße pflücken, nicht die Fenster öffnen, keine Kräuter und kein Gemüse ernten, nicht die Erde bearbeiten und bepflanzen, nicht die kräftige Frühlingsluft einatmen.

Die willkürlich festgelegten Grenzwerte sind nicht geeignet, unsere Lebensgrundlagen zu schützen. Zuviele Unwägbarkeiten machen die Atomindustrie zu einer allgegenwärtigen tödlichen Gefahr.

Die Forderung kann nur lauten:

Ausstieg aus der Atomindustrie!

Jeder Atomunfall verseucht unsere Umwelt auf Generationen. Selbst im Normalbetrieb stellt die abgegebene Niedrigstrahlung eine schleichende Gesundheitsgefahr dar. Es gibt Hunderte von Atomkraftwerken in Betrieb und Planung überall auf der Welt, von den mörderischen Atomversuchen ganz zu schweigen.

Ein Schlagwort schlägt ein: Tschernobyl ist überall.

Für Strontium 90 liege jedoch derzeit (8. Mai) wegen des schwierigen Nachweisverfahrens kein einziger Meßwert in der gesamten Bevölkerung vor, so daß auch die Strahlenschutzkommission die Gefährlichkeit des belasteten Gemüses gar nicht objektiv beurteilen könne.
»Die SSK macht sich mit ihrer Empfehlung ein weiteres Mal unglaubwürdig. Fachliche Kompetenz ist offenbar nicht gegeben.«

Die Grünen rechnen vor:

Nach dem Verzehr von 14 Kilogramm Gemüse mit 100 Bq Caesium 137 je Kilogramm werde bei Erwachsenen der jährlich zulässige Grenzwert der Strahlenschutzverordnung überschritten. Bei Kleinkindern reichten schon fünf Kilogramm. Vorausgesetzt werde bei dieser Annahme, daß – wie auch theoretisch zu erwarten – Caesium 134 und Strontium 90 in etwa gleichen Mengen vorkämen.
»Die tatsächliche Strahlenbelastung beim Verzehr von Gemüse mit 100 Bq Caesium pro Kilogramm kann aber wegen des unbekannten Anteils von Strontium 90 noch weit höher sein«, vermuten die Grünen.
Auch hätten zahlreiche Messungen im Bundesgebiet bereits Werte von Caesium 137 »weit oberhalb 100 Bq pro Kilogramm Gemüse« ergeben.
Ein Vorwurf, den man in der Folgezeit öfter hören wird: Durch ihre sträfliche Nichtbeachtung der langlebigen Radionuklide in Lebensmitteln wolle die Kommission »die Bevölkerung einer nicht absehbaren Gefährdung aussetzen«.
Die Existenz eines alleinigen Grenzwerts für den Gehalt von Jod 131 in Lebensmitteln werde zur Folge haben, »daß mit Rückgang des Jod-131-Anteils an der Gesamtradioaktivität stark mit langlebigen Strahlern verseuchte Lebensmittel unkontrolliert in den Handel kommen und auch für viele Jahre als Konserven angeboten werden«.
Die bislang von der SSK empfohlenen Grenzwerte für

Lebensmittel seien keineswegs – wie so oft behauptet werde – unbedenklich, denn jede zusätzliche Aufnahme radioaktiver Stoffe erhöhe auch das Krebsrisiko.
Beispielsweise werde Strontium 90 in den Knochen angereichert und könne bereits nach wenigen Jahren die gefürchtete Leukämie (Blutkrebs) auslösen.
Bilanz zu den bundesweiten Stichprobenuntersuchungen der Nahrung:

»Eine flächendeckende Kontrolle angebotener Lebensmittel ist wegen fehlender Meßgeräte und mangelnden Personals unmöglich. Es bleibt deshalb weiterhin ratsam, den Konsum frischer Nahrungsmittel so weit wie möglich einzuschränken. Die empfohlenen Grenzwerte von Jod 131 verleiten die Bevölkerung zur Sorglosigkeit, denn die Grenzwerte sind zum einen zu hoch und zum anderen nicht kontrollierbar.«

»Humbug, lachhaft und dumm«
Meßwerte unterschlagen?

Mit ihrem Schlagwort »Tschernobyl ist überall« (bereits Anfang Mai sind bundesweit solche Plakate zu sehen) treffen die Grünen einen hochempfindlichen Nerv der Bundesregierung und der Atomlobby. Mit ihrer Presse- und Öffentlichkeitsarbeit laufen sie den vier anderen Parteien davon. Hier einige Kostproben aus dem Infoangebot der Grünen:

»Jede unterlassene Maßnahme zur Reduzierung der Dosisbelastungen – z. B. durch nicht angeordnete Verzehrempfehlungen – hat weitere Krebstote in den nächsten 20 Jahren zur Folge. Dafür tragen das Bundesinnenministerium und die Bundesregierung volle Verantwortung.«

»Behauptungen der Kernforschungsanlage Jülich vom 2. Mai, wonach die jetzt vorhandene Strahlung ein Jahr anhalten müsse, um gefährlich zu werden, können nur als absolut leichtfertiger Humbug bezeichnet werden. Es ist wissenschaftlich unumstritten, daß jede weitere Strahlenbelastung zu weiteren Krebstoten ... führt.«

»Es ist lachhaft und dumm, daß die schlimmsten Atomenergiefanatiker, denen es immer um den Abbau von Sicherheitsstandards ging, heute Zensuren in Atomenergiesicherheit verteilen wollen. Tatsächlich hat die bundesrepublikanische Atomindustrie in ihrer Zeitschrift ›Atomwirtschaft‹ noch Ende 1983 die ›Zuverlässigkeit und Sicherheit‹ des Reaktortyps von Tschernobyl über den grünen Klee gelobt.«

»Die Strahlengefahr in Südhessen lag im Laufe des 1. Mai um ein Zehnfaches höher als von der Bundesregierung offiziell verlautbart wurde. Damit ist erwiesen:
In einer akuten gesundheitsgefährdenden Situation hat die

Die Landesregierung und die Bundesregierung waren offensichtlich trotz mehrfacher Aufforderung nicht imstande, die fremdsprachigen Mitbürger und Mitbürgerinnen über die Gefahren der Auswirkungen der nuklearen Katastrophe von Tschernobyl zu informieren. Das müssen wir jetzt selbst tun. Wir bitten alle Leser und -Leserinnen, die Texte zu vervielfältigen und zu verteilen.

DIE GRÜNEN

LOS VERDES informan:

Contaminación radioactiva en la Republica Federal de Alemania

Estimados conciudadanos y estimadas conciudadanas,

como saben Ustedes un reactor nuclear ha explotado hace unos dias en la URSS.

La radioactividad peligrosísima, que así fue liberada, contamina ahora el aire, el suelo, el agua y los víveres en la RFA.

El gobierno federal niega los peligros. Nos cuenta mentiras. A Ustedes, nuestros conciudadanos extranjeros, no se les informó hasta ahora.

La salud de los ciudadanos alemanes le importa poco al gobierno federal, la salud de los conciudadanos extranjeros le importa al gobierno nada, por lo visto.

Queremos por eso informarles de los peligros y decirles como pueden protegerse.

Pero tenemos que decirles que una protección completa no existe. Hay solo precauciones que pueden tomar para diminuir los peligros para la salud de Ustedes y de sus ninos.

1 No consumen leche fresca y productos lácteos. Con cada litro de leche Ustedes tomarían tanta radioactividad como normal mente en un ano o ano y medio. Si durante 20 dias Ustedes beben un litro de leche pro dia tendrían en su cuerpo la radioactividad que bajo condiciones normales recibirían en 30 anos. El yodo radioactivô ataca especialmente la glándula tiroides. La glándula tiroides cumple funciones importantes por el crecimiento de los ninos. El mismo peligro corren Ustedes si consumen productos lácteos como p.e. nata, requesón, yogur, helado y queso fresco.

2 Renuncian absolutamente en saladas y legumbres frescas. En diversas regiones ya se comisaron lechugas y legumbres frescas por el estado. El consumo de legumbres aumenta drasticamente el peligro del cancer.

3 Quando llueva quédense en casa, porque con la lluvia se meten partículos radioactivos sobre la piel y los vestidos.

4 No dejen jugar a sus ninos en la arena y en los prados, especialmente si ha llovido.

En este folleto podemos darles solo informaciones incompletos, por eso les recomendamos lo siguiente:

Hablan con sus vecinos,
dirígense a los autoridades competentes,
no crean a las aseguraciones oficiales, de que la situación no es seria.

Llamen a los VERDES en su districto.

die Grünen, Bundesgeschäftsstelle, und die Grünen im Bundestag, Postfach 1422, 53 Bonn 1

I VERDI informano:

Inquinamento radioattivo nella repubblica federale

Cari cittadini stranieri,

10 giorni fa é esploso una centrale elettrico-nucleare nell'Unione Sovietica. La radioattivitá che é stata liberata inquina da alcuni giorni l'aria, il terreno, l'acqua e i viveri nella Repubblica Federale Tedesca.

Il governo tace e cerca di minimizzare i pericoli.

Il governo cerca di nascondere la veritá.

Voi cittadini stranieri non siete stati informati affatto.

Per questo vogliamo communicarvi quello che sappiamo dei pericoli e delle possibilitá di difenderci dagli effetti della radioattivitá. Una cosa dobbiamo sottolineare: una prevensione perfetta contro le radiazioni non esiste — c'é solo la possibilitá di prendere alcune misure di sicurezza per proteggere la vostra salute e quella dei vostri bambini.

1 Non consumare del latte fresco né formaggi freschi. Ogni litro di latte che bevete vi da una quantitá di radioattivitá come si assorbirebbe di solito in piu di un anno. Se bevete un litro di latte ogni giorno per i prossimi 20 giorni, il vostro corpo avrá accumulato una quantitá uguale a quello che assorbe generalmente in 30 anni. Lo jodio radioattivo aggredisce specialmente le ghiandole della tiroide. Le ghiandole della tiroide influiscono sulla crescita del corpo umano e sono quindi particolamente importante per bambini.

Lo stesso pericolo esiste per il consumo della panna, di jogurt, tutti tipi di formaggio fresco e gelati.

2 Non mangiare insalata ne verdura fresca! In alcuni regioni la vendita di insalate e verdure fresche é giá stata proibita.

3 Evitare di uscire di casa durante la pioggia e la nebbia! La pioggia porta le particelle radioattive sulla pelle e su i vestiti.

4 Non lasciare giocare i bambini fuori sui prati o nella sabbia dei parchi. Specialmente quando piove!

5 Evitare di rimanere in cinta durante le prossime settimane

Le informazioni che vi diamo qui purtroppo non sono esaurienti, quindi:

Parlate con i vostri vicini, chiedete delle informazioni alle autoritá ufficiali del quartiere. Non fatevi incantare, se vi dicono che c'é poco pericolo.

Chiamate l'ufficio dei VERDI che si trove piu vicino alla vostra abitazione per altri informazioni.

die Grünen, Bundesgeschäftsstelle, und die Grünen im Bundestag, Postfach 1422, 53 Bonn 1

Glatt vergessen: An ausländische Mitbürger haben Behörden nicht gedacht. Die Grünen geben Infoblätter in mehreren Sprachen heraus.

Bundesregierung auf die dringend erforderliche Warnung der Bevölkerung verzichtet. Nach zuverlässigen, den Grünen im Bundestag vorliegenden Informationen wurde von der hessischen Landesanstalt für Umwelt in Darmstadt im Laufe des gestrigen Tages eine Jod-131-Aktivität von 166 Becquerel pro Kubikmeter gemessen.
Dies bedeutet, auf den Tag berechnet, eine Strahlenbelastung von 130 Millirem für einen erwachsenen Menschen und 390 Millirem für ein Kleinkind.
Zum Vergleich: Die höchstzulässige Jahresdosis an Jod 131, die ein erwachsener Mensch laut Strahlenschutzverordnung in der Schilddrüse aufnehmen darf, liegt bei 90 Millirem pro Jahr...
Die Bundesregierung hat dennoch diese Werte unterschlagen und der Öffentlichkeit nach ›unten‹ verfälschte Angaben präsentiert. So gab die Bundesregierung für Südhessen am 1. Mai einen Höchstwert von 80 Becquerel Beta-Gesamtaktivität bekannt. Das bedeutet eine Strahlenbelastung von 12 Millirem.
Es ist zu befürchten, daß die Bundesregierung nicht allein in diesem nachgewiesenen Fall die Bevölkerung heimtückisch über das wahre Ausmaß der Strahlenbelastung getäuscht hat...«

»Die Landwirte und die Öffentlichkeit wurden durch amtliche Stellen über das tatsächliche Ausmaß der Auswirkungen auf Pflanzen, Tiere und Boden nur lückenhaft informiert. So setzten sich Hunderte von Bauern während der Feldarbeit radioaktivem Regen aus. Besonders betroffen in finanzieller Hinsicht sind ökologisch anbauende oder direkt vermarktende Betriebe.«

»Unbedenklichkeitsministerin Süßmuth reiht sich ein in den Chor der Verharmloser. Gleichzeitig kündigt sie für die nächste Zeit verschärfte Grenzwerte ›gemäß der natürlichen Abnahme der Radioaktivität‹ an.
Die Gesundheitsministerin muß wissen: Jede noch so kleine

Strahlenbelastung kann Schäden an den Körperzellen verursachen. Strahlen kennen keine Grenzwerte.«

»Wer behauptet, eine Gefährdung beginne erst bei den staatlich festgesetzten Grenzwerten, lügt nicht nur, sondern leistet geistige Beihilfe zur Körperverletzung.«

»Die Bundesregierung muß einen verbindlichen Maßnahmenkatalog erstellen, der die sorgfältige Untersuchung aller zur Ernte und Vermarktung anstehenden Lebensmittel auf Strahlenbelastung umfaßt und die Beschlagnahmung kontaminierter Nahrungsmittel einschließt. Der Verschnitt und die Vermischung von strahlenbelasteten mit unbelasteten Nahrungsmitteln ist zu verbieten.«

»Diese Techniken wie Atom-, Bioethanol- oder Gentechnologie entziehen sich der Mitwirkung und Kontrolle der Bauern und Verbraucher. Sie erweisen sich als Fluch und nicht als Segen für die Menschheit.«

Sauerkraut statt Salat
Magenfahrplan der Alternativen

Unter dem Druck der öffentlichen Meinung müssen Bundes- und Landespolitiker aller Parteien nun Farbe bekennen: Ja oder Nein zur Atomkraft? Wie gefährlich ist Radioaktivität? Sind Gesundheitsschäden zu befürchten? Während andere Fraktionen fürs Medienspektakel noch um Formulierungen feilschen, wie sie es dem Wählervolk beibringen können, blasen die Grünen ungeniert zum Sturm.
Sie haben ihre Schulaufgaben längst gemacht. Was jetzt passiert, davor haben sie schon immer gewarnt. Druckreife Stellungnahmen und Hintergrundmaterial liegen in den Büros parat. Der Stoff wird lediglich aktualisiert. Kein Problem für die Grünen. Im Improvisieren sind sie sowieso den Etablierten weit voraus.
Am 6. Mai verbreiten sie bundesweit ihr erstes Infoblatt: »Große Teile sind radioaktiv verseucht.« Zusammen mit unabhängigen Wissenschaftlern und Instituten wolle man die Bürger aufklären und dabei ganz deutlich betonen:

»1. Einen vollständigen Schutz vor radioaktiver Strahlung kann es nicht geben. Es gibt nur Vorsichtsmaßnahmen, um die Gefährlichkeit zu vermindern.
2. Der Spuk wird nicht nach ein paar Wochen beendet sein. Die von uns vorgeschlagenen *Sofort*maßnahmen dürfen nicht darüber hinwegtäuschen, daß die bereits eingetretene Vergiftung der Luft, des Bodens, des Wassers noch *Jahre* andauern werden und sehr tiefgreifende Maßnahmen notwendig machen.«

■ Diese Sofortmaßnahmen sollen helfen:
Verbot des Verkaufs von Frischmilch. Keine Ausgabe von Schulmilch.

Verseuchte Lebensmittel dürfen weder importiert noch exportiert werden.
Weideverbot für Kühe. Anbauverbot für Frischgemüse.
Sofortige Bekanntmachung aller Meßergebnisse über radioaktive Isotope, also auch der längerlebigen wie Caesium oder Neptomium.
Ausführliche Meßprogramme, die z. B. auch das Trinkwasser umfassen, müssen sofort durchgeführt werden.

■ Zum individuellen Schutz wird empfohlen:
»Weichen Sie in Ihrem Ernährungsplan auf Trockengemüse wie zum Beispiel Erbsen, Linsen, Bohnen, auf eingelagerte Produkte wie Sauerkraut, Gerichte aus Getreide bzw. Getreidekeimen, ferner auf Tiefkühlkost und Konserven aus.«
Ferner: Konsequente Empfängnisverhütung in den nächsten Wochen, und: »Verlassen Sie bei Regen und Nebel in den nächsten Tagen nicht die Wohnung. Gehen Sie auch nicht zur Arbeit, und schicken Sie die Kinder nicht in die Schule.«

■ Eigeninitiative hat Vorrang:
Grünen-Meinung: Auf die Angaben der Bundesregierung und der sogenannten »Strahlenschutzkommission« sei kein Verlaß, »weil diese Herren nicht nur die Gesundheitsinteressen der Kinder und Erwachsenen, sondern ebenso die Interessen der Atomindustrie zum Maßstab ihrer Empfehlungen machen«. Wirklich zuverlässige Angaben seien derzeit nur von unabhängigen Experten zu erwarten.
Alle denkbaren Selbsthilfemaßnahmen müßten umgehend ergriffen werden, zum Beispiel:
– Aufklärung der ausländischen und sonstigen Mitbürger, »die den regierungsamtlichen Festlegungen vertrauen oder von der alarmierenden Situation nichts wissen: in jedem Wohnviertel, in jeder Straße«.
– Nachbarschafts- und Einkaufshilfe: Krankenhäuser, Physiklabors der Schulen, niedergelassene Ärzte und Behörden besitzen Apparate, die erhöhte Radioaktivität akustisch

DIE GRÜNEN **Informationsblatt 1**
6. Mai 1986

Verseuchung in der Bundesrepublik · Radioaktive Verseuchung

Große Teile der Bundesrepublik sind radioaktiv verseucht.

Die Bundesregierung verschweigt und verharmlost systematisch die Gesundheitsgefährdung der Bevölkerung. Was wir jetzt brauchen sind zuverlässige Informationen. DIE GRÜNEN wollen mit diesen Informationsblättern bekanntmachen, was sie, unabhängige Wissenschaftler und Institute über den aktuellen Stand der Gefährdung wissen und was sie empfehlen zu tun.
Dabei möchten wir ganz deutlich betonen:
1. Einen vollständigen Schutz vor radioaktiver Strahlung kann es nicht geben. Es gibt nur Vorsichtsmaßnahmen, um die Gefährdung zu vermindern.
2. Der Spuk wird nicht nach ein paar Wochen beendet sein. Die von uns vorgeschlagenen *Sofort*maßnahmen dürfen nicht darüber hinwegtäuschen, daß die bereits eingetretene Vergiftung der Luft, des Bodens, des Wassers noch *Jahre* andauern werden und sehr tiefgreifende Maßnahmen notwendig machen werden.

Informationen zur aktuellen Situation:

Die Fülle von Nachrichten über „Grenzwerte", über „zulässige Höchstbelastungen" und „Ganzkörperdosierungen" dürfen eine naturwissenschaftliche Erkenntnis nicht vergessen machen: JEDE radioaktive Belastung ist gesundheitsgefährdend. Entsprechend bedeutet eine drei- bis zehnfache Mehrbelastung durch Radioaktivität eine drei- bis zehnfache Mehrgefährdung der betroffenen Menschen. Wer behauptet, eine Gefährdung beginne erst bei den staatlich festgesetzten Grenzwerten, lügt nicht nur, sondern leistet geistige Beihilfe zur Körperverletzung.
Bezeichnend ist der Umstand, daß die Behörden nach Bekanntwerden des Reaktorunfalls zuerst gemessen haben und anschließend die Grenzwerte so weit hochmanipulierten, daß angeblich keine akute Gefahr besteht.
Beispiel Milch: Die Bundesregierung hat für Milch einen Grenzwert von 500 Bq erlassen. Durch diesen Grenzwert entsteht für jeden Erwachsenen beim Verzehr von 1 Liter Milch eine zusätzliche radioaktive Belastung von 100 millirem, für jedes Kind eine von 200 mrem. Zum Vergleich: Die höchstzugelassene *Jahres*dosis an Jod 131 für die Schilddrüse liegt laut Strahlenschutzverordnung bei 90 mrem. Angesichts dieser Tatsachen davon zu reden, es bestehe keine akute Gefahr, ist gefährliche Volksverdummung.
Nicht minder gefährlich sind die von der Bundesregierung genehmigten Grenzwerte für Blattgemüse von 250 bq/pro Kilogramm.

Warum ist Radioaktivität gefährlich?

Die Gefahr besteht in der unsichtbaren radioaktiven Strahlung. Radioaktives Jod 131 zum Beispiel, das in Tschernobyl wohl in großen Mengen freigesetzt wurde, verliert in acht Tagen die Hälfte seiner Strahlungsintensität. Andere Spaltprodukte aus Atomkraftwerken wie Cäsium 137, Strontium 90 oder das hochgiftige Plutonium stellen jahrzehnte- bis jahrhundertelang ein Gesundheitsrisiko dar.
Der menschliche Organismus nimmt diese strahlenden Teilchen mit der Atmung oder mit der Nahrung auf. Dabei gibt es einen entscheidenden Unterschied zwischen der künstlichen und der natürlichen Radioaktivität. Die künstliche Radioaktivität existiert erst, seit der Mensch am Atom manipuliert (Atombombe, Atomreaktor, Atomtest). Die dabei entstandenen strahlenden Teilchen werden in Knochen und Organe eingebaut, während natürliche radioaktive Teilchen wie Tritium schnell wieder ausgeschieden werden.
Die Wirkung radioaktiver Strahlen auf lebende Zellen ist mit einem Hagel kleinster Geschosse vergleichbar, die dort wo sie auftreffen, Biomoleküle und organische Strukturen zerstören. Zum Beispiel kann der Träger unserer Erbinformationen im Zellkern (DNS) schon durch einen einzigen Treffer chemisch verändert werden. Diese chemische Veränderung kann sich dann bei der folgenden Zellteilung als „Druckfehler" in der Erbinformation wiederholen.
Auch die kleinsten Dosen von Radioaktivität können gerade jene Krankheiten und Beschwerden erzeugen, die unheilbar oder nur schwer zu heilen sind, wie Krebs, Leukämie, Knochenmarktumoren, vorzeitiges Altern, verminderte Fruchtbarkeit, körperliche und geistige Schäden am Embryo usw. Am heimtückischsten sind die durch kleine permanente Strahlendosen ausgelösten Spätschäden, die erst nach Jahren oder Jahrzehnten auftreten. Die Schädigungen der Erbmasse sind zudem derartig versteckt, daß sie erst in späteren Generationen sichtbar werden; die Schadenauswirkungen lassen sich heute gar nicht überblicken.

Nachhilfe: Was man über Radioaktivität wissen muß. Grüne klären mit Flugblättern auf.

nachweisen können. Notfalls empfiehlt sich auch die Anschaffung eines Dosimeters oder Geigerzählers pro Wohnviertel, »um auf eigene Faust in Kaufhäusern und auf Märkten nachprüfen zu können, was genießbar ist und was verstrahlt«.
– Sperrung von Spiel- und Sportplätzen oder sonstigen radioaktiv belasteten Aufenthaltsorten für Kinder als Selbsthilfemaßnahme, falls die Behörden sich weigern, die erforderlichen Schutzmaßnahmen zu ergreifen.
– Einrichtung eines lokalen Bürgertelefons, in dem unabhängige Experten Auskünfte erteilen. Weitergabe aller ermittelten Werte an die Presse.
– Bürgerversammlungen unter Einbeziehung der unter anderem für Gesundheitsfragen zuständigen Verbände: Verbraucherzentralen, Hausfrauenverbände, Ärztevereinigungen usw., um Maßnahmen des Selbstschutzes zu ergreifen.
– Nachhaltige Zukunftsvorsorge durch Gründung von überparteilichen Bürgerinitiativen zur Durchsetzung der Forderung: Stillegung aller Atomanlagen.

Wenn's ums Geld geht: Bürger, die durch die Katastrophe einen wirtschaftlichen Schaden erlitten haben, können nach Informationen der Grünen laut § 38 Absatz 2 des Atomgesetzes Ansprüche auf eine Ausgleichszahlung durch den Bund geltend machen. Derartige Forderungen seien an das *Bundesverwaltungsamt, Habsburgerring 13, 5000 Köln,* zu richten.

Eine Orientierungshilfe für unzählige Menschen bedeutet der aktuelle »Wetterdienst« der Grünen, mit dem sie sich und anderen bundesweit einen Überblick über die radioaktive Belastung verschaffen. Zum Beispiel die Werte vom 8. Mai (bezogen auf Jod 131; die Belastung mit langlebigen Elementen ist hierbei noch nicht erfaßt):

□ Luft: 22,5 Becquerel in Süddeutschland mit deutlichem Gefälle in Richtung Norden.

□ Regenwasser: Ist überall stark belastet, im Mittel Werte um 1000 Bq pro Liter. Nicht benutzen! Süden: 50–7000 Bq/l; West: 50–6000 Bq/l; Nord: unter 3000 Bq/l.

□ Boden: Süd: 1000–140000 Bq/l; West: 100–5000 Bq/l; Nord: unter 4000 Bq/l.

□ Trinkwasser: Generell Radioaktivität festgestellt (1–5 Bq/l); Süd: 37 Bq/l.

□ Gras: Süd: 16000–40000 Bq/kg; West: 3000–7000 Bq/kg; Nord: unter 4000 Bq/kg.

□ Spinat: Es wurden 25000 Bq/kg festgestellt.

□ Salat: ca. 8000 Bq/kg. Grünen-Rat: Unbedingt auf den Verzehr von Salat und Spinat verzichten. Lagerung (Einfrieren) und Verarbeitung (Abwaschen, Kochen) sind praktisch nutzlos für eine Verringerung der Strahlenbelastung.

□ Milch: Süd: 100–1000 Bq/l (Spitzenwert von 17000 Bq/l gemessen); West: 50–100 Bq/l; Nord: 1–70 Bq/l.

Während die traditionellen Parteien und die Ministerien bei Bund und Ländern sich noch darauf beschränken, den Landwirten »angemessene Hilfen« in Aussicht zu stellen, geben die Grünen den Bäuerinnen und Bauern bereits gezielten Rat. Der könnte – wie auch die übrigen Tips – für ähnliche Fälle in der Zukunft hilfreich sein:

★ Landwirte sollen die Werte der radioaktiven Belastung von Boden, Pflanzen, Tieren, Wasser und Luft durch alle gefährlichen Elemente bei der zuständigen Stelle ihrer Gemeindeverwaltung erfragen. »Dringen Sie auf umfassende und verbindliche Auskunft, auf klare, sich daraus ergebende Verhaltensanweisungen, die Grundlage für Schadensersatzforderungen sein können.«

★ Die Feldarbeiten und Tätigkeiten unter freiem Himmel auf das Notwendigste einschränken. »Setzen Sie sich keinesfalls Regen, Nebel oder Tau aus.«

★ Während der Arbeiten im Freien Schutzkleidung und Atemschutz tragen, »die Ihnen die Kommune zur Verfügung stellen soll«. Kleidung außerhalb der Wohnräume ablegen und gründlich säubern. Sorgfältig abduschen.

★ Bei radioaktiver Belastung alle Tiere im Stall halten. »Dies ist nicht nur sinnvoll wegen der Belastung der Lebensmittel, sondern auch wegen der zu erwartenden gesundheitlichen und genetischen Schäden der Tiere.«

★ Vorläufig auf den Anbau von Feldgemüse verzichten. Alle verunreinigten, nicht mehr vermarktungsfähigen Nahrungsmittel vernichten, jedoch nicht durch Unterpflügen, Fortwerfen oder Wegkippen. Wichtig: »Die sachgemäße Entsorgung ist Aufgabe der kommunalen Behörde. Verlangen Sie unbedingt eine Quittung über die dort abgegebenen kontaminierten Produkte.«

★ Rechtzeitig Entschädigung für finanzielle Ausfälle verlangen. Dafür müssen alle Aufwendungen und Einbußen genau festgehalten werden.

★ Dörfliche Interessengemeinschaften sollen gebildet werden, die Ansprüche der Landwirte gegenüber staatlichen Institutionen durchsetzen.

★ Alle diese vorgeschlagenen Maßnahmen persönlicher Vorsorge und finanzieller Entschädigung sollen in gleichem Maß für Kleingärtner gelten.

Erste Informationshilfen für ausländische Bürger kommen gleichfalls von den Grünen: Länder und Bund seien trotz mehrfacher Aufforderung nicht imstande gewesen, die fremdsprachigen Mitbürger über Gefahren der Auswirkungen der Nuklearkatastrophe aufzuklären. Die Texte in vier Sprachen für Gastarbeiter und ihre Familien sollen bundesweit vervielfältigt und verteilt werden.

Am 8. Mai versenden die Grünen im Bundestag über Fernschreiber ihre Pressemitteilung Nr. 317:
»Das Telefon des Grünen-Infodienstes steht nicht mehr still. Aus dem gesamten Bundesgebiet bestürmen besorgte Menschen die Grünen mit Fragen:
Wie sie ihre Kinder schützen können? Was sie mit ihrem Garten machen sollen? Was sie denn essen dürfen?
Deutlich wird bei einer Vielzahl von Anrufern und Anruferinnen aber auch, wie empört sie über Auskünfte offizieller Stellen sind, zum Beispiel über Gesundheitsämter. Und daß sie nicht mehr bereit sind, den verantwortungslosen ›Entwarnungen‹ regierender Politiker Glauben zu schenken.
Wenn einer stillenden Frau, die über ihre Muttermilch besorgt ist, von ihrem zuständigen Gesundheitsamt gesagt wird: ›Sie werden ja kein Gras gefressen haben.‹
Oder wenn ein Bürger mit der zynischen Voraussage beruhigt wird: ›Wenn Sie bis jetzt überlebt haben, werden Sie's auch weiterhin.‹
Da nimmt es nicht wunder, wenn viele Bürgerinnen und Bürger von uns wissen wollen, wie sie sich gegen solche Desinformationen wehren, wie sie auf öffentliche Stellen und Politiker Druck ausüben können.
Und solche Tips geben wir gern.«

(Der Informationsdienst der Grünen im Bundestag ist während der Krisentage ständig von 7 bis 22 Uhr besetzt.)

Folgende Doppelseite: Wie radioaktiv ist Kohlrabi? Messungen auf Feldern bei Allensbach am Bodensee.

Volksmund ungeschminkt
Das tägliche Telespektakel

Die Informationsflut ist kaum zu bewältigen. Das zwingt die deutschen Fernsehanstalten Anfang Mai täglich zur Änderung ihrer Programme. Aktuelle Reportagen haben Vorrang. Experten – solche, die es sind, und solche, die nur vorgeben, es zu sein – werden befragt. Daneben Politblabla aus Bonn und den Ländern.
6. Mai: Zum Auftakt seiner Sendung »Radioaktivität – Deutschland nach Tschernobyl« fragt das ZDF Berliner Bürger nach ihrer Meinung. Die Antworten sind eine Mischung aus Frust und Galgenhumor. Keiner glaubt so recht, was aus amtlichen Quellen strömt. »Nicht mal die Wissenschaftler wissen, was los ist.« Berliner Schnauze ungeschminkt.
Der Moderator: »Die Menschen reden über etwas, was sie nicht sehen, nicht riechen und nicht fühlen können. Überall in Deutschland.« Dann knackt der Geigerzähler.
»Rat- und Hilflosigkeit bei den offiziellen Stellen in Bonn. Auf so etwas war man nicht vorbereitet im Innenministerium und hatte auch keine Rezepte. Da wurden vollmundige Erklärungen der Politiker von Tag zu Tag unglaubwürdiger.«
Jetzt strahlen führende Köpfe. Rückblende, Originalton Innenminister Zimmermann vom 29. April:

»Selbst wenn die Messungen einen x-fach höheren Wert ergeben würden in Skandinavien – bei uns wird ebenfalls unaufhörlich gemessen, ohne ein Ergebnis –, wäre eine Gefährdung nur im Umkreis von dreißig, fünfzig Kilometern (von Tschernobyl) gegeben. Wir sind zweitausend Kilometer von dieser Unfallstelle entfernt. Eine Gefährdung der deutschen Bevölkerung ist ausgeschlossen.«

Für Zimmermann ist Mütterchen Rußland weit.

Ein Regierungssprecher am 30. April:

»Das möcht' ich ausdrücklich betonen: Es gibt derzeit und auch in absehbarer Zeit keine Werte, die auf eine Gesundheitsgefährdung der deutschen Bevölkerung schließen lassen.«

Bonner Atomwetterbericht vom selben Tag:

»Eine gesundheitliche Gefährdung für die Bevölkerung der Bundesrepublik Deutschland ist nach allen vorliegenden Erkenntnissen ausgeschlossen.«

Wieder Zimmermann. Diesmal am 5. Mai:

»Da hier bei uns jeder jeden anrufen kann und seine Meinung sagen kann und jeder Auskünfte geben kann, die er für richtig hält, ist es auch bei den besten Bemühungen um Koordinierung für die Bundesregierung nicht möglich, daß die Bundesrepublik Deutschland sozusagen mit einer Zunge spricht.«

Der Moderator: »Da stellt die Opposition Forderungen, und es beginnt parteipolitisches Gezänk. Die Suche nach einem Verantwortlichen hierzulande.

Dazu SPD-Chef Vogel:

»Ich fordere, daß der Bundesinnenminister die zuständigen Minister der Länder und alle, die hier Verantwortung tragen, so schnell wie möglich nach Bonn holt, sich mit ihnen verständigt über das Ausmaß der Gefahr und darüber, was man dagegen tun kann. Und daß er nicht den Eindruck erweckt, es sei alles unter Kontrolle, es sei alles bestens.«

Auf einmal sind Rindviecher auf dem Bildschirm: »Die, die hier heute im Stall des Alois Meyer eher lustlos an ihrem Trockenfutter kauen, sind 28 von insgesamt vielen tausend Kühen in Bayern. Und die produzieren Milch, zweimal täglich, 400 Liter allein hier.«
Milch hat derzeit horrende Absatzrückgänge. Mancherorts um mehr als 50 Prozent. Und dies, obwohl alle Molkereien schwören: »Was unser Werk verläßt, ist einwandfrei.« Das meiste stammt angeblich aus Beständen mit Trockenfutter. Dabei beweist ein Blick aufs Land: Fast überall stehen Kühe auf der Weide und fressen verstrahltes Gras. Denn Trockenfutter geht auf den Höfen an die Substanz. Niemand kann, niemand will sich das leisten. Die Bauern sind verbittert, fühlen sich allein gelassen.

Szenenwechsel. Stuttgarter Großmarkt, fünf Uhr morgens. Die Polizei und ihr Wirtschaftskontrolldienst (WKD) filzen jeden Wagen, der das Gelände verläßt. Jedesmal wird der Geigerzähler angesetzt. Spinat aus Italien fällt auf. Total verseucht. Händler klagen: »Nix geht mehr.« Gemeint ist Salat. »Das ganze Geschäft ist versaut.«
Überall im Land wird Freilandgemüse beschlagnahmt. »Lebensmittelpolizeilich angeordnete Verfaulung«, spotten Erzeuger und Vermarkter. Immer lauter rufen sie nach Schadenersatz. Das wird Millionen kosten. Bundesweit vielleicht sogar Milliarden. Wer kommt dafür auf? Der deutsche Steuerzahler? Oder doch Moskau nach dem Verursacherprinzip?
Dazu der Stuttgarter Umwelt- und Landwirtschaftsminister Gerhart Weiser vor der Landespressekonferenz:

»Es besteht aber Einvernehmen zwischen den Landesregierungen Baden-Württemberg, Bayern, Rheinland-Pfalz und der Bundesregierung, daß kein Betroffener, der Schaden erlitten hat, nun die Sowjetunion verklagen muß. Daß wir in jedem Fall in Vorlage treten und daß alles andere weiteren Verhandlungen überlassen wird.«

Verdammt teures Einvernehmen. Schmiergelder, pardon: Wahlspenden zur Abwechslung mal in umgekehrter Richtung?

Die Fernsehkamera schwenkt über zum hessischen Herlcshausen, dem Grenzposten vis-à-vis der DDR. Auch hier schlägt oft der Geigerzähler aus. Für verstrahlte Importe aus dem Ostblock geht der Schlagbaum nicht hoch. Die volkseigenen Brummis müssen zurück.
Transporter aus EG-Ländern dagegen werden von Sondereinheiten der Bundeswehr abgewaschen, »dekontaminiert«. Jeder, der von drüben kommt, wird kontrolliert. Wer sauber ist, darf weiterfahren.

Stippvisite im hessischen Landtag. Die Grünen fühlen sich durch die Auswirkungen der Katastrophe in ihrer Antiatompolitik bestätigt und fordern erneut die Stillegung der Kerngiganten. Damit stehen sie allerdings auf der Wiesbadener Bühne ziemlich allein.
Bei ihren Parteifreunden weiter nördlich, in Niedersachsen, dieselbe Forderung. Dort ist Landtagswahlkampf, heiße Phase. Anders als in Hessen ist dort auch die SPD für den Ausstieg aus der Atomenergie. »Keine Plutoniumswirtschaft, kein weiterer Bau dieser Dinger«, tönen Funktionäre auf Versammlungen.
Niedersachsen hat bisher vier Atommeiler. Die decken zu 63 Prozent den Energiebedarf des Landes. Die Betreiber halten das Kraftwerk Grohnde für »eines der sichersten der Welt.« Hybris am Höllenfeuer?

Aus allen Teilen der Bundesrepublik hageln den Bürgern unterschiedliche Meßwerte über niedergegangene Radioaktivität ins Haus. Babylonische Sprachverwirrung:
Jede Untersuchungsbehörde wirft mit anderen Bezeichnungen um sich. Becquerel, Curie, Gray, Joule, Sievert, Millirem, Röntgen, rad . . . Kaum ein Bürger kann damit etwas anfangen. Man wird den Verdacht nicht los: Das kommt

manchen Behörden gar nicht so ungelegen. Je schlechter die breite Masse durchblickt, desto weniger kann sie mitreden. Mit Fachchinesisch läßt sich Eindruck schinden.

Sogenannte Wissenschaftler-Hearings vor der Kamera sind in: Sagen Sie mal, wie groß ist die Krebsgefahr? Stereotype Antwort: »Man kann diese Gefahr für die nächsten Jahre weitgehend ausschließen.«
Der Nächste, bitte...

Die Menschen sind schrecklich verunsichert. Wie um Himmels willen sollen sie sich denn schützen?

»Nun, die Aufnahme von Radioaktivität, insbesondere von Jod, ist auch über die Haut möglich. Doch diese Aufnahme ist so gering, daß der wesentlichste Weg, über den Jod in den menschlichen Körper gelangen kann, der über die Nahrungsmittel ist. So ist die beste Vorsorgemaßnahme mit Sicherheit, auf solche Nahrungsmittel zu verzichten, von denen man nicht ausschließen kann, daß sie größere Mengen an Radioaktivität enthalten. Und das sind eben zur Zeit nicht kontrollierte Frischmilch und Freiland-Blattgemüse.«
Wenigstens mal eine verständliche Antwort aus Expertenmund.

Umschaltung aufs Erste Programm. »Report« Baden-Baden interviewt den Hamburger Wissenschaftssenator und Verfasser des Buchs »Die Grenzen der Atomwirtschaft«, Professor Klaus-Michael Meyer-Abich.

Frage: Sie haben dieser Tage gesagt: Das Reaktorunglück könnte auch bei uns passiert sein? Wie erklären Sie diese erschreckende These der Öffentlichkeit?

Meyer-Abich: Es ist zwar erschreckend, aber es ist ganz einfach der Stand des Wissens. Denn es ist doch seit langem bekannt, daß in Atomkraftwerken Unfälle passieren kön-

nen. Beispielsweise hat man bei uns (nach dem Unfall 1978 in Harrisburg in den Vereinigten Staaten) die deutsche Risikostudie über Kernkraftwerke erstellt. Und das ist ja nun auch gerade keine Postille von Atomkraftwerksgegnern, sondern eine sozusagen offiziöse oder halboffiziöse Publikation. Und in diesem Buch steht drin, wie groß das Risiko ist und mit welcher Wahrscheinlichkeit welche Unfälle passieren können, und zwar bezogen auf ein deutsches Kernkraftwerk . . . in Biblis.
Dabei ist unter dem Risiko formal immer diejenige Gefahr zu verstehen, die noch verbleibt, obwohl man sich mit der Kernenergie . . . sicherheitstechnisch ganz außerordentlich große Mühe gegeben hat . . .

Wie groß ist denn die Gefahr?

Meyer-Abich: Also beispielsweise ein maximales Schadensausmaß von 8000 Todesfällen sofort und 80000 Todesfällen dann im Lauf der Jahre – später . . . Es gibt auch kleinere Unfälle, die sind dann ein bißchen wahrscheinlicher. Der große Unfall ist nicht sehr wahrscheinlich. Die Zahlen sind bekannt. Also, ich kann mich nur wundern, wie es dann kommt, daß zwei deutsche Bundesminister in diesen Tagen behaupten, Unfälle seien bei uns auszuschließen.
Das ist ganz einfach wissenschaftlich falsch. Ich finde es außerdem doch sehr vermessen und überheblich zu sagen, so etwas könne bei uns nicht passieren. Und schließlich finde ich's auch gefährlich, denn wer sich so ganz besonders sicher fühlt, ist ja manchmal ganz besonders gefährdet . . .

Am späten Abend dann noch das Gesundheitsmagazin »Praxis« im ZDF. Wichtige Klarstellungen sind angesagt. Man ist gespannt. Der Sprecher:

Was die Bevölkerung am meisten irritiere, sei das entsetzliche Durcheinander der Grenzwerte: Hessen lasse pro Liter Milch nur 20 Becquerel zu, Schleswig-Holstein 50, Berlin

Der praktische Tip

Wer durch radioaktiven Fallout gesundheitlich oder wirtschaftlich geschädigt worden ist, hat unter bestimmten Voraussetzungen nach dem Atomgesetz Anspruch auf finanziellen Ausgleich. Anlaufadresse für solche Forderungen: Bundesverwaltungsamt, Habsburgerring 13, 5000 Köln. (Vorher über die Rechtslage bei einem sachkundigen Anwalt informieren.)

100. Die Strahlenschutzkommission des Bundesinnenministeriums empfehle 500, die Weltgesundheitsorganisation (WHO) spreche am gleichen Tag von 2000 und Frankreich sogar von über 3000. Was soll das?

Die im ZDF-Studio anwesenden Professoren tun sich schwer mit der Antwort:

Es sei doch »eindeutig so, daß die Strahlenschutzkommission eine klare Aussage getroffen hat, und zwar dahingehend, daß sie sagt: Wir können nicht die Richtwerte oder Grenzwerte für den bestimmungsgemäßen Betrieb unserer Kernkraftwerke ansetzen – 90 Millirem pro Jahr –, können aber auch nicht ansetzen das, was als Planungsrichtwert für den Störfall vorgegeben wurde, nämlich 15 rem«.
Nach gründlicher Überlegung, mit komplizierten Umrechnungsfaktoren und so weiter habe man sich nun in Bonn auf 500 Becquerel festgelegt, die wahrscheinlich auch von der EG akzeptiert würden. Leider hätten sich einzelne Bundesländer »aus falsch verstandener Vorsorge« für niedrigere Werte entschieden.
Einer schiebt dem anderen den Schwarzen Peter zu. Am Ende eines ebenso langen wie typischen Informations-

abends im Fernsehen ist das Publikum nicht viel gescheiter als vorher. Daran wird sich in der Folgezeit nicht viel ändern.
Das Mißtrauen wächst. Wo sind die Experten, wo die Politiker und Behörden, denen man in dieser Sache noch glauben kann?
Der Volksmund redet nicht drumherum: »Wir werden ganz schön verarscht.«

Ernte '86 – ein Trauerspiel
BUND: Felder langfristig verseucht

»Eine ökologische Katastrophe ungeahnter Dimension bahnt sich an, während die Öffentlichkeit von Regierungsseite mit Daten zur Belastung durch radioaktives Jod 131 desinformiert wird.«

Mit dieser Feststellung fordert der *Bund für Umwelt und Naturschutz Deutschland e. V. (BUND, In der Raste 2, 5300 Bonn)* den »sofortigen Ausstieg aus der Kernenergie«. Die Organisation untermauert dies mit Daten und Fakten aus dem Lebensmittel- und Agrarbereich.

Hochgradig belastet seien vor allem Felder und Gärten in der Bundesrepublik. So würden seit Tagen bundesweit bei Bodenproben zwischen 2000 und 10000 Becquerel gemessen, während die natürliche Radioaktivität bei maximal nur zehn Bq liege.

Landwirte und Erwerbsgärtner seien bislang nur ungenügend über den Grad der Verseuchung ihrer Ländereien aufgeklärt worden. Auch habe man ihnen keine konkreten Richtlinien in die Hand gegeben, was sie mit ihren verstrahlten und ungenießbar gewordenen Erzeugnissen nun anfangen sollten.

Bekannt sei aus den Erfahrungen mit oberirdischen Atomwaffentests in der Südsee, daß Pflanzen Radionuklide aufnehmen und in Blättern, Früchten und Wurzelknollen speichern. Der BUND:

»Es ist also ernsthaft zu befürchten, daß die diesjährige Ernte von Getreide, Gemüse und Obst wegen radioaktiver Verseuchung unbrauchbar sein wird. Die gleiche Gefahr droht wegen der Verstrahlung des Futters für Fleisch, Milch, Eier und die daraus gewonnenen Nahrungsmittel. Auf solch eine Katastrophe ist in der Bundesrepublik niemand vorbereitet, am allerwenigsten der Bundeskanzler und sein Umweltminister.«

Um nur ein Beispiel zu nennen: Die Luftfilter in den Klimaanlagen der Krankenhäuser, Schulen, öffentlichen Gebäude und Bürohäuser seien hochgradig radioaktiv belastet und müßten nach dem Absinken des Strahlungspegels in der Umgebungsluft ausgewechselt und »als radioaktiver Sondermüll endgelagert« werden.
Da sich im Fallout von Tschernobyl so langlebige Isotope wie Caesium 134, Caesium 137 und Strontium 90 befänden, blieben diese Radioaktivitäten nun über Jahrzehnte erhalten. Zumindest Langzeitschäden seien nicht auszuschließen.
Im Knochenmark der 25- bis 30jährigen sei noch heute Strontium 90 nachzuweisen, das von den Kernwaffentests in der Südsee Anfang der sechziger Jahre stamme.
»Damals hat man errechnet, daß durch Versuche mit einer Sprengkraft von 30 Megatonnen weltweit 230000 Kinder mit schweren körperlichen Gebrechen und geistigen Defekten geboren und 420000 Embryonen und Neugeborene getötet wurden.« (Der Wissenschaftler Linus Pauling in »Radioaktivität und Umwelt«.)
Der Mangel an Daten lasse nur vage Schätzungen zu, wie viele es diesmal durch die freigesetzte Radioaktivität von Tschernobyl sein werden. Doch sei unumstritten, daß die radioaktive Belastung – wie die Nuklide Caesium 134 und 137 zeigten – innerhalb von einem Tag den Level der damaligen Atombombentests um ein Mehrfaches überstiegen habe.
Somit müsse man nun auch mit einer erhöhten Sterblichkeits- und Mißbildungsrate bei Embryonen und Neugeborenen rechnen. Hinzu kämen strahlungsbedingte Tumorerkrankungen bei Kleinkindern, aber auch Erwachsenen und vor allem bei alten Menschen.
Die Umweltschützer fordern deshalb:

– Unverzügliche Einberufung eines Krisenstabs bei der Bundesregierung unter Hinzuziehung *unabhängiger* Wissenschaftler und Sachverständiger;

– sofortigen Ausstieg aus der Atomwirtschaft ohne Wenn und Aber, verbunden mit der Ausschöpfung aller diplomatischen Möglichkeiten, andere Atomstaaten ebenfalls zur Stillegung ihrer Kernkraftwerke zu veranlassen (nach dem Vorbild von Österreich);

– laufende Bekanntgabe der Belastungswerte für Luft, Boden, Nahrungsmittel in allen deutschen Regionen (gemeinsam mit den Wettermeldungen);

– sofortige Erarbeitung von verbindlichen Verhaltensrichtlinien für alle Bevölkerungskreise – auch Kinder, Hausfrauen, Landwirte, Erwerbsgärtner, Senioren und vor allem die Zuordnung von Erwerbstätigen zu bestimmten Risikogruppen;

– Einrichtung eines medizinischen Vorsorgestabs für Spät- und Langzeitschäden sowie die Durchführung von Reihenuntersuchungen zur Früherkennung mit Soforttherapie von gesundheitlichen Folgeschäden;

– Gewährleistung der sachgerechten Entsorgung aller radioaktiven Abfälle, wobei keine kontaminierten Abfälle in Müllverbrennungsanlagen landen dürfen;

– laufende Kontrolle aller Lebensmittel, verbunden mit entsprechender Information der Verbraucher.

Davor haben die traditionellen Parteien eine Heidenangst: Der BUND empfiehlt, »Politiker, die für die Atomenergie eintreten, nicht mehr zu wählen«.

»Strahlenkrebs« ist von »natürlichem« Krebs nicht zu unterscheiden: Tschernobyl im Stern (Titelmontage).

Bonn hofft auf günstige Winde
Presseschelte für die Obrigkeit

Fast einhellig gehen die deutschen Medien mit Bund und Ländern ins Gericht, wie eine Auswahl von Pressestimmen aus den ersten Tagen der Krise zeigt.

Die *Süddeutsche Zeitung* setzt sich mit der amtlichen Verharmlosung der Unglücksfolgen und der späten Festlegung von Grenzwerten kritisch auseinander:
»Jede radioaktive Strahlung hat selbstverständlich Folgen. ›Keine akute Gefahr‹ besagt lediglich, daß man Leukämie oder Schilddrüsen- oder Knochenkrebs nicht von heute auf morgen bekommt. Das heißt, Menschen mit an sich hoher Lebenserwartung, junge Leute, sind besonders gefährdet. Über Risiken im Einzelfall kann man zwar nichts sagen. Künftige Krankheitsstatistiken aber werden sicher einen Anstieg bestimmter Tumorleiden ausweisen; frühestens in den neunziger Jahren, aber auch noch nach der Jahrhundertwende.
Es ist erstaunlich, daß die Strahlenschutzkommission erst jetzt einen Grenzwert für die noch tolerierbare Belastung von radioaktivem Jod in der Milch festgelegt hat. Und es überrascht, daß der Wert derart hoch ist. Muß man doch davon ausgehen, daß manche Menschen viel Milch trinken. Ein Kind aber holt sich mit einem Liter Kuhmilch, die in tolerierter Weise radioaktiv ist, eine Schilddrüsenbelastung von 150 Millirem, fünfmal soviel wie ein Erwachsener.«

Die *Frankfurter Allgemeine Zeitung* sieht die Lage der deutschen Bauern anfangs noch nicht ganz so ernst, wie sie sich später erweisen wird:
»Daß Schäden in der deutschen Landwirtschaft eintreten werden, gilt als sicher. Es werden vor allem Einbußen dadurch befürchtet, daß Verbraucher, obwohl Milch weiter

Flott getestet, was Deutschland noch essen darf: Titel der Illustrierten Bunte.

als gesundheitlich unbedenklich ausgeliefert wird, vorübergehend davon weniger oder nicht mehr verzehren sollen. Größere Absatzverluste als Folge einer hohen Strahlendosis werden nicht erwartet. Das wird vor allem damit begründet, daß zur Zeit noch nicht viele Kühe auf der Weide sind.«

Der Bremer *Weser-Kurier* registriert eklatante Widersprüchlichkeiten in der Bonner Informationspolitik:
»Am Mittwoch noch hatten die Sprecher der Bundesregierung lautstark und mit dem Brustton der Überzeugung festgestellt, nach dem Reaktorunglück in Tschernobyl drohe der Bundesrepublik weder jetzt noch künftig irgendeine Gefahr – wohl um den elektrisierenden Alarmmeldungen der Grünen die Wirkung zu nehmen. Gestern nun verkündete die gleiche Bundesregierung eine Reihe drastischer Vorsorgemaßnahmen...
Warum Vorsorge, wenn doch, wie die legitimierten Sprecher der Bundesregierung versichert hatten, eine Gefahr gar nicht droht? Diesen Widerspruch wollte gestern keiner des offiziellen Bonns klären, weil man dann hätte eingestehen müssen, den Mund zu voll genommen zu haben... Und hätte nicht der Vorsitzende der Strahlenschutzkommission, Professor Oberhausen, so offen, umsichtig und zugleich vorsichtig vor der Bonner Presse gesprochen, wer weiß, ob dann die Öffentlichkeit nicht auch heute noch auf ein realistisches Bild der Betroffenheit der Bundesrepublik hätte verzichten müssen? Die in bayerischer Milch festgestellten Meßwerte von bis zu 900 Becquerel wurden auf diese Weise nahezu nebenbei bekannt.
Die Bundesregierung wäre verpflichtet gewesen, die Bürger im Zusammenhang mit Tschernobyl unverzüglich darüber aufzuklären, daß auch geringfügige Strahlenbelastungen für den Menschen eine langfristige Gefährdung bedeuten können. Die Regierung hat sich statt dessen auf günstige Winde verlassen, die die in der Sowjetunion freigesetzte Strahlung von Deutschland hätten fernhalten können. Ein

Die Sowjets haben Prestige und Glaubwürdigkeit verloren. Titel der Illustrierten Quick.

solches Verhalten ist nicht geeignet, das Vertrauen der Bürger in die Staatsorgane zu festigen.«

Auch die *Badische Zeitung (Freiburg)* hat an der Bonner Informationspolitik einiges auszusetzen:
»Drei Tage unter der Wolke haben gezeigt, wie schwer es ist, eine Gefahr in ihrer wahren Größenordnung zu benennen. Die in Bonn und anderswo ausgegebene Parole von der gesundheitlichen Unbedenklichkeit der bisher gemessenen radioaktiven Werte hat offensichtlich nicht überall Glauben gefunden ... Offensichtlich war auch in Bonn zu lange die falsche Maxime Ratgeber des Handelns, daß eine in beruhigender Verpackung verabreichte, dosierte Information die günstigste Wirkung zeige. Das Gegenteil ist der Fall.«

Die *Frankfurter Rundschau* hält dem Westen den Spiegel vor und äußert die Vermutung, es komme bei der Beurteilung der von Kraftwerken ausgehenden Gefahr wohl nur darauf an, woher der Wind weht:
»Unruhe hat es nicht gegeben, als bekannt wurde, wieviel Radioaktivität aus (der britischen Atomanlage) Windscale, jetzt Sellafield, in die Nordsee geriet; hat da jemand vor Fischgenuß gewarnt? Wenn aus deutschen Atomkraftwerken radioaktiv verseuchtes Kühlwasser in die Flüsse gerät, wird auch verharmlost, verschwiegen ...
Die Gefahr besteht fraglos. Doch sie besteht, latent, überall dort, wo es Atomkraftanlagen gibt. Bei unseren eigenen Atomkraftwerken aber heißt sie ganz harmlos: Restrisiko.«

Der *Mannheimer Morgen* nimmt die Behörden wegen ihrer Rat- und Hilflosigkeit aufs Korn:
»In dem Bemühen, die Öffentlichkeit zu beschwichtigen, ist inzwischen mehr Verwirrung gestiftet worden, als zuträglich ist ... Es fehlt an Koordination, Kompetenz und Klarheit. Die ständige Versicherung, daß akute gesundheitliche Schäden in der Bundesrepublik vorerst nicht zu befürchten seien – wobei man die Vokabeln ›akut‹ und ›vorerst‹ nach Belie-

»Entgegen allem schönfärberischen Gerede ist die Heilkunst bei der Strahlenkrankheit machtlos.« (Spiegel-Titel Mai '86.)

ben auf der Zunge zergehen lassen kann – steht in einem unerklärten Kontrast zu der Empfehlung, Kühe nicht auf die Weide und Kinder beim nächsten Regen nicht auf die Straße zu lassen.
Das Ausmaß der Unzuständigkeit ist beängstigend. In vielen Ämtern herrscht Ratlosigkeit, niemand weiß genau, wer wo mißt, kontrolliert, berät, im Ernstfall warnt. Dabei ist nun seit der ersten Ahnung der Katastrophe und ihren Folgen bis heute soviel Zeit vergangen, daß zur Bildung von zentralen Informationsstellen auf Landes-, Regional- und Lokalebene ausreichend Gelegenheit gewesen wäre.«

Schwere Vorwürfe erhebt die *Hamburger Morgenpost* gegen die Politiker:
»Könnte es am Ende so sein, daß diese kümmerlichen Beschwichtigungsreden nur die Ratlosigkeit der Politiker vertuschen sollen? Wo selbst die Bonner Strahlenschutzkommission laut verkündet: ›Es gibt keine ungefährliche Strahlung!‹ Der eigentliche Skandal ist aber die Kaltschnäuzigkeit, mit der viele Politiker seit mehr als zehn Jahren die Warnungen vor atomaren Unfällen und deren Folgen in den Wind geschlagen haben. Nun ist nichts zum Schutz vor nuklearer Strahlung vorbereitet. ›Der Fall‹ ist da. Und ›der Fall‹ kann jeden Tag größer oder kleiner als Tschernobyl wieder passieren.«

Eine ähnliche Lektion erteilt die *Hannoversche Allgemeine* der Obrigkeit, deren Glaubwürdigkeit in der Krisensituation sie in Frage gestellt sieht:
»Die Politiker und die hohen Ämter werden aus den Geschehnissen dieser Tage lernen müssen: Der Bürger unseres Landes vertraut ihnen nicht mehr ohne weiteres. Das hat viele Ursachen, die zum Teil weit in die Vergangenheit zurückreichen, zum Teil aber auch mit der mangelnden Autorität der politischen Führung zusammenhängen.
Die Menschen sind weder gewiß, daß ihnen immer die Wahrheit gesagt wird, noch haben sie das sichere Gefühl,

daß die Verantwortlichen immer wissen, was sie tun und wohin der Weg führt, den sie einschlagen.«

Der Spiegel in seiner Titelgeschichte »Der Super-GAU in der Sowjetunion: Mörderisches Atom«:
»Noch in 2000 Kilometer Entfernung vom Katastrophenort knatterten die Geigerzähler ... Polnische Gänse und andere Lebensmittel aus dem Ostblock, so eine Anordnung des Bundesgesundheitsministeriums, dürfen nur noch nach entsprechenden Sonderkontrollen importiert werden ... Besorgte Schwangere bestürmten den Deutschen Wetterdienst in Offenbach und erkundigten sich, wohin sie am besten reisen sollten, um der Strahlengefahr zu entgehen. Behörden empfahlen, Kleinkindern Trockenmilch zu verabreichen; zu stark belastete Frischmilch sollte zu Käse verarbeitet werden ...
Für den ›Katastrophenfall‹ hat das Bonner Innenministerium eine eigene Nomenklatur entwickelt. Danach sind 25 rem eine ›Gefährdungsdosis‹, 100 rem die ›kritische Dosis‹, 400 rem die ›mittelletale Dosis‹ mit 50 Prozent Toten und 700 rem die ›letale Dosis‹ – eine Ganzkörperbestrahlung mit 700 rem überlebt der Mensch nicht. Er stirbt an der ›akuten Strahlenkrankheit‹.
Gegen die Strahlenkrankheit gibt es keine ursächlich wirkende Therapie. Entgegen allem schönfärberischen Gerede ist die Heilkunst nahezu völlig machtlos, im Osten und im Westen gleichermaßen. Auch die berühmten Jodtabletten helfen nur einem einzigen Organ, der Schilddrüse, denn die Einnahme blockiert vorübergehend die Einlagerung radioaktiven Jods.
Doch erstens ist radioaktives Jod nur eine Substanz von vielen hundert gefährlichen Spaltprodukten, die bei dem Super-GAU frei wurden. Und zweitens schützen Jod-Tabletten keineswegs vor akuten Strahlenschäden, sondern nur vor Schilddrüsenkrebs, der sich vielleicht Jahrzehnte später entwickeln könnte ...«

Einen eigentümlichen Umweltegoismus meint *Die Welt* zu erkennen. Er sei für den Zustand unseres Denkens bezeichnend:
»Außer uns sind Millionen in anderen Ländern betroffen, zum Teil viel direkter als wir. Wir beruhigen uns rasch, indem wir die Informationspolitik des Ostblocks kritisieren. Genaueres ist von drüben sowieso nicht zu erfahren. Also stürzen sich die Medien um so hektischer auf die Becquerelwerte auf den eigenen Salatblättern. Was Russen oder Ukrainer für Salat essen, was für Milch tschechische Kinder trinken – wen schert's? Nicht einmal, was in Schweden (wo das Ganze entdeckt wurde), in Österreich oder Frankreich gemessen, geredet oder getan wird, scheint noch zu interessieren.«

Nach der Katastrophe von Tschernobyl stehe die Kernenergie auf dem Prüfstand, meint die Wochenzeitung *Die Zeit* (Hamburg) und fährt fort:
»Gespenstische Widersprüche seit zehn Tagen: Einerseits versichern Politiker und Wissenschaftler übereinstimmend, der radioaktive Niederschlag des Kernkraftunglücks im sowjetischen Tschernobyl stelle keine Gefahr für die Gesundheit der Bundesbürger dar. Andererseits raten sie zu Vorsichtsmaßnahmen: Die Kühe im Stall lassen, die Kinder im Haus halten oder nach dem Spielen im Sandkasten wenigstens kräftig duschen, bei Frischmilch aufpassen, Blattgemüse meiden. Kein Anlaß zur Sorge – und trotzdem soviel zu besorgen . . .
Seitdem wechselnde Winde die strahlende Staubfracht aus der Ukraine über Westeuropa und über den Pazifik nach Amerika verteilen, klingt vielen die Formel von der sicheren zivilen Kernenergie ziemlich hohl. Rund um die Uhr wählen erschrockene Bürger die Nottelefone an; dies beweist, wie tief die Angst vor der unsichtbaren Gefahr sitzt. Diese Furcht zeigt zugleich an, daß es mit der so oft beschworenen Akzeptanz der Atomkraft nicht weit her sein kann.«

Die *Westdeutsche Allgemeine* befürchtet vor allem für die Ostblockländer ernste Folgen im Nahrungssektor, hält die Einschränkungen für Lebensmittelimporte aus diesen Gebieten für richtig. Beklagt wird erneut die deutsche Informationspolitik:
»Daß jeder Gesundheitsminister seine eigenen Ratschläge herausgab, war schon verwirrend genug. Es hat den Anschein, als ob die Behördenwege oft zu lang und die Zuständigkeiten nicht hinreichend geklärt sind. Was wären die Folgen, wenn in einem deutschen Kernkraftwerk, wenn in Frankreich oder in der DDR ein ähnliches Unglück geschähe? Die Auskunft, daß nicht sein kann, was nicht sein darf, vermag nach der Katastrophe von Tschernobyl nicht mehr zu überzeugen.«

Als »fast chaotisch« beurteilt die *Allgemeine Zeitung* (Mainz) das behördliche und politische Durcheinander in der Bewertung der radioaktiven Gefahr:
»Rheinland-Pfalz hat ein Vermarktungsverbot für Spinat und Salat erlassen. Hessen meldet aus einzelnen Landesregionen die Schließung der Kinderspielplätze. Vom Genuß von Frischmilch wird – der hohen Strahlenbelastung wegen, die inzwischen ermittelt wurde – abgeraten ...
In den Zeitungsredaktionen häufen sich die Anfragen besorgter Eltern, die nicht wissen, ob sie ihre Kinder überhaupt noch ins Freie lassen sollen, ebenso wie die von Landwirten und Milcherzeugern, die nicht wissen, was sie mit ihren Produkten anfangen sollen und was sie überhaupt davon noch auf den Markt bringen dürfen. Geschäftsleute berichten, während des gesamten Montags noch keinen einzigen Liter Milch verkauft zu haben.
Die Unsicherheit ist deutlich, die Verwirrung total. Die Gesundheitsminister operieren mit unterschiedlichen Meßwerten, und auch die Grenzwerte, bei deren Überschreitung es gefährlich werden könnte, stimmen nicht überein.«

Das Hamburger Magazin *Stern* kommt zu dem Resultat, daß gutgemeinte Aufklärungsaktionen der Gesundheitsämter und Wetterstationen nur wenig erreicht haben. Komplizierte amtliche Meßeinheiten für Radioaktivität – wie Becquerel, Curie, Sievert – hätten nur noch mehr verwirrt:
»Gefahren für Westeuropa sehen Experten inzwischen nur dort, wo Strahlung konzentriert wird – in der Milch einer Kuh etwa, von der ein Liter die Radioaktivität von 5000 Kubikmetern Luft enthält. Auch Regen kann die in der Luft schwebenden winzigen Strahler ›auswaschen‹ und Gefahr für Menschen heraufbeschwören, die solche Partikel auf ihrem Mantel nach Hause tragen ...
In 20 Jahren allerdings erwarten die Fachleute ein Ansteigen der Krebsrate – auch nach kleinsten Strahlendosen. Das Darmstädter Öko-Institut wagte ... die Prognose: Von einer Million Bundesbürgern werden 25 an Krebs erkranken. Aber da rund ein Sechstel der Menschheit heute an Krebs stirbt, wird nie zu unterscheiden sein, welche Krebsfälle auf Tschernobyl zurückgehen. Denn der ›Strahlenkrebs‹ ist vom ›natürlichen‹ Krebs nicht zu unterscheiden.«

Über kommerzielle Aspekte der Reaktionen auf das Reaktorunglück berichtet das *Handelsblatt* (Düsseldorf):
»Die Preise für Zucker und Weizen explodierten. Die amerikanischen Warenterminmärkte spiegelten die große Unruhe infolge des Unfalls am Atomkraftwerk wider. Dabei zogen in erster Linie die Getreide- und Zuckermärkte größtes Interesse auf sich. Die Möglichkeit, daß die Sowjetunion mit einer erheblichen Einfuhr an Weizen rechnen müsse, führte zu einer Preisexplosion.«

»Chaos als Lehrstück« überschreibt die Wochenzeitung *Rheinischer Merkur (Christ und Welt)* ihre Kritik am Verhalten von Bund und Ländern:
»Über die verständliche Angst vieler Bürger legt sich als noch häßlicherer Fallout der parteipolitische Zank. Die Verwirrung wird komplett, wenn ein Bundesland anrät, was

ein anderes kaum für nötig hält ... Es ist wohl nicht zuviel verlangt, wenn jetzt von allen staatlichen Stellen verlangt wird, das Konzept für den ›Fall X‹ zu ändern.
Wenn dies so ist, wird kaum ein Bürger verstehen, daß es zwar eine Strahlenschutzkommission des Bundes gibt, die Empfehlungen ausspricht, auch und gerade zu Schadensgrenzwerten, daß aber die Länder diese Empfehlungen übernehmen oder verwerfen können. Nur bei einer in den Notstandsgesetzen vorgesehenen inländischen Katastrophe bundesweiten Ausmaßes käme es ja zu einheitlichem Handeln, weil dann der Bund das Sagen hätte.«

Aus der Perspektive der in Hamburg erscheinenden Wochenzeitung *Deutsches Allgemeines Sonntagsblatt* besteht diesseits des Eisernen Vorhangs (»welch altmodisches Bild angesichts seiner Durchlässigkeit für radioaktive Isotope«) kein Anlaß zu hochmütigen Kommentaren:
»Von Anfang an gut funktioniert haben bei uns eigentlich nur die Nachrichtenmedien, die – mühsam genug – die spärlichen Informationen Stein für Stein zu einem ziemlich realistischen Mosaik der Katastrophe zusammensetzten. Geklappt hat's auch an manchen Meß- und Kontrollstellen. Aber dann gab es Fehler, blamable Reaktionen:
Ein Forschungsminister, der – jedes eigene Wissen um unvermeidliche Restrisiken tollkühn beiseite schiebend – behauptete, daß unsere Atomreaktoren ›absolut sicher‹ seien; ein immerhin für den Bevölkerungsschutz zuständiger Innenminister, dem auf Anhieb nur gutgeölte Belanglosigkeiten einfielen; verwirrende Ratschläge schließlich für die Bewohner der strahlenbelasteten Gebiete ... Wieso eigentlich soll der Bürger diesen Leuten noch glauben, bei uns könnte sich ein solcher Unfall nicht ereignen?«

Jetzt müsse sich in der Bundesrepublik Entscheidendes ändern, erwarten die *Stuttgarter Nachrichten:*
»Für die Informationspolitik zwischen Bund und Ländern muß ein Koordinatensystem und für die Bevölkerung müs-

sen einheitliche Richtwerte gefunden werden. Die Meßstationen zur Erfassung von Radioaktivität erfordern einen schnelleren und kompletteren Einsatz; das hat in Baden-Württemberg anfangs überhaupt nicht funktioniert.
Die Verängstigung vieler Menschen, ihr Ansturm auf Konserven, Jodtabletten oder Geigerzähler zeigt: Im Ernstfall verlangen die Bürger praktische Hilfe.«

Kernfrage für die *Lübecker Nachrichten:* Für die Bevölkerung sei dies eine neue Lebenserfahrung. Niemand wisse, wie er der Angst begegnen könne. Man wolle vor der Gefahr fliehen und wisse nicht wohin:
»Wer weiß schon, was wirklich nottut? Da ist der Hinweis, Kinder nicht im Freien spielen zu lassen, Gemüse sorgfältig zu waschen oder Autos gründlich zu reinigen, ein wirklich gutgemeinter Rat ... Wir werden uns an ›Lebenshilfen‹ dieser Art gewöhnen müssen – so wie uns keine Wahl bleibt, als uns mit einer allgemein steigenden radioaktiven Belastung abzufinden. Was in Tschernobyl geschehen ist, ist kein ›Unwetter‹, das über uns hinwegzieht und sich dann wieder verflüchtigen wird. Das zerstörte Kraftwerk setzt weitere Radioaktivität frei, Stunde um Stunde. Die strahlenden Partikel, die aus dem Unglücksreaktor aufsteigen und über Schleswig-Holstein wie über anderen Ländern niedergehen, summieren sich ...«

Milch strahlend frisch
Babynahrung garantiert ohne Fallout?

Selbst in normalen Zeiten fragen sich Bürger besorgt, wie sich Fallout und Washout (Ablagerungen und niederschlagsbedingte Auswaschungen radioaktiver Stoffe aus der Abluftfahne der Kernkraftwerke) auf Umwelt und Nahrung auswirken? Wirklich objektive Auskunft erhalten sie darauf aus amtlichen Quellen meist nicht.
Hinzu kommt, daß die publizierten Meßwerte sich in der Regel auf Stichprobenuntersuchungen beziehen. Und da niemand genau sagen kann, wo die Schadstoffe der Atomgiganten tatsächlich niedergehen, werden alarmierende Resultate in der Bundesrepublik und ihren westlichen Nachbarländern nur sehr selten und rein zufällig bekannt. Der Osten schweigt wie ein Grab. Das Gros der Bevölkerung ist mißtrauisch, was die amtlichen Verlautbarungen zur Sache betrifft. Die Atomlobby in Politik und Wirtschaft versucht immer wieder, dieses Mißtrauen abzubauen.
Und die Agrarlobby zieht mit, wie ein Rückblick beweist: Im Oktober 1985 endlich mal wieder eine positive Nachricht aus der Atomszene. So positiv, daß sie von nahezu allen deutschen Zeitungen kommentarlos übernommen wird.
Die Bundesanstalt für Milchforschung (Institut für Chemie und Physik) teilt mit, daß auf Deutschlands Kuhweiden keine Strahlengefahr bestehe. Jedenfalls sei die radioaktive Belastung von Milch und Weidegras in den letzten Jahren ständig zurückgegangen.
Die Ablagerung radioaktiver Niederschläge am Boden – so melden die Medien –, sei derzeit minimal, weil die letzten Kernwaffenversuche der Supermächte in der Atmosphäre im Oktober 1980 stattgefunden hätten. Als Quelle für schwache Radioaktivität in der Nahrungskette (Pflanzen, Tier, Mensch) komme »fast nur noch« die bereits im Boden

Aufs richtige Fläschchen kommt es an. Teure Werbung zahlt sich aus. (Reklamemontage vom Markt für Babykost.)

angesammelte radioaktive Strahlung in Frage. Und die, so muß der einfache Leser glauben, sei kaum der Rede wert. Was besonders erfreulich ist: Selbst in der unmittelbaren Umgebung von Kernkraftwerken habe sich keine meßbare radioaktive Verseuchung der Umwelt gefunden. Die Milchforscher vermelden es. Die Kernkraftbefürworter registrieren es mit Genugtuung. Da sieht man mal wieder, wie lächerlich harmlos die ganze Geschichte doch ist.

Was soll der Verbraucher daraus folgern? – Milch braucht sich (sieht man von möglichen Pestizid- oder Schwermetallrückständen einmal ab) zumindest in puncto Atomverseuchung ihrer schneeweißen Farbe nicht zu schämen. Sie ist und bleibt nach Kaffee und Bier mit einem jährlichen Pro-Kopf-Konsum von 93 Litern der Deutschen drittliebstes Getränk. Bis auf weiteres jedenfalls.

So ein Getränk, appetitlich frisch, braucht eigentlich kaum noch Reklame. Es verkauft sich – wenn auch andererseits die Eurolager mit 1,3 Millionen Tonnen Butter und fast 900000 Tonnen Milchpulver überquellen – fast von selbst. Deshalb kann die europäische Kindernahrungsindustrie im November 1985 getrost verkünden, daß sie demnächst auf bestimmte Werbemaßnahmen für Säuglingsmilch verzichten wird.

Gemeint sind nach einer Verlautbarung des Bundesverbandes der diätetischen Lebensmittelindustrie (Bad Homburg) im brancheneigenen Pressedienst »Zur Sache« die typischen Ersatzprodukte für Muttermilch. Die Industrie verspricht, »mit folgenden Verhaltensregeln einen Beitrag zur Stillförderung zu leisten«:

»Alles, was den Eindruck erwecken könnte, Säuglingsmilchnahrungen seien der Muttermilch überlegen, ist künftig in der Werbung tabu. Anzeigen für Säuglingsmilch wird es nur noch in Publikationen geben, die sich mit Babypflege befassen. Die Kindernahrungsfirmen treten von sich aus weder mit schwangeren Frauen noch mit Müttern von Säuglingen direkt in Kontakt.

Milchproben und Gegenstände für deren Zubereitung dür-

Die Diskussion um die Strahlenbelastung versachlicht sich erfreulicherweise. Bonn und die meisten Bundesländer haben aufgrund der normalisierten Ergebnisse Strahlenentwarnung gegeben.

Trotzdem läßt die **BREMERLAND-Molkerei** ihre Milchprodukte weiterhin bei folgenden Instituten prüfen:

- **Senator für Gesundheit** (Universität Bremen)
- **Staatliches Veterinäruntersuchungsamt, Cuxhaven** (amtliche Meßstelle)
- **Landwirtschaftliche Untersuchungs- und Forschungsanstalt, Oldenburg** (amtliche Meßstelle)

Den BREMERLAND-Milchprodukten bestätigen alle Testate eindeutig:

- **Jod 131 deutlich unter 10 Bq/kg**
- **Caesium 137 bei allen Untersuchungen nicht nachweisbar!**

Haben Sie Vertrauen – alle BREMERLAND-Milchprodukte sind absolut in Ordnung!

Bremen, den 15. Mai 1986

fen Müttern erst übermittelt werden, wenn der Säugling drei Monate alt, die Entscheidung für oder gegen das Stillen also längst gefallen ist.«

Mit einer Ausnahme: Die im Gesundheitswesen tätigen Fachkräfte, die Mütter bei der Babynahrung beraten, »erhalten selbstverständlich nach wie vor von den Herstellern alle erforderlichen Informationen und auch Proben, die sie im Bedarfsfall in eigener Verantwortung an Mütter weiterleiten dürfen, um sie über die richtige Anwendung der Produkte zu unterrichten.

Denn auch die nicht oder nur teilweise gestillten Säuglinge sollen in den Genuß einer einwandfreien Säuglingsmilch kommen, damit sie gut gedeihen. Diese Beratungsfachkräfte dürfen aber nicht durch finanzielle oder sonstige Anreize dazu angehalten werden, die Verwendung von Muttermilchersatz zu propagieren.«

Es gibt einen »internationalen Kodex zur Vermarktung von Muttermilchersatz« (1981 von der Weltgesundheitsversammlung vor dem Hintergrund problematischer Säuglingsernährung in Entwicklungsländern verabschiedet). In der Bundesrepublik teilen sich hauptsächlich vier Industriefirmen diese Vermarktung: Mit Kindernahrung insgesamt erzielen sie 1985 einen Gesamtumsatz von 675 Millionen Mark, davon ein Drittel für Muttermilchersatz.

Nur wenige Monate später: Die Katastrophe von Tschernobyl erschüttert den Markt. Total verunsichert, haben sich viele Mütter an die Firmen gewandt, um zu erfahren, ob denn ihre Erzeugnisse garantiert frei von Radioaktivität seien?

Die Antwort: Zu diesem Zeitpunkt (Mitte Mai) könne man absolut unbesorgt sein. Die Ware stamme aus Beständen,

◁ *Bonner Entwarnung: Der Milchmarkt schwappt über. In Bremen wird um Vertrauen geworben. Unter zehn Becquerel zählt nichts. Von Caesium keine Spur.*

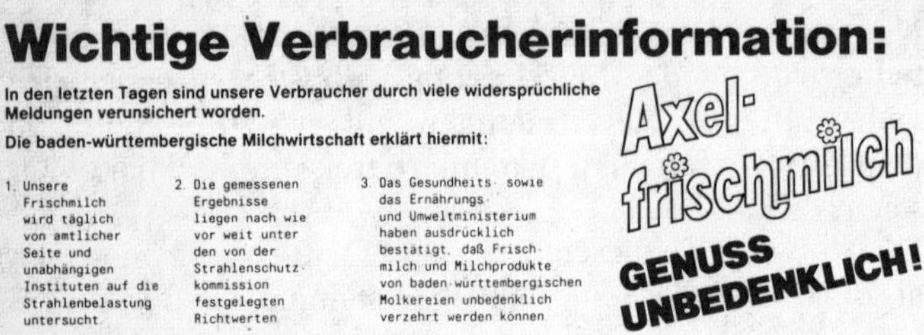

Unschuld vom Lande: Das Milchparadies Niedersachsen strahlt vor Stolz. Im Schwabenland keine Bedenken . . .

HANSANO informiert:

ÖFFENTLICHE SICHERHEIT

Liebe Leser,
nach dem Kernkraftwerkunfall in der Sowjetunion und der damit verbundenen Strahlenbelastung steht die Milch im Mittelpunkt des öffentlichen Interesses. Wir sind uns unserer Verantwortung für die Sicherheit der Bevölkerung voll bewußt und stellen hiermit klar: Die von den Bauern angelieferte Milch wird von Chemikern der staatlich chemischen Untersuchungsämter mehrmals täglich untersucht. Erst nach einem Untersuchungsbefund, der die Unbedenklichkeit garantiert, kommt diese Milch zur Weiterverarbeitung. Somit können wir eine Gesundheitsgefährdung ausschließen und für Sie den unbedenklichen Verzehr von Milch und Milchprodukten sicherstellen.

HANSANO MILCH UND MILCHPRODUKTE SIND UNBEDENKLICH!

Aus aktuellem Anlaß

Unbedenklichkeits-Bescheinigung

WIR BESTÄTIGEN HIERMIT, DAß SÄMTLICHE BEI DEN MILCHWERKEN WESTFALEN EG IN DEN WERKEN BOCHUM UND HERFORD ANGELIEFERTE ROHMILCH TÄGLICH DURCH DEN

TECHNISCHEN ÜBERWACHUNGSVEREIN ESSEN
UND DAS
STAATLICHE MATERIALPRÜFUNGSAMT DORTMUND

AUF STRAHLENBELASTUNG UNTERSUCHT WIRD.

DIE ERMITTELTEN WERTE LIEGEN WEIT UNTER DEN FESTGELEGTEN GRENZWERTEN UND GEBEN KEINERLEI ANLAß ZUR BESORGNIS ODER BEANSTANDUNG.

SOMIT SIND ALLE VON DEN MILCHWERKEN WESTFALEN EG HERGESTELLTEN SORTEN MILCH UND MILCHPRODUKTE ALS ABSOLUT U N B E D E N K L I C H UND G E N U S S T A U G L I C H ZU BEURTEILEN.

HERFORD, DEN 09. MAI 1986

MILCHWERKE
WESTFALEN EG

Weißer geht's nicht: Milchwerke überschlagen sich mit Garantie-Erklärungen. Wo sind die Strahlen abgeblieben?

die vor dem Super-GAU aufgekauft worden seien. Diese wurden also noch vor dem gigantischen Unfall produziert und in den Handel gebracht.
Weil die Unternehmen aber offenbar nicht sicher sein können, was nun auf sie zukommt, wird die Herstellung teilweise zunächst gestoppt oder auf andere Lebensmittel umdirigiert. Nicht zuletzt infolge der unterschiedlichen Grenzwerte der einzelnen Bundesländer für radioaktiv verseuchte Milch scheint ihnen das Risiko zu groß. Abwarten, heißt die Parole.
Die Kontrollen werden verschärft. Auch die Selbstkontrolle der Firmen. »Aufgrund des scharfen Wettbewerbs im Kindernahrungsmarkt funktioniert die gegenseitige Überwachung der Konkurrenten gut«, versichert der Branchenpressedienst.
Die Annahme liegt nahe, daß die Industrie die alte Diskussion um Muttermilchersatz durch Pannen mit strahlenbelastetem Rohstoff nicht neu beleben will. Mutter und Kind seien »eingebettet in ein vorbildliches System«. Stillhäufigkeit und Stilldauer (um die es in der Vergangenheit durch mutmaßliche »Abwerbungsbestrebungen« der Industrie einigen Ärger gab) nähmen seit Jahren kontinuierlich zu: Immerhin stillten 1984 fast drei Viertel der Mütter ihre Babys neun Wochen lang, während es 1976 nur fünfzig Prozent mit fünf Wochen waren.
Industriekommentar: »Verstärkte Information über das Stillen, Einführung von Rooming-in in den meisten Entbindungskliniken und die Aktivitäten zahlreicher Stillgruppen lassen in ganz Europa einen weiter steigenden Trend zur Mutterbrust erwarten.«
Kein Zweifel: Den Firmen ständen Umsatzeinbußen ins Haus, könnten ihnen die Kritiker nachweisen, daß Radioaktivität in den Packungen steckt. Also wird die Produktion gedrosselt oder vorübergehend ganz eingestellt.

Zitat aus einer früheren Verlautbarung:
»Mit ihrer Selbstbeschränkung geht die Kindernahrungsin-

dustrie bis an die Grenze dessen, was in einer freien Marktwirtschaft gerade noch vertretbar ist, insbesondere wenn man bedenkt, daß die davon betroffene Säuglingsmilchnahrung keineswegs gesundheitsschädlich, sondern beim Fehlen von Muttermilch von anerkanntem gesundheitlichen Nutzen ist und zudem den strengsten Vorschriften des gesamten Lebensmittelrechts unterliegt.« Werden sie auch stets eisern eingehalten?
Der Verband der Diäthersteller bedauert, gewisse Interessengruppen ignorierten die Anstrengungen der Industrie. »Sie wollen ein absolutes Werbeverbot für Säuglingsmilchnahrung durchsetzen und üben entsprechenden Druck auf das Europa-Parlament aus. Verfassungsmäßige Bedenken lassen sie nicht gelten unter Hinweis darauf, daß für Feuerwaffen, harte Drogen und Pornoliteratur auch nicht öffentlich geworben werden dürfe.« Ein provozierender, wenn auch schlechter Vergleich. Er hinkt.

Nach Tschernobyl haben die Mütter andere Sorgen. Ob sie nun stillen oder nicht – alle fragen sich jetzt: Wie sauber ist die handelsübliche Molkereimilch, die wir kaufen? Wie stark belasten die aus der Ukraine stammenden Strahlen die Kinder? Was haben Schwangere für sich selbst und für das werdende Leben zu befürchten? Inwieweit kann die nicht mehr zu leugnende Radioaktivität in Umwelt und Nahrung zu Gesundheitsschäden oder Mißbildungen bei Neugeborenen führen?
Fragen über Fragen, mit denen sich Betroffene herumquälen müssen. Viele fühlen sich mit ihren Ängsten im Stich gelassen. Denn Behörden und Politiker bleiben eine absolut glaubwürdige Antwort schuldig.
Mit ihrem Begriffshickhack von Grenzwerten, Millirem und Becquerel machen sie die Verwirrung nur noch schlimmer.

Folgende Seite: Bayerisches Wunder: Während überall die Geigerzähler ausschlagen, beobachtet die Regierung in München fast täglich »rückläufigen Trend«.

Das Bayerische Staatsministerium für Landesentwicklung und Umweltfragen teilt mit:

Fernschriftlich voraus

München, den 30. April 1986 PM-Nr. 298/86

Bayerisches Umweltministerium: Weitere leichte Erhöhung der Radioaktivität in Ostbayern

München, den 1. Mai 1986 PM-Nr. 299/86

Bayerisches Umweltministerium: Gammadosisleistung stabilisiert - Jodkonzentration hat zugenommen

München, den 2. Mai 1986 PM-Nr. 300/86

Bayerisches Umweltministerium: Gammadosisleistung in Nordbayern normal - In Südbayern erhöhte Werte bei leicht rückläufiger Tendenz

München, den 3. Mai 1986 PM-Nr. 305/86

Bayerisches Umweltministerium: Weiter rückläufiger Trend bei der Gammadosisleistung - Aerosolkonzentration in der Luft deutlich verringert

München, den 4. Mai 1986 PM-Nr. 306/86

Umweltministerium: Radioaktivität in Bayern weiter rückläufig - Keine radioaktiv-verseuchte Milch aus Molkerein im Handel

München, den 6. Mai 1986 PM-Nr. 311/86

Umweltministerium: Weitere Abnahme der Radioaktivität in Bayern

München, den 7. Mai 1986 PM-Nr. 315/86

Bayerisches Umweltministerium: Auch in der vergangenen Nacht weiterer Rückgang der Radioaktivität

München, den 7. Mai 1986 PM-Nr. 322/86

Umweltministerium: Nach starker Abnahme Strahlenbelastung in Bayern derzeit im Bereich des natürlichen Pegels

Aus »Atommilch« wird Käse
Es lebe die verhaßte Legebatterie

Zu anderen Zeiten – darüber gibt es keinen Zweifel – müßten radioaktiv belastete Lebensmittel, wie sie im Mai 1986 teilweise in den Handel kommen, als Sonderabfall behandelt werden. Aus deutschen Landen frisch auf den Müll.

Für die bayerische Landesregierung (und nicht nur für sie) sind selbst Produkte mit ungewöhnlichen Konzentrationen an Jod 131 zum Wegwerfen zu schade. Radioaktiv versetzte Milch zum Beispiel – das erfahren Journalisten am 5. Mai zu ihrem Erstaunen – darf sogar zu Trockenmilch, Käse oder anderen lagerfähigen Molkereiprodukten verarbeitet werden.

Da kann man nur den Kopf schütteln: Noch einen Monat zuvor hätte in solchen Fällen der Staatsanwalt eingeschaltet werden müssen. Wahrscheinlich hätte man von Lebensmittelkriminalität gesprochen. Auf einmal jedoch wird radioaktive Panscherei sogar behördlich sanktioniert.

So rasch können sich die gesetzlichen Spielregeln ändern. Erst recht, wenn eine allmächtige Agrarlobby es will.

Zur »Ingestion«, wie die menschliche Nahrungsaufnahme seit dem Sündenfall von Tschernobyl im behördlichen Sprachgebrauch heißt, melden sich das bayerische Umwelt- und das Ernährungsministerium mit einer gemeinsamen Verlautbarung zu Wort, die sie ausdrücklich auf die Regierungsbezirke Oberbayern, Niederbayern, Schwaben und die südliche Oberpfalz beziehen. Dort sei die Gammadosis-Leistung nämlich noch immer überhöht.

Wie in anderen Bundesländern sollen die Hausfrauen nur Kuhmilch kaufen, die aus heimischen Molkereien stammt. Laufende Kontrollen – so versichern die Ministerien – gäben die Gewähr dafür, daß der in Bonn festgelegte Grenzwert

von 500 Becquerel nicht überschritten werde. Die Bevölkerung muß das einfach so hinnehmen. Ob sie es tatsächlich glaubt, sei dahingestellt.
500 Becquerel – dieser Grenzwert entspreche einem Zehntel des sogenannten »Störfallplanungswerts« für das Kleinkind und sei absichtlich so gewählt, »daß auch für Säuglinge keine Bedenken bestehen«.
Kritiker fassen sich wegen dieser kühnen Erklärung der Münchner Regierung an den Kopf. Die Mütter der Babys können nur beten, daß der Minister recht behält. Doch es kommt noch schöner.
»Milch, die den Grenzwert (also 500 Bq) überschritten hat, kann zu H-Milch verarbeitet werden. Beim Verarbeitungsvorgang verringert sich die Jod-131-Konzentration so weit, daß gegen den Genuß der Milch keine Bedenken bestehen.«
Sonderangebot: Im übrigen darf man aus bestrahlter Milch ja noch Pulvermilch, Käse und andere Agrarwaren machen.
Merkwürdig. Bei den Messungen wird selbst zwei Wochen nach der sowjetischen Katastrophe fast immer nur kurzlebiges Jod 131 genannt. Für die langlebigen Radionuklide wie Caesium oder Strontium, die der Strahlenregen ebenfalls mit sich brachte, scheint sich kaum jemand zu interessieren. Zumindest erfährt es die Öffentlichkeit bisher nicht. Käse mit Caesium? Deutsche Agrarwirtschaft, wie tief bist du gesunken ...
Die Landwirte in Südbayern scheinen nicht alle zu parieren. Sie müssen erneut aufgefordert werden, ihren Kühen kein Grünfutter zu geben. Auch sollen sie die Milch an die Molkereien liefern und nicht mehr ab Hof verkaufen.
Verbraucher – das wird immer wieder betont – sollen sich auf gar keinen Fall von den Bauern Milch von Kühen, Ziegen oder Schafen andrehen lassen.
250 Becquerel – der neue Grenzwert für alles oberirdische Grünzeug, darunter Spinat, Feldsalat, Salat und Rhabarber. Wildpilze sind ebenfalls gemeint. Auch diese Richt-

zahl hat die Bonner Strahlenschutzkommission bestimmt. Laut Regierung in München wird sie in Südbayern in der Regel überschritten.
Deshalb: »Zu hoch belastetes Freilandgemüse soll abgeerntet, kompostiert oder als Abfall beseitigt werden.« Ob sich alle Vermarkter wohl daran halten? Schon kursieren Gerüchte, daß sich so manches verseuchte Freilandgemüse als Glashausware auf den Ständen wiederfinde. Die Lebensmittelkontrolleure kommen eh nicht mehr mit.
Nach und nach sind die Erzeuger anderer Produkte dran: »Aufgrund einzelner Untersuchungswerte kann davon ausgegangen werden, daß Eier von Hühnern, die im Freien gehalten werden, eine höhere Belastung aufweisen als Eier von Hühnern, die ausschließlich in Ställen gehalten werden.«
Gemeint ist das bisher zutiefst bedauerte Käfighuhn. Meinungsumschwung über Nacht: Niemand schimpft derzeit noch auf die verhaßte Legebatterie, denn was dort rauskommt, ist kaum radioaktiv.
Die Alternativen haben es also schwerer, seit ihre Biohennen im atomisierten Klee kratzen müssen. Um solche Eier machen Hausfrauen neuerdings einen Bogen.

Einen echten Schildbürgerstreich leistet sich das Münchner Ministerium beim Fleisch. In seiner Pressemitteilung Nr. 310/86 liest man wörtlich:
»Die aus der Caesium-137-Konzentration resultierende Belastung von Fleisch ist bisher von untergeordneter Bedeutung. Jod 131 spielt hier keine Rolle. Bei grüngefütterten Tieren wie Rindern ist wegen des Fehlens eines Organs, das Caesium 137 anreichert, die Dosis zunächst zu vernachlässigen.«

Hat der sonst so aufmerksame Umweltminister den Überblick über seine gesammelten Werke verloren? Am gleichen Tag erscheint nämlich die Pressemitteilung Nr. 308/86, in der er für seine Broschüre »Radioaktivität und Gesundheit«

die Werbetrommel rührt. Und dort steht es auf Seite 111 vollkommen anders:
»Das wichtigste Caesiumisotop, Cs 137, ist ein Betastrahler mit der physikalischen Halbwertszeit von etwa 30 Jahren. Eine energiereiche Gammastrahlung liefert das beim Zerfall entstehende Tochternuklid Barium 137. Kritisches Organ ist hauptsächlich der Muskel.
Die biologische Halbwertszeit beträgt im Muskel 140, im übrigen Körper ca. 70 Tage. Die kritischen Expositionspfade laufen über Pflanzenprodukte, Milch und Fleisch.«
Der Minister müßte wissen: Fleisch ist Muskel. Muskel speichert laut seiner eigenen Broschüre Caesium 137. Und Caesium ist ein schlimmes radioaktives Gift. Übrigens: Es befinden sich noch viele, viele sonstige Nuklide im Strahlenregen. So etwas summiert sich manchmal im Fleisch. Rinderfilet mit Gamma »gegart«?

Ähnliches gilt für des Ministers umwerfenden Wasser-Report im Pressebericht Nr. 310:
»Bei Fischen läßt sich im Hinblick auf die Situation beim Wasser abschätzen, daß der Verzehr ohne nachteilige gesundheitliche Auswirkungen möglich ist.«
Hat der Minister vorgeschmeckt? Wieviel Forellen, Barsche und Hechte haben die Münchner Lebensmittelfahnder in der kurzen Zeit schon auf Radioaktivität untersucht?
Dem Minister Dick sei hier ebenfalls die Lektüre seines eigenen Gratis-Bestsellers »Radioaktivität und Gesundheit« ans Herz gelegt, wo auf Seite 104 (neben einer Illustration zur Nahrungskette im Süßwasser) über die Anreicherung von Schadstoffen in Fischen eingehend berichtet wird. Elf Seiten vorher wird dem Leser sogar in Farbe demonstriert, wie sich radioaktive Schadstoffe aus kerntechnischen Anlagen in Fischen wiederfinden.

◁ *Radionuklide lagern sich im Fleisch der Schlachttiere ab. Das wissen alle Veterinäre. Doch nur Hessen führt Grenzwerte ein – und wird prompt fündig . . .*

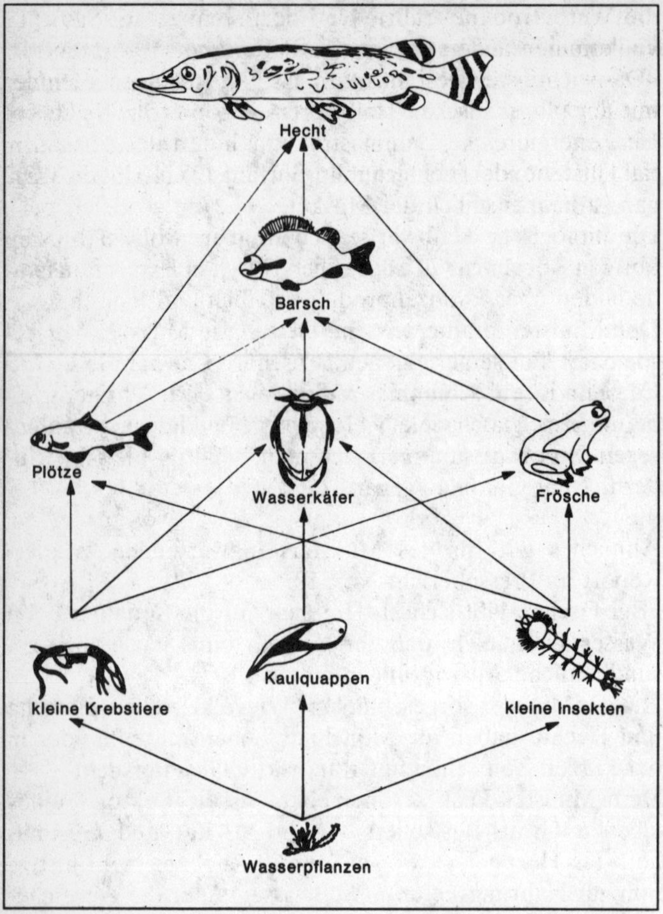

Atomisierte Nahrungskette: Aus Luft und Abwasser der Kernkraftwerke gelangen belastete Teilchen in Flüsse und Seen. Über Pflanzen und Fische strahlen sie es zum Menschen zurück. (Schaubild aus der Broschüre »Strahlenschutz, Radioaktivität und Gesundheit« des bayerischen Umweltministers.)

Rindersteak oder Forelle blau – schon seltsam, was so eine Regierungsbehörde alles in die Pfanne haut: Während in Hessen vom Verzehr des radioaktiv verseuchten Fleischs dringend abgeraten und statt dessen einwandfreie Tiefkühlware empfohlen wird, scheinen beim südlichen Nachbarn die Uhren anders zu gehen. Bajuwarischen Mägen wird mehr zugemutet. Caesium – so beschließen es gleich zwei Minister an der Isar – darf zunächst »vernachlässigt« werden. Nur zunächst?

Fazit: Die vielgerühmte länderübergreifende Zusammenarbeit hat bei der Nahrungsüberwachung noch nie besonders gut geklappt, weil jeder für sich wurschteln will. Im Ernstfall, wenn's hart auf hart geht, hört der Weitblick an der Landesgrenze auf.

Steak vom Strahlengrill
Caesium 137 ist zu vernachlässigen

In der Tat lassen sich staatliche Stellen in der gesamten Bundesrepublik mit der Warnung vor radioaktivem Fleisch reichlich Zeit. Fast zwei Wochen nach dem Super-GAU, aber dennoch als erstes Bundesland, reagiert Hessen. Als sich alarmierende Untersuchungsergebnisse häufen, die der Öffentlichkeit jedoch zunächst vorenthalten werden, gibt Landwirtschaftsminister Willi Görlach (Wiesbaden) nach einer Krisensitzung mit Agrarfunktionären endlich das Signal:
»Messungen der Strahlenbelastung von geschlachteten Rindern und Schafen lassen es dringend geboten erscheinen, zunächst keine Tiere zu vermarkten, die seit dem Reaktorunfall Weidegang hatten oder mit frischem Aufwuchs gefüttert wurden.« Görlach rät, »die Schlachtung für solche Tiere bis auf weiteres aufzuschieben«. Diesmal ist »Hessen vorn« (Wahlparole).
Weniger problematisch sehen Görlachs Kollegen in anderen Bundesländern die Situation beim Fleisch. Für Bayerns Umweltminister Alfred Dick (in Personalunion auch Ernährungsminister im Freistaat) ist »die aus der Caesium-137-Konzentration resultierende Belastung von Fleisch bisher von untergeordneter Bedeutung«. Und Jod 131 spielt für ihn in diesem Fall überhaupt »keine Rolle«.
Bei »grüngefütterten Tieren wie Rindern«, so diagnostiziert er, sei »wegen des Fehlens eines Organs, das Caesium 137 anreichert, die Dosis zunächst zu vernachlässigen«. Und bei Schweinen sieht er wegen der Stallhaltung und der Fütte-

◁ *Ministersprüche: Bei Fischen keine Gefahr? Dabei weiß jeder, wie viele Schadstoffe sich in den Tieren wiederfinden. Kommt zur Chemie noch Radioaktivität?*

rungsgewohnheiten »ohnehin keine Gefahr«. Grünes Licht für bestrahltes Hack und Steak aus deutschen Landen?

Seit vielen Jahren beobachten Wissenschaftler sowohl auf internationaler Ebene als auch in der Bundesrepublik die Auswirkung radioaktiver Kräfte auf Nahrung, speziell auf Milch und Fleisch. Bei den Berechnungen spielt der sogenannte *»Transferfaktor«* (er gibt an, wieviel Radioaktivität zum Beispiel vom Boden ins Futter und vom Futter ins Rindfleisch übergeht) eine wichtige Rolle.
Hierbei erweist sich wiederholt, daß offizielle Stellen dazu neigen, den Transferfaktor für verschiedene Tiergattungen (unbewußt?) zu unterschätzen. So kam man am grünen Tisch zum Beispiel zu einer um das Vierzehnfache geringeren Caesiumkonzentration des Schweinefleischs im Vergleich mit Rindfleisch. Das Heidelberger IFEU-Institut merkt an: »Die dadurch entstandene Unterschätzung der Strahlenbelastung durch den Verzehr von Fleisch wurde noch verstärkt, indem eine höhere Verzehrrate für Schweinefleisch verwendet wurde, für das fälschlicherweise auch eine niedrigere Konzentration berechnet worden war.«
Messungen von Caesiumkonzentrationen des Fallout von Atombomben zeigten eine etwa gleich große Konzentration in Rind- und Schweinefleisch. Bei Wildfleisch (Rot- und Schwarzwild) lägen die Werte sogar noch erheblich über denjenigen von Rind und Schwein.

In seiner wissenschaftlichen Studie über die Gefährdung der Bevölkerung in der Nähe eines Kernkraftwerks geht das IFEU-Institut ferner auf die Strahlenbelastung durch Kobalt ein (bei dessen Wirkung die chemische Form des Nuklids zu berücksichtigen ist):
Dieses Schwermetall liegt im Boden und in Pflanzen normalerweise als anorganisches Kobalt in Form von Salzen vor. Es wird in ein biologisch sehr wichtiges Molekül, in Vitamin B 12, eingebaut. Da Vitamin B 12 vom menschlichen Organismus aber nicht selbst synthetisiert werden kann, wird es

(auch in diesem Fall) stark resorbiert und mit hoher biologischer Halbwertszeit in der Leber gespeichert.
Im Magen von weidenden Kühen und Rindern kann radioaktives Kobalt in das Molekül des Vitamin B 12 eingebaut werden und über Milch und Rindfleisch beim Menschen letztlich einen Beitrag zur Strahlenbelastung der Leber liefern.

Noch Mitte Mai 1986 halten es deutsche Regierungsstellen nicht für nötig, die Bevölkerung über sämtliche Risiken des Verzehrs von belastetem Fleisch aufzuklären. Statt dessen bangen sie unter dem massiven Druck der Agrarlobby um Wählerstimmen dort, wo das Fleisch vermarktet wird. Die finanzielle Entschädigung der Bauern hat für sie Vorrang vor lückenloser Verbraucherinformation.
Zitat aus einem Regierungsprotokoll:
»Der Minister war sich in der Besprechung mit den Verbänden darin einig, daß die Folgen des Reaktorunglücks nicht zu Lasten der Landwirte, Molkereien und Gemüsebauern gehen dürften. Es müsse eine angemessene Entschädigungsregelung gefunden werden. Der Minister hat angeordnet, daß die Ämter für Landwirtschaft und Landentwicklung die den Anbauern entstandenen Verluste oder Mehrkosten amtlich bestätigen.«
Und wer besorgt die angemessene Entschädigungsregelung für die gesundheitlichen »Verluste« der Verbraucher?

Heißer Draht zur Regierung
Bürgertelefon

In Krisensituationen kann der direkte Kontakt zwischen Regierungsstellen und Bevölkerung außerordentlich hilfreich sein. Nach dem Reaktorunglück von Tschernobyl richten Bundesländer und zahlreiche Städte Bürgertelefone ein. Hessen berichtet über seine Erfahrungen:

»Seit Freitag, 2. Mai, laufen in Wiesbaden die Drähte heiß: Bürger sollen Fragen in Zusammenhang mit der radioaktiven Belastung von Luft, Boden, Lebensmitteln und Gesundheit beantwortet bekommen. Etwa 8000 Anrufe werden gezählt. Schon innerhalb der ersten Stunden nach Veröffentlichung der Telefonnummern in Funk und Fernsehen ist der Andrang so stark, daß sofort weitere Leitungen geschaltet werden.

An diesen Apparaten sitzen Mitarbeiter des hessischen Sozialministeriums, beraten durch Experten des Hauses. Viele Anrufer geben zu erkennen, wie froh sie darüber sind, daß die Landesregierung uneingeschränkt über die Folgen des Reaktorunglücks informiert.

Mit zunehmender Dauer der Berichterstattung durch die Medien werden die Fragen der Bürger immer spezieller. Inzwischen haben auch die kreisfreien Städte und Landkreise sogenannte Ratgebertelefone eingerichtet, was zu einer spürbaren Entlastung in Wiesbaden führt.

Deutlicher Anstieg am Montag, 12. Mai: Dies ist vermutlich darauf zurückzuführen, daß Hessen bei der Lebensmittelüberwachung (besonders bei Fleisch) das einzige Bundesland mit eigenen, sehr scharfen Grenzwerten und Kontrollen ist.

Häufigste Themen: Risiko für Spätschäden, Belastung der Muttermilch, Gefahren für Kleinkinder, Bewertungskriterien, Auslandsreisen und Lebensmittel.«

GAU im Sandkasten
Wie Hessen und Bremen warnen

Nach dem ersten Schock richten Länder, größere Städte und Landkreise automatische Auskunftsdienste ein. Relativ gut klappt dies in Hessen und Bremen, auch wenn andernorts behauptet wird, die Vorsichtsmaßnahmen würden dort übertrieben.

Am 6. Mai 1986 erfahren Bürger unter Rufnummer 011502 vom hessischen Sozialministerium in Wiesbaden unter anderem:
Durch das Kernkraftwerksunglück in der UdSSR ist die Strahlenbelastung in der Bundesrepublik und Hessen angestiegen. Luft- und Bodenwerte werden ebenso regelmäßig gemessen wie Trinkwasser, Milch und andere Lebensmittel. Was können Sie tun?
Insbesondere ist dringend vor der Einnahme von Jodtabletten zu warnen. Hier sind bereits erste Unverträglichkeiten aufgetreten. Maßnahmen wie: im Haus bleiben, Fenster schließen, Waschen oder Duschen über das Übliche hinaus sind derzeit nicht erforderlich. Jedoch sollten Kinder nicht auf Wiesen oder Sandplätzen spielen. Insbesondere nicht nach Regenfällen. Überhaupt sollten sie nicht im Regen draußen sein. Von Baden und Surfen in stehenden Gewässern wird abgeraten.
Im Trinkwasser ist bisher keine radioaktive Belastung gemessen worden. Zur Milch, die von Molkereien angeliefert wird, ist folgendes zu bemerken:
Die Molkereien in Hessen sind verpflichtet, nur nachweislich unbedenkliche Milch in den Handel zu geben. Wer direkt vom Erzeuger kauft, sollte keine Milch von Kühen nehmen, die auf der Weide sind oder frisches Grünfutter bekommen. Um eine radioaktive Belastung der Milch zu vermeiden, dürfen Bauern kein Grünfutter füttern.

Ruf 34 32 31
oder 35 24 82

Atom-Unfall: Experten am Telefon

Die Reaktor-Katastrophe von Tschernobyl und die Folgen:

- „Ich bin im vierten Monat schwanger. Was soll ich jetzt tun?"
- „Mein sechsjähriger Sohn ist in den Regen gekommen. Was mache ich jetzt?"
- „Ich arbeite am Bau. Kann ich weiterhin draußen arbeiten?"
- „Kann mein Kind noch weiter frische Schulmilch trinken?"
- „Welche Katastrophenschutz-Pläne hat Hamburg?"

Einige von vielen bangen Fragen, die Hamburgs Einwohner seit Tagen bewegen.

Antwort darauf geben die Experten von drei Hamburger Behörden – Umwelt, Gesundheit und Innen – am Dienstag am Abendblatt-Telefon.

Rufen Sie an von 14 bis 16 Uhr unter

Ruf 34 32 31
oder 35 24 82

Der Genuß von Frischgemüse aus dem Freilandanbau sollte unterbleiben. In Zukunft ist wegen der Regenfälle mit einer zunehmenden Belastung des Gemüses zu rechnen. Auf jeden Fall sollte das Frischgemüse vor dem Verzehr gründlich gewaschen werden.
Wenn Sie eine Reise nach Osteuropa planen, informieren Sie sich bitte bei Ihrem Reisebüro. Besucher aus diesen Gebieten werden an der Grenze untersucht. Aus Osteuropa kommende Lebensmittel und Güter werden kontrolliert, zurückgewiesen oder sichergestellt.
Sollte sich die Situation verschlechtern, werden Sie über Rundfunk und Fernsehen sowie über die postalische Ansage der hessischen Arbeitsgemeinschaft für Gesundheitserziehung (Aktuelles im Gesundheitswesen) . . . informiert. Diese Telefonansage wird laufend auf den neuesten Stand gebracht. Geben Sie diese Information bitte weiter. Bei weiteren Fragen wenden Sie sich bitte an das Gesundheitsamt.

Die aktualisierte, gekürzte Ansage aus Wiesbaden vom 8. Mai:
Durch die Niederschläge der vergangenen Tage hat sich die radioaktive Belastung der Luft wesentlich verringert. Dagegen ist die Belastung von Boden und Pflanzen angestiegen. Nach wie vor bestehen keine akuten Gefahren für die Gesundheit, jedoch ein geringes Risiko für Langzeitschäden . . .
Zur Zeit sollten Sie kein Freilandgemüse wie Salat, Spinat oder Kräuter essen. Dagegen können Wurzelgemüse wie Spargel, Radieschen, Kartoffeln und Rhabarberstengel gegessen werden. Gemüse kann ausgesät und angebaut werden. Bis zur Reifezeit werden Stichproben entnommen und Messungen durchgeführt. Die Ergebnisse werden durch Presse, Rundfunk und diese Ansage bekanntgegeben.

◁ *Beispielhaft: Viele Zeitungen holen Experten in die Redaktion. Leser dürfen – wie in Hamburg – alles fragen.*

Milch aus hessischen Molkereien wird kontrolliert. Sie kann ohne weiteres getrunken werden. Wenn Sie Rohmilch direkt vom Bauern kaufen, achten Sie darauf, daß die Kühe nicht mit Grünfutter gefüttert werden oder auf der Weide sind. Hier ist eine hohe Belastung der Milch zu erwarten.
Gegen den Aufenthalt im Freien bestehen keine Bedenken. Wegen der hohen Belastung des Rasens sollten Kinder nicht auf dem Rasen oder im Gras spielen und keine Sandkästen benutzen. Sportvereinen und Schulen wird empfohlen, Rasensportplätze in den nächsten zwei Wochen nicht zum Übungs- und Schulbetrieb zu nutzen. Andere Plätze können nach Befeuchtung bespielt werden.
Die radioaktive Belastung von Rasen kann durch Mähen gemindert werden. Beim Rasenmähen sollten Sie Haushaltshandschuhe tragen und die Kleidung danach wechseln und waschen. Das Gras tun Sie bitte auf den Kompost.
Gegen die Benutzung von Freibädern bestehen keine Bedenken. Dagegen sollten stehende Gewässer wie Baggerseen derzeit noch gemieden werden.
Nach wie vor wird vor der Einnahme von Jodtabletten gewarnt. Schilddrüsenpatienten sollten die vom Arzt verschriebenen Medikamente weiter einnehmen. Gegen die Verwendung von Jodsalz bestehen keine Bedenken. Patienten mit Schilddrüsenüberfunktion sind nicht mehr gefährdet als andere.
Die Warnung vor belasteter Frischmilch und Frischgemüse gilt besonders für Schwangere und Kleinkinder. Stillende Mütter können ohne Bedenken weiter stillen. Die derzeitige radioaktive Belastung stellt keine gesundheitliche Bedrohung für Schwangere dar.
Von Reisen nach Osteuropa, insbesondere in die UdSSR und nach Rumänien muß derzeit noch abgeraten werden.

Am 10. Mai läßt das hessische Sozialministerium die Anrufer wissen:

Auch die Belastung des Bodens steigt nicht mehr an...

Grünfutter führt zu einer Belastung des Fleischs bei Schlachttieren. Deshalb werden die hessischen Schlachthöfe und Schlachthäuser kontrolliert, damit nur gesundheitlich unbedenkliches Rindfleisch in die Metzgereien kommt. Schweine- und Geflügelfleisch sind unbedenklich. Schaf- und Rehfleisch sollten vorerst nicht verzehrt werden.

Unter der Rufnummer 1166 richtet auch die Gesundheitsbehörde des Bremer Senats ein »Strahlentelefon« ein, das am 7. Mai diese Auskunft gibt:
Nach den Regenfällen der vergangenen Tage ist die radioaktive Belastung der Luft über Bremen... weitgehend abgeklungen. Dagegen finden sich nunmehr am Erdboden erhöhte Anreicherungen des radioaktiven Jod 131, die durch die Niederschläge aus der Luft ausgewaschen wurden.
Obwohl nach bisherigem Erkenntnisstand die in Bremen in Regenwasser, im Sand und im Gras festgestellten Konzentrationen keine akute Gesundheitsgefahr darstellen, hält es der Senat für geboten, die Bevölkerung zu erhöhter Vorsicht aufzurufen und insbesondere dafür zu sorgen, daß Kleinkinder so wenig wie möglich mit radioaktiven Substanzen in Kontakt kommen.
Ziel und Zweck der Verhaltensmaßregel ist es, die Risiken einer gesundheitlichen Langzeitwirkung zu vermindern, die auch bei geringer radioaktiver Strahlung weit unterhalb akuter Gesundheitsbedrohung nicht auszuschließen sind. Für die nächsten Tage halten die Behörden daher folgende Empfehlungen für unverändert geboten:
Kleinkinder sollten gegenwärtig davon abgehalten werden, im Sandkasten zu spielen, am Erdboden herumzukrabbeln und insbesondere keine dort liegenden Gegenstände in den Mund zu stecken.
Zurückhaltung ist beim Genuß frischer Milch geboten, soweit diese von Kühen stammt, die bereits auf den Weiden grasen. Die in Bremen produzierte Milch wird seit Wochenbeginn auf ihre radioaktiven Anteile untersucht.

Bisher gezogene Proben lagen weit unterhalb der geltenden Grenzwerte.
Bis auf weiteres wird vom Verzehr frischer, frei gewachsener Gartenfrüchte und Gemüse abgeraten, denn der nicht auszuschließende Verdacht besteht, daß diese Regenfällen ausgesetzt waren. Ebenfalls weiterhin gilt:
Vermeiden Sie es nach Möglichkeit, sich bei Regen im Freien aufzuhalten. Sollten Sie durchnäßt worden sein, wechseln Sie zu Hause die Kleidung. Hängen Sie bei regnerischem Wetter gegenwärtig keine Wäsche im Freien zum Trocknen auf. Ebenfalls wird geraten, Kinder nach dem Spielen im Freien gründlich abzuwaschen.
Diese Belastung stellt keine akute Gesundheitsgefährdung dar und macht entsprechend auch keine Vorsorgemaßnahmen erforderlich. Insbesondere ist dringend von der Einnahme von Jodpräparaten abzuraten.

Einen Tag später, am 8. Mai, in Bremen:

Durch Entscheidungen der Senatsbehörden sind die Maßnahmen zur Eindämmung eines radioaktiven Langzeitrisikos weiter verschärft worden. Abweichend von der Bundesregierung, die erneut die Duldbarkeit von 500 Becquerel je Liter Milch bekräftigte, hat der Senator für Gesundheit verfügt, daß in Bremen keine Milch und Milcherzeugnisse vertrieben werden dürfen, die mit mehr als 100 Bq je Liter Milch belastet sind.
Zur Begründung erklärt der Gesundheitssenator, er teile zwar die Meinung der Bonner Strahlenschutzkommission, daß auch höher angereicherte Milch dann nicht gesundheitsbedenklich sei, wenn sie der einzige radioaktiv belastete Stoff bleibe, mit dem Menschen in Berührung kämen. Da gegenwärtig aber davon ausgegangen werden müsse, daß Kontaminationen des Menschen mit radioaktivem Jod auch durch Atemluft, durch Regen, andere Lebensmittel und Umwelteinflüsse gegeben seien, halte man es in Bremen für geboten, die duldbare Belastungsgrenze für Milch für das

Bundesland Bremen unterhalb der Bundesempfehlung festzusetzen.
Diese Senatsentscheidung hat gegenwärtig keine Auswirkung auf den Bremer Milchverkauf, da die in der Hansestadt analysierten Milchproben bremischer Molkereibetriebe mit maximal um zehn Bq weit unterhalb der für Bremen geltenden Richtwerte liegen.
Eine weiter verschärfte Gangart hat der Senat in bezug auf frische, freigewachsene Gemüsearten insbesondere bei Salaten, Spinat, Schnittlauch und Petersilie eingeschlagen. In einem nachdrücklichen Appell forderte der Senat Großhändler, Marktanbieter und Einzelhandelsgeschäfte auf, entsprechendes Gemüse zumindest vorerst nicht zum Verkauf anzubieten.
Vom Freitag an wird die Einhaltung dieser Empfehlung durch Kontrollen auf Märkten, Großmärkten und im Einzelhandel überprüft. Sollten entsprechende Waren dennoch verkauft werden, wird die entsprechende Partie so lange beschlagnahmt, bis durch Untersuchungen ihre Belastungsintensität festgestellt worden ist.
Die neuesten an der Universität Bremen veröffentlichten Untersuchungsdaten, bei denen Proben unterschiedlicher Art auf ihre radioaktive Belastung untersucht worden sind, haben folgende Ergebnisse:
Porree wies gewaschen und ungewaschen mit Werten von 113 beziehungsweise 127 Bq je Kilogramm Belastungen unterhalb der für Gemüse geltenden Richtwerte auf. Erneut günstige Werte werden auch von den Analysen für Milch bremischer Molkereibetriebe gemeldet, die mit Werten von 11,3 beziehungsweise 8,6 Bq je Liter nur sehr schwach kontaminiert war und ohne Bedenken getrunken werden kann. Lediglich Schwangere sollten nach Expertenempfehlung vorerst auf den Milchgenuß verzichten.
Regennasses Gras wies am Mittwochvormittag Belastungen von 1488 Bq je Kilogramm und über Bremen-Achim niedergegangener Regen 1340 Bq je Liter auf. Erneut wiederholt werden die Untersuchungsdaten vom Dienstag:

Danach waren belastet: Rhabarber ungewaschen 120, gewaschen und geschält 35 Bq je Kilogramm. Er ist damit genießbar. Freilandspinat wies mit 2090 beziehungsweise nach dem Waschen mit 1250 Bq Belastungen weit über den Richtwerten auf und gilt damit als ungenießbar. Das gleiche gilt für hiesigen Feldsalat, der Kontaminationen von 1425 Bq je Kilogramm erreichte und nicht verzehrt werden sollte ...

Sandproben aus Sandkästen und Spielplätzen waren mit 120 bis 500 Bq belastet. Dieser Wert rechtfertigt die Empfehlung, wonach Kinder vorerst nicht in Sandkästen spielen, auf dem Erdboden herumkrabbeln und insbesondere dort liegende Gegenstände nicht in den Mund nehmen sollten.

Aufgrund zahlreicher Anfragen empfehlen die Senatsbehörden Kleingärtnern in Bremen folgenden Umgang mit ihren Früchten und Saaten:

Vor Genuß oberirdisch gewachsener Pflanzen wie Salat, Spinat und Schnittlauch wird dringend gewarnt. Rhabarber läßt sich gewaschen und geschält verwenden. Das gleiche gilt für Spargel. Gemüsearten, die sich – obwohl derzeit belastet – einfrieren lassen, wie etwa Spinat, können entsprechend verarbeitet werden. Auch in eingefrorenem Zustand klingt die Belastung mit radioaktivem Jod nach 56 Tagen bis auf unbedeutende Restwerte ab.

Gemüsepflanzen, die sich als Saaten oder Sprößlinge gegenwärtig noch am Anfang ihres Wachstums befinden, können bedenkenlos weitergepflegt und gezogen werden. Doch sollte von Wässern mit Regenwasser abgesehen werden. Ihre Belastung wird bis zur Ernte im Zuge der natürlichen Zerfallsreaktion des radioaktiven Jods innerhalb von 56 Tagen gegen Null tendieren ...

Greenpeace: Von Behörden nicht einseifen lassen

Sie gelten längst nicht mehr nur als Rufer in der Wüste. Mit spektakulären Aktionen verschaffen sie sich Gehör und Respekt. Sie sind immer da, wenn's brennt: Zehn Tage nach dem Reaktorunglück ziehen Verantwortliche der Umweltorganisation *Greenpeace (Hohe Brücke 1, 2000 Hamburg 11)* Zwischenbilanz. Im Vordergrund stehen Lebensmittel. Der vom Bundesinnenministerium und der Strahlenschutzkommission festgelegte Milch-Grenzwert (500 Becquerel für Jod 131) ist laut Greenpeace unverantwortlich hoch und bedeutet nichts anderes als dies:

»Wenn ein Kleinkind 30 Tage lang einen Liter Frischmilch mit der angegebenen Dosis zu sich nimmt, hat es eine Strahlendosis von sechs rem in der Schilddrüse.«
Offiziell gilt sonst: Zusätzlich zur natürlichen Strahlenbelastung von 100 Millirem pro Jahr werden 90 Millirem Strahlenbelastung – ausgehend von normaler Kernkrafttätigkeit – als oberster Grenzwert angesehen. »Schon mit einem halben Liter Frischmilch hat ein Kleinkind diesen Grenzwert erreicht!«
Logische Konsequenz für Greenpeace: »Verzehren Sie derzeit keine Frischmilch, keinen Joghurt, keinen Quark. Geben Sie Ihren Kindern Trockenmilch, H-Milch und Produkte davon. Rufen Sie im Zweifelsfall Ihre Molkerei an und erfragen Sie die Produktionsdaten.
Wir schlagen vor, keine Frischmilchprodukte zu verzehren, die nach dem 28. April hergestellt wurden. Wenn Sie bei Ihrer zuständigen Umweltbehörde oder Molkerei keine zufriedenstellende Auskunft bekommen, verzichten Sie auf den Verzehr.«

Weitere Greenpeace-Tips:

□ Freiland-Blattgemüse unbedingt meiden, wenn es nicht garantiert mit weniger als 25 Bq Jod 131 pro Kilogramm belastet ist. Das ist ein Zehntel der amtlichen Unbedenklichkeitsgrenze. Über der Erde befindliche Pflanzenteile sind am stärksten belastet. Wer dennoch auf Blattgemüse nicht verzichten will, sollte es mehrfach gründlich waschen und die äußeren Blätter entfernen. (Beim Waschen löst sich ein Teil der an den Blättern haftenden Radioaktivität, während die Radioaktivität im Pflanzengewebe dadurch nicht verringert wird.)
Wurzelgemüse (Kartoffeln, Spargel usw.) ist weniger stark belastet, sollte aber ebenfalls vor dem Verzehr gut gewaschen werden.

□ Obst: Gilt zunächst als weitgehend unbedenklich. Erhöhte Vorsicht ist bei Erdbeeren angebracht.

□ Fleisch, Fisch: Hier rechnet Greenpeace nach den regional unterschiedlichen Kontrollen erst mit einem langsamen Anstieg der Radioaktivität.

□ Trinkwasser ist (Anfang Mai) von örtlichen Ausnahmen abgesehen – noch relativ wenig belastet. Wo Oberflächenwasser beigemengt wird, kann die Radioaktivität jedoch bald ansteigen. Besondere Wachsamkeit ist bei Brunnen geboten, in denen sich Regenwasser sammelt.

□ Brot und Getreide sind im Moment unbedenklich. Erst mit der nächsten Getreideernte können erhöhte Belastungen auftreten.

Die Umweltschützer demonstrieren ständig durch ihr eigenes Beispiel, was Zivilcourage ist. Jetzt machen sie den Mitbürgern Mut:
Sie sollen fordern, daß niedrige Grenzwerte für Caesium

137 und Strontium 90 für Lebensmittel festgelegt und streng überwacht werden.
»Bestehen Sie auf Ihrem Recht auf Information. Erfragen Sie die jeweils aktuellen Meßwerte bei der zuständigen Behörde am Wohnort oder bei den Umwelt-, Innen-, Gesundheits- und Landwirtschaftsministerien der Länder.
Verlangen Sie auch, daß die Grenzwerte für Jod 131 in Milch und Gemüse herunter- und nicht heraufgesetzt werden und daß auch in Zukunft kontinuierlich gemessen und informiert wird, und zwar in allgemeinverständlicher Form.
Sollten Sie Schwierigkeiten haben mit Ihren Behörden oder Ungereimtheiten entdecken, schalten Sie die Presse ein.
Überlegen Sie sich, ob Sie nicht in einer Bürgerinitiative mitarbeiten, wenn in Ihrer Nähe ein Atomkraftwerk steht.
Sparen Sie Energie (vor allem Strom), wo immer es irgend geht, damit das Argument des steigenden Strombedarfs entkräftet wird.«
Greenpeace hellt noch mehr Hintergründe auf...

Atomfeuerwehr an der Heimatfront
Wer hilft den Helfern?

In ihren hellen Atomanzügen mit Atemmaske und Geigerzähler wirken sie auf Außenstehende wie Raumfahrer oder unheimliche Wesen von einem anderen Stern: Die zwischen Nordsee und Alpen von einem auf den anderen Tag einberufenen Katastrophenhelfer haben in diesen turbulenten Maiwochen 1986 einen äußerst undankbaren Job. Es ist ihre erste Bewährungsprobe im Ernstfall. Die Öffentlichkeit nimmt das wie selbstverständlich hin.
Kaum jemand zollt ihnen Anerkennung. Jeder Bürger denkt nur an seinen eigenen Salat und Rhabarber. Wieviel Becquerel der wohl hat? Die dort draußen interessieren ihn weniger.
Wie aber steht es um die Sicherheit derer, die verstrahlte Nahrung und Umwelt auf Jod und Caesium abzutasten haben? Die an den Grenzübergängen verseuchte Brummis abwaschen, Menschen und Material rund um die Uhr dekontaminieren müssen? Soldaten, Polizisten, Feuerwehrleute, Freiwillige verschiedenster Berufe? Sind die sich der Risiken ihrer Einsätze überhaupt bewußt?
Sie handeln nach Dienstanweisung. Können sie auch der Fürsorge ihrer Dienstherren sicher sein?
Der Fallout kam über Nacht, da blieb für gründliche Vorbereitung auf Gammabeschuß und mögliche Folgen keine Zeit. Atomfeuerwehr an der Heimatfront, gegen den unberechenbaren, unsichtbaren Feind.
Da gibt es Pannen über Pannen. In den ersten Tagen werden äußerst mangelhaft ausgebildete Helfer (»Wir haben keine Ahnung, was wirklich los ist«) nur mit Wasserschlauch und Gummistiefeln abkommandiert, um verstrahlte Fahrzeuge abzuspritzen.
Lebensmittelkontrolleure wühlen stundenlang mit bloßen Händen im mit Jod 131, Caesium und Strontium beregneten

Grünzeug herum. Heimische Ware wird tonnenweise beschlagnahmt, hochverseuchter Import aus dem Osten kommt zum Teil unerkannt – auch über Drittländer – herein.
Blutige Laien bedienen hochempfindliches Gerät, dessen Skalenanzeigen sie nicht verstehen: »Wir wissen nur, daß wir Alarm schlagen sollen, wenn es laut knackt.« Niemand hat sie vorher richtig instruiert.
Regierungsbeamte bei Bund und Ländern, die für die Nahrungsüberwachung zuständig sind, rennen in ihren Abteilungen wie aufgescheuchte Hühner herum. Untergebene stöhnen: »Da oben scheinen sie kopflos zu sein.«
Wird man aus den Fehlern lernen? In den kommenden Jahren ist mit erheblich verstärktem Einsatz beim Strahlenschutz zu rechnen, weil die durch Tschernobyl verursachte Belastung langfristig überwacht werden muß. Staat und Steuerzahler werden für die personelle und materielle Aufstockung der staatlichen und kommunalen Untersuchungsämter tief in die Tasche greifen müssen.
Wie schützen sich die Schützer selbst? Wenn Journalisten danach fragen, werden ihnen mit bürokratischer Umständlichkeit zunächst die einschlägigen Gesetzesvorschriften verlesen. Zumindest auf dem Papier scheint alles prima geregelt.
Es seien schließlich »höchstzulässige Dosiswerte für den Kreis der beruflich exponierten Personen so festgelegt, daß nach heutigen Erkenntnissen eine gesundheitliche Gefährdung mit an Sicherheit grenzender Wahrscheinlichkeit ausgeschlossen werden kann«.
Das ist dummes Geschwätz. Die Gefährdung kann eben nicht ausgeschlossen werden, wie die Wirklichkeit lehrt.

Die Helfer tragen in der Regel sogenannte »Dosimeter« mit sich herum. Das sind direkt ablesbare Stab- oder Taschengeräte, für die einfache und schnelle Messung äußerer Bestrahlung, der Gammastrahlen. Für die Auswertung der Ergebnisse sind in erster Linie amtliche Stellen der Bundes-

länder zuständig, was »rasches Erkennen einer eventuellen Dosisüberschreitung und die Einleitung notwendiger Folgemaßnahmen ermöglichen« soll.
Ob das stets klappt?
Die Umweltorganisation Greenpeace bezweifelt dies anhand der Erfahrungen mit Arbeitnehmern in deutschen Kernkraftwerken, in denen solche Geräte gang und gäbe sind. Greenpeace-Protest am 6. Mai in Hamburg:
»Die Sicherheit der Mitarbeiter wird nicht ausreichend genau kontrolliert. Die Filmdosimeter registrieren Messungen nur sehr ungenau.« Dies belege eine bisher noch unveröffentlichte Studie des Deutschen Gewerkschaftsbundes, die im Auftrag des Bundesforschungsministeriums durchgeführt worden und voller Überraschungen sei.
Ihr Titel: »Arbeitsbedingungen in Wiederaufbereitungsanlagen« (Kennziffer BMFT-KWA 3309 A7) mit dem Teilprojekt »Defizite bei der Personendosimetrie im nuklearen Brennstoffkreislauf«.
Einzelheiten werden anläßlich des Tschernobyl-Unglücks jetzt erstmals der Öffentlichkeit bekannt. Greenpeace sorgt dafür. Nach Meinung der Umweltorganisation ergeben sich aus der Studie geradezu erschreckende Erkenntnisse:

Die Messungen der Filmdosimeter – auf die sich die meisten statistischen Angaben stützten – funktionierten bei Werten bis zu 100 Millirem im Monat nur unpräzis.
»Unterhalb von 20 Millirem zeigen sie gar nicht an, zwischen 20 und 50 Millirem registriert ein Filmdosimeter in 75 Prozent der Fälle überhaupt nichts. Und bei 50 bis 100 Millirem zeigen die Dosimeter nur in der Hälfte der Fälle an.«
Das bedeute in der Praxis: Bei elf Monaten Arbeit im Kernkraftwerk könnten Strahlenbelastungen von über 500 Millirem einfach unter den Tisch fallen. Auch werde die Dosis von den Geräten häufig unterschätzt, wenn die Strahlenfelder ungleichmäßig auftreten. Ebenfalls unscharf reagierten die Dosimeter bei energiereicher Strahlung.

Greenpeace: »Hat ein Arbeiter scheinbar seine fünf rem pro Jahr erreicht, so liegt er in Wirklichkeit in vielen Fällen tatsächlich darüber.«
Wie kann so etwas in einem hochtechnisierten Land passieren? Warum werden – wenn die Projektgruppe mit ihrer Studie richtig liegt – solche Mängel erst jetzt bekannt? Haben die Behörden bei der Überwachung der Strahlenschutzbestimmungen sträfliche Unterlassungssünden begangen? Waren die Tests zu oberflächlich, als man sich für die Verwendung der Dosimeter entschied?
Schlimmer Verdacht, den die Verantwortlichen gewiß so nicht stehenlassen wollen:
Greenpeace meint, vermutlich hätten die Kernkraftbetreiber jahrelang um den Mißstand gewußt. Möglicherweise hätten sie eigene Messungen zurückgehalten, um die offiziellen Statistiken, die auf den amtlichen Dosimetern beruhen, »freundlicher« aussehen zu lassen, also zu schönen.
Mit viel Verspätung komme nun erst die vorsichtige Andeutung, daß bestimmte Krebsarten als Berufskrankheit anerkannt werden müßten. Dazu ein Zitat aus dem Projektbericht:
»Die Zahl von Fällen, bei denen Dosisüberschreitungen vermutet werden müssen, legt es nahe, allgemeine rechtsverbindliche Absicherungen zu erwägen. Die grundsätzliche Anerkennung von spezifischen Krebsarten als Berufskrankheit im Strahlenkontrollbereich und die Beweislastumkehr müssen ernsthaft geprüft werden.«
Ohne Zweifel muß man daraus auch für die künftige Lebensmittel- und Umweltkontrolle auf Radioaktivität entscheidende Konsequenzen ziehen. Strahlenfahnder brauchen neben erstklassiger Ausbildung vor allem erstklassiges Handwerkszeug.
Nur dann kann vermieden werden, was die Grünen im Bundestag am 8. Mai in einer Presseerklärung gemeinsam mit dem Darmstädter Öko-Institut monieren:
»Eine flächendeckende Kontrolle angebotener Lebensmit-

tel ist wegen fehlender geeigneter Meßgeräte und zu wenig Personal unmöglich.« Ob diese schallende Ohrfeige die Richtigen trifft?

Der praktische Tip

Manche Institute und Kliniken untersuchen Urin auf Belastung mit Radionukliden oder führen Ganzkörper- und Schilddrüsenmessungen durch. Bürger, die während des Tschernobyl-Fallout im östlichen Ausland waren, sollten ihren Arzt fragen, ob er ihnen zu einer solchen Untersuchung rät. Mediziner und Krankenkassen sagen Ihnen, an welche Adresse Sie sich wenden.

Informationen des Bundesministers für
Jugend, Familie und Gesundheit

Nr. 4 14. Mai 1986

Sonderinfodienst zu den Auswirkungen von Tschernobyl

Bundesgesundheitsministerin Süssmuth:

Schwangere Mütter brauchen keine Sorge wegen Schäden für ihr ungeborenes Kind zu haben.

Viele schwangere Frauen bewegt nach dem Unfall von Tschernobyl die Frage nach möglichen Schäden für ihr ungeborenes Kind. Bundesgesundheitsministerin Rita Süssmuth hat daher diese Frage eingehend von zahlreichen führenden Medizinprofessoren und Strahlenschutzexperten in der Bundesrepublik prüfen und erörtern lassen. Nach einhelliger Meinung aller befragten Wissenschaftler und sowohl nach Meinung des Vorsitzenden der Strahlenschutzkommission, Prof. Dr. med. Erich Oberhausen, als auch nach Auffassung der Bundesgesundheitsministerin Süssmuth ist die mögliche Strahleneinwirkung so gering, daß keine Frau wegen Tschernobyl Sorge für ihr ungeborenes Kind haben muß. Bundesgesundheitsministerin Rita Süssmuth weist nachdrücklich darauf hin, daß eine solche Empfehlung wissenschaftlich nicht haltbar ist.

Im Bundesgesundheitsministerium liegen Hinweise vor, daß einige Ärzte trotz dieser eindeutigen Situation Frauen zum Schwangerschaftsabbruch raten. Ein solches Verhalten ist weder mit der ärztlichen Ethik vereinbar noch unter irgendeinem Gesichtspunkt zu rechtfertigen.

Pressereferat, Kennedyallee 105-107, 5300 Bonn 2
Telefon: (02 28) 33 88 88-7 65, Telex: 8 85 517, Telefax: 338-221
Verantwortlich: Hartwig Möbes, Dr. Karin Welkert-Schmitt, Ulrike Fremerey

Bonner Trost: Rita Süßmuth sagt, Schwangere bräuchten sich nicht zu sorgen. Ob das hilft?

Zahlenakrobaten und Versager
Bonn und Hessen streiten sich

Die gereizte Stimmung zwischen Hessen und Bonn hält auch nach Abklingen der heißen Phase der Tschernobyl-Diskussion an. Statt konstruktiver Manöverkritik gibt es gegenseitige Schuldzuweisung. Statt aus den eigenen Fehlern bei der Bewältigung der Katastrophe zu lernen, wird der total verunsicherten Bevölkerung ein neues Lehrbeispiel für politisches Fehlverhalten vorexerziert. Das ist alles andere als vertrauensfördernd.

Hessen und Bonn ziehen Bilanz.

Sozialminister Armin Clauss (SPD) wirft der Bundesgesundheitsministerin Rita Süßmuth (CDU) vor, bei der Problemlösung nach dem Unglück kläglich versagt zu haben: Es sei schon grotesk, wenn ausgerechnet Frau Süßmuth von einer babylonischen Sprachverwirrung rede, nachdem sie selbst zunächst sprachlos geblieben sei, die Länder vierzehn Tage lang allein gelassen und nur unzureichend unterstützt habe. »Schlimm genug, wenn die Bundesregierung auf einen solchen Fall nicht vorbereitet ist. Aber geradezu tragisch, daß sie entweder nicht willens oder nicht in der Lage ist, vernünftig zu helfen, um die möglicherweise schlimmen Folgen gemeinsam mit den Ländern in den Griff zu kriegen.«

Wer die Ereignisse zurückverfolgt, erkennt, daß sich Hessen tatsächlich relativ früh um Sicherheit und Gesundheit seiner Bürger kümmert, als in Bonn noch alles verharmlost wird – immer nach dem Motto, es bestehe keine akute Gesundheitsgefahr. Das mag vielleicht zutreffend sein, aber es ist für den Normalbürger irreführende Wortklauberei. Was heißt schon »akut«?
Als Beispiel für das Bonner Versagen nennt Clauss die

Auseinandersetzung um den Strahlenwert bei Milch. Bonn habe einen so hohen Wert (500 Bq) angesetzt, »weil er in der Praxis ohnehin nicht erreicht worden wäre«. Der Minister wörtlich:
»So erspart man sich natürlich Ärger mit den Erzeugern, Schwierigkeiten bei der Durchsetzung von Vorschriften und Personalengpässe.« Allerdings habe die Bundesregierung damit unvertretbare Gesundheitsrisiken der Bevölkerung in Kauf genommen. In erster Linie sei dabei an Langzeitschäden zu denken. Der Staat habe die Pflicht, das Ausmaß solcher Langzeitschäden zu begrenzen.
In Wiesbaden erinnert man sich: »Wir haben den Bundesinnenminister ab dem 1. Mai und dann anschließend wiederholt um Unterstützung bei der Beurteilung der Lage gebeten. Und zwar besonders, nachdem in Darmstadt bis zu 166 Becquerel Jod 131 pro Kubikmeter Luft gemessen wurden. Doch vom Innenministerium war anfangs überhaupt keine Antwort zu erhalten. Offenbar lagen dort keine Erkenntnisse vor. Außerdem wurden die in Hessen gemessenen Werte schlichtweg angezweifelt.«
Hessen, äußerst unzufrieden mit dem Vorgehen der Bonner Strahlenschützer, legt daraufhin kurzfristig »unter dem Gesichtspunkt der weitestgehenden Vorsorge und Schadensminimierung« seine eigenen Grenzwerte fest.
Und nur danach richten sich nun die hessischen Kontrollen, bei denen wesentlich kritischer nachgesehen wird als in manchen anderen Bundesländern. Insgesamt 2400 Messungen werden binnen weniger Tage vorgenommen, 1500 allein im Lebensmittelbereich.
Für die Bevölkerung gibt es aus Wiesbaden Merkbätter mit Verhaltenshinweisen. Ein Bürgertelefon wird eingerichtet, mit dem Fachleute bis zum 12. Mai rund 8000 Anrufe aus der Bevölkerung beantworten. Parallel gibt der Telefonansagedienst »Aktuelles aus dem Gesundheitswesen« Ratschläge und Situationsberichte, die mehrfach aktualisiert werden: Hier werden in zehn Tagen 52000 Anrufe gezählt. Auch dies belegt das starke Informationsbedürfnis der Bevölkerung.

Dokumentation

Der Hessische Sozialminister

Jod 131 und Caesium 137 in Milchproben aus Stall- und Freilandhaltung (Meßzeitraum: 4. — 12. Mai 1986)

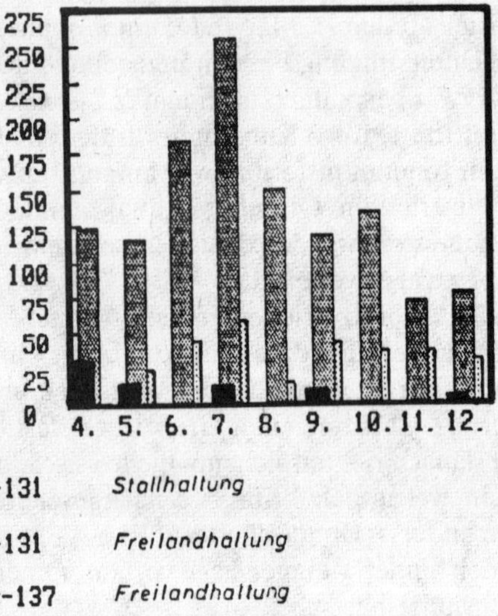

Reaktorunfall Tschernobyl	J-131- und Cs-137-Konzentration in Milchproben (Stall/Freiland) vom 04.05.86 - 12.05.86	HLfU - Abt III Immissions-, Arbeits- und Strahlenschutz

Verstrahlte Milch: Über 250 Becquerel Jod 131 beim Weidevieh gemessen in Hessen. Auch Caesium 137 kann sich sehen lassen, wie die Grafik des Ministers lehrt.

Bei der Einschätzung der Strahlengefahr für Menschen (Schilddrüsendosis) bis zum Stichtag 14. Mai versucht Wiesbaden, den Nachweis zu erbringen, daß der niedrige hessische Grenzwert für Jod 131 in Milch (20 Becquerel pro Liter) für Kinder in dieser Zeit eine *tatsächliche Strahlenbelastung* von 205,8 und für Erwachsene 128,5 Millirem bedeute. Hätte man jedoch den von Bonn empfohlenen Milchgrenzwert (500 Bq/l) übernommen, so wäre man für Kinder auf 2000,8 und für Erwachsene auf 209,6 Millirem gekommen. Ein erheblicher Unterschied also, der die Richtigkeit des hessischen Vorgehens zu rechtfertigen scheint.

(In diesem Zusammenhang stellt sich die Frage, wie die tatsächliche radioaktive Belastung eines Menschen im Einzelfall überhaupt festgestellt werden kann?
Nun, dies geschieht durch Urinproben beziehungsweise Ganzkörper- und Schilddrüsenmessungen. In zahlreichen Städten sind solche Messungen möglich. Genauere Auskünfte, wo man sich langfristig untersuchen lassen kann, geben Ärzte, Krankenkassen und Gesundheitsbehörden.
In der Universitätskinderklinik Frankfurt werden anfangs zusätzliche Belastungen bis zu 100 mrem Schilddrüsendosis an Patienten registriert.)

Zu den außerordentlich umstrittenen Spätfolgen und Langzeitschäden werden wir in den nächsten Jahren noch viele unterschiedliche Meinungen hören. Bei dieser Phase der Diskussion hält sich das Sozialministerium in Wiesbaden zunächst bemerkenswert zurück.
Es erinnert lediglich daran, daß die Bonner Strahlenschutzkommission von einem Richtwert von 3 Millirem ausgehe, der angeblich ungefährlich sein soll und sich im wesentlichen auf eine schwedische Studie stützt. Demgegenüber hätten aber deutsche und israelische Untersuchungen ergeben, daß nach Ablauf von 20 Jahren zunehmend mit Schilddrüsenkarzinomen zu rechnen sei.

Aus der deutschen Untersuchung an 13896 Patienten mit Hilfe des Radio-Jod-Tests habe sich immerhin eine Karzinomrate von 0,58 Prozent ergeben. Lege man die Annahme des National Health Institute der USA zugrunde, so müsse man bei einer Belastung mit 20 Becquerel pro Liter Milch im Kollektiv der bis zu Einjährigen mit 1,4 tödlichen Fällen von Schilddrüsenkrebs rechnen.
Das Ministerium vergleicht:
»Würde der Grenzwert für die Milch 500 Bq/l betragen haben, so wäre nach diesen Annahmen mit 14 tödlichen Krebsfällen zu rechnen. Hinzu kommen noch 12 beziehungsweise 126 Erkrankungsfälle.
Legt man die deutsche Risikostudie zugrunde, nach der pro 1 Million Millirem von 5 bis 10 tödlichen Schilddrüsenkarzinomen auszugehen ist, so wäre nach der Erwachsenenbelastung bei 20 Bq/l Milch mit 3,5 bis 7 tödlichen Schilddrüsenkarzinomen zu rechnen, beim Grenzwert der Bundesregierung aber mit 35 bis 70. Dies macht deutlich, wie wichtig die Festsetzung der hessischen Grenzwerte ist.«

Die Bonner Position wird – wie nicht anders zu erwarten – von Gesundheitsministerin Süßmuth konsequent verteidigt, die hessische Kritik an den Grenzwerten der Strahlenschutzkommission als »unverantwortliche Verunsicherung der Bevölkerung und unseriöse Zahlenakrobatik« abgetan. Frau Süßmuth betont: Die Bundesregierung stützte sich gleichfalls auf wissenschaftliche Untersuchungen. Damit könne »selbst unter der Annahme einer erhöhten Strahlenempfindlichkeit des Kleinkinds der Wert von 3 rem als annehmbar angesehen werden«.
Was die Ministerin in Rage bringt, sind vor allem die hessischen Grenzwerte für Fleisch, für die sie »überhaupt keine Veranlassung« sieht. Selbst bei einem Fleischverzehr von 75 Kilogramm pro Jahr mit hohen gemessenen Aktivitätskonzentrationen (Jod 131: 150 Bq/kg; Caesium 137: 60 Bq/kg) komme es bei einem Erwachsenen nur zu

einer Schilddrüsenbelastung von 500 und einer Ganzkörperbelastung von 6 Millirem.
Ist demnach alles nur halb so schlimm? Obwohl die Hessen in der Muskulatur von Rindern und Schafen verschiedentlich über 250 Bq/kg, in einem Fall sogar über 400 Bq/kg festgestellt haben und Werte anderer Bundesländer auch nicht viel besser sind?
Die Ministerin läßt sich nicht erweichen: »Bei Fleisch besteht weder für die Einführung eines Richtwerts für Jod 131 eine Veranlassung noch ist dies im Hinblick auf Caesium 137 geboten.« Was für studierte Experten unerklärlich ist, begreift erst recht die Mehrzahl der Bürger nicht: Warum Bonn ausgerechnet für Fleisch eine Ausnahme macht?
Womöglich will die Regierung unter dem Druck der Schadenersatzforderungen von Wirtschaft und Handel dem Rinder- und Schweineberg nur Umsatzverluste ersparen. Hat sie doch bei Milch und Gemüse gerade erst viel Lehrgeld gezahlt. Ob sie mit ihrer Haltung den skeptischen Verbraucher überzeugen kann? Es wird sich spätestens bei den nächsten Wahlen erweisen, ob er die von Bonn verordneten Gammadosen schluckt . . .

Das Geschäft mit der Angst: Ticker für den Hausgebrauch

Mit der Atomangst der Menschen, die den offiziellen Meßwerten nicht trauen, lassen sich goldene Nasen verdienen. Wenn man nur die Marktlücke beizeiten erkennt. Wenige Tage nach dem sowjetischen Super-GAU kommt der deutsche Geistesblitz. Geschäftemacher schlagen zu. In den Tageszeitungen tauchen haufenweise Inserate auf, die sensationelle Billig-Geigerzähler für den Hausgebrauch offerieren.

Der Bürger soll selbst auf Strahlenjagd gehen und für seine Sicherheit sorgen. So etwas gab es bisher nicht.

Die Annoncen, die selbst dem physikalisch unbedarften Laien ungeahnte Möglichkeiten suggerieren, sind nicht zu übersehen. Der Leser muß denken: Es ist alles kinderleicht. Was kümmert mich das Gezänk von Politikern und Wissenschaftlern um Becquerel und Millirem? Selbst ist der Mann. Do it yourself, die Parole.

Die Reklametexte sind psychologisch äußerst geschickt formuliert.

»Auch Sie brauchen einen privaten Geigerzähler zum eigenen Gesundheitstest. Kontrollieren Sie die Strahlenbelastung in der Luft, die Sie atmen und den Gartenboden, in dem Ihr Schnittlauch wächst. Untersuchen Sie Ihre Lebensmittel selbst, damit Ihre Angehörigen beruhigt sein können. Sie sollten wissen, wie stark Ihr Essen und Trinkwasser verseucht sind.«

Wer ähnliches liest, ist fast schon überzeugt und überlegt nicht lange: Wenn jedermann mit diesen Instrumenten umgehen kann, wozu braucht man dann noch einen Katastrophenschutz? Die Profis bei den Firmen haben messerscharf kalkuliert.

Wer sofort bestellt, spart viel Geld. Das handliche Meßgerät für nicht mal 280 Mark – nächste Woche wird es bereits 360

kosten. Fast 30 Prozent auf einen Schlag verdient – das gibt's nicht alle Tage. Also ab die Post.
Heimwerker rücken gegen den Fallout ins Feld und ahnen nicht, daß ihr Rüstzeug vielleicht nur technischer Firlefanz, ein nutzloses Spielzeug ist.
Namhafte Wissenschaftler – so steht es in einer Annonce – hätten den Minisucher erfunden. Die Industrie habe ihn mit unglaublich hoher Präzision und Qualität sofort produziert. Da sieht man's wieder mal. Made in Germany. Wenn es drauf ankommt, sind die Deutschen einsame Spitze.
Eigentlich müßten die Käufer mißtrauisch werden. Immerhin ist es doch eine recht kurze Zeit zwischen dem Ereignis von Tschernobyl und dem Erscheinen der Offerte. Sollten die Spezialisten den »Volksgeigerzähler« in so wenigen Tagen aus dem Ärmel gezaubert haben?
Spätestens jetzt sollte der Groschen fallen: Der Preis wird nämlich per Nachnahme oder Vorauszahlung abkassiert. »Dann erhalten Sie umgehend Ihr Gerät bundesweit ohne weitere Kosten zugesandt.« Ein hessischer Händler will auf Nummer Sicher gehen, ehe er den sensationellen Ticker auf die Reise schickt.
Zusätzlich werde dem sehr verehrten Kunden dann noch ein Präsent beigelegt. »Ein Handbuch, womit Sie jederzeit feststellen können, wann welche Strahlendosis für Kinder, Erwachsene oder Haustiere gesundheitsschädlich ist.«
Ein raffinierter Werbegag: Worüber sich Minister bei Bund und Ländern bis heute noch uneinig sind – der einfache Bürger hat's im Nachschlagewerk. Egal, ob dort alles richtig steht – Hauptsache, die Kasse stimmt.
Die Grünen im Bundestag riechen den Braten beizeiten: »Skrupellose Geschäftsleute nutzen die Folgen des Reaktorunfalls aus.« Mit den Billiginstrumenten sei es keinesfalls möglich, die Strahlenbelastung beim Verzehr von Lebensmitteln zu messen. Wird der Verbraucher durch die Reklame irregeführt? Die Grünen wörtlich:
»Der Kauf solcher Geräte ist vollkommen unsinnig. Es kann nur eine falsche Sicherheit vorgegaukelt werden.«

Empfehlungen

RADIOAKTIVITÄT?

Sicherheit für jedermann!
Hochleistungs-Meßgerät
Mini Monitor
erfaßt bereits geringste
Mengen radioaktiver
Strahlung.
Messen Sie selbst.
Für weitere Fragen:
Tel. [redacted], auch Sa.
[redacted] GmbH

Geigerzähler

aus schweiz. Armeebeständen preiswert abzugeben. Ruf: [redacted], Telex [redacted].

Strahlen(d) reines Wasser

Wie?: durch erprobte Membranfiltration
Was?: beseitigt zuverlässig ABC-Belastung (Strahlen, Bakterien, Chemikalien, Nitrat usw.)
Womit?: Wir verkaufen Ihnen kleine Speisewasseraufbereitungsgeräte für alle Trinkwasserprobleme
Wer?: Fa. [redacted]
[redacted]straße 12
[redacted]
Telefon ([redacted]) [redacted]

Kaufen Sie sich Ihren
PRIVATEN GEIGERZÄHLER
Testen Sie die Strahlungsbelastung in der Luft, in Ihrem Garten und in Ihren Nahrungsmitteln selbst.
Schützen Sie sich und Ihre Familie wirksam vor Verseuchung.
Die Gefährdung Ihrer Gesundheit durch den Reaktorunfall in Tschernobyl wird noch monatelang andauern. Durch den Regen kommen radioaktive Stoffe auf Wiesen, Felder, Städte, und durch die Nahrung auch in unseren Körper. Nur wenn Sie wirklich wissen, ob Ihre Nahrungsmittel, Ihr Trinkwasser oder Ihr Garten verseucht sind, können Sie sich und Ihre Kinder wirksam davor schützen. Bestellen Sie noch heute das handliche Strahlenmeßgerät [redacted], das von namhaften Wissenschaftlern neu entwickelt und von der Industrie mit einem unglaublich hohen Qualitätsstandard und Präzision gebaut wurde. Das Gerät ist handlich (15 x 8 cm) und leicht überall hin mitzunehmen.

Preis ab Werk: Nur DM 358,50
Zusätzlich erhalten Sie ein Informationshandbuch, womit Sie jederzeit feststellen können, wann welche Strahlendosis für Kinder, Erwachsene oder Haustiere gesundheitsschädlich ist.
Bestellung per:

1. Nachnahme zum Preis von 358,50 + Nachnahmegebühr und Zustellungsgebühr
2. Scheckzahlung zum Preis von 358,50 (ohne weitere Gebühr)
3. Vorauszahlung [redacted]

Bei Vorauszahlung 3 % Skonto, Preis 346,75 ohne weitere Gebühr.
Bitte genaue Adresse angeben, Sie erhalten dann umgehend Ihr Gerät bundesweit ohne weitere Kosten zugesandt.
Rückgaberecht 14 Tage.
Unsere Adresse: [redacted]

Rechte und folgende Seite: Billigticker zum Superpreis: Deutsche sollen auf Strahlenjagd gehen. Die Reklameflut beweist: Dank Tschernobyl ein blühender Markt. ▷

Strahlenschutz

Sind Sie über Ihre Strahlenschutz-Belastungen richtig informiert?

Medien, Behörden und Politiker sagen Ihnen **jeden Tag etwas Neues.** Verstrahlte Lebensmittel werden **verkauft, vernichtet** oder **konserviert.** Kann Ihr **Supermarkt, Einzelhändler** oder **Verkäufer auf dem Wochenmarkt** Ihnen wirklich sagen, wo die Ware herkommt, ob Sie **verstrahlt** oder **sauber** ist?

Wo liegen die Grenzwerte?

Die Halbwertzeiten dauern Tage, Monate und Jahre. Bis radioaktive Isotopen (Jod, Strontium, Caesium, Kohlenstoff u. a.) so weit abgeklungen sind, daß sie für Ihre Gesundheit unschädlich sind, darüber streiten sich die Wissenschaftler im In- und Ausland.

Kaufen Sie jetzt Ihre Strahlentestkammer für Ihren privaten Gebrauch im Haushalt.

Erprobte Technologie aus Japan- und Europa-Qualität führt in der neuen Testkammer für Obst, Gemüse, Milch u. a. Lebensmittel zur sicheren Anzeige der **radioaktiven Strahlung.**

Einfach Klappe öffnen, Lebensmittel einlegen, Anzeige beobachten. Anschlüsse 220 V. Technisches Datenblatt und Informationsbroschüre werden mitgeliefert. 2 Jahre Garantie.

Superpreise

Modell [redacted], ca. 5 l Kammerinhalt, nur DM 1350,–. – Anzahlung 350,– DM, Rest per Nachnahme zuzügl. Versandspesen.

Modell [redacted], ca. 10 l Kammerinhalt nur DM 1650,– – Anzahlung DM 650,–, Rest per Nachnahme zuzügl. Versandspesen

Bei Vorkasse von Gesamtbetrag 10 Prozent Rabatt.

Lieferung wegen großer Nachfrage nur gegen vollständige schriftliche Bestellung und nach Eingang der Anzahlung auf Konto-Nr. [redacted], [redacted] der Fa. Dr. Ing. [redacted] Wahlweise senden Sie einen Scheck mit Ihrer Bestellung. Sie erhalten sofort die Auftragsbestätigung. **Bitte bestellen Sie noch heute.**

[redacted]

Ähnlich hört man es einige Tage später aus Verbraucherzentralen.

Die Schweizer wittern Morgenluft. Sie werfen ihre ausrangierten Armeegeigerzähler auf den Markt: Im Zuge eines technischen Austauschs zu einem besonders niedrigen Preis.« Nun, 790 Mark sind nicht gerade ein Pappenstiel. Dafür sei jedes Gerät aber auch neu geeicht und – abgesehen von eventuell kleineren Lackschäden am Gehäuse – technisch völlig einwandfrei. Jedenfalls steht das so im Prospekt. Ob Oma und Opa am Radieschenbeet damit auch etwas anfangen können, ist ihm nicht zu entnehmen.
Andererseits wird der 2,7 Kilogramm schwere Kasten aber ausdrücklich auch »für Hobbyzwecke« empfohlen. Strahlensuche als Freizeitspaß?
Das muß man der Firma lassen, sie hat wirklich an alles gedacht. Wer noch mal 650 Mark zulegt, dem schickt sie – getrocknet oder in Büchsen – als Katastrophenmenü die »Mahlzeit in Notzeit« (15-Tage-Ration für zwei Personen) ins Haus:
Mit Müsli nach Schweizer Art, Rührei, Rindfleisch Stroganoff mit Reis, ungarischem Gulasch und indischem Huhn, mit Quarkbanane, Kakao und Orangenmix soll einem der Aufenthalt im privaten Bunker schmackhaft gemacht werden.
Als »sinnvolle Ergänzung«(Werbetext) kommen praktische Dinge wie Esbitwürfel, Alupott, Trinkwasserfilter und Entkeimungstabletten sowie eine Handvoll Dauerkerzen hinzu. Rundum-Angebot für den Magenfahrplan, ein bißchen Licht in der atomaren Finsternis – was will der Strahlengeschädigte mehr?

Keiner soll im Keller frieren. Im rauhen Wind der Tagesereignisse läßt sich kommerziell gut segeln. Hat sich deshalb ein wiefer Händler (diesmal in Bayern) für die Vermarktung einer unwahrscheinlich vielseitigen »Strahlenschutzdecke« erwärmt?

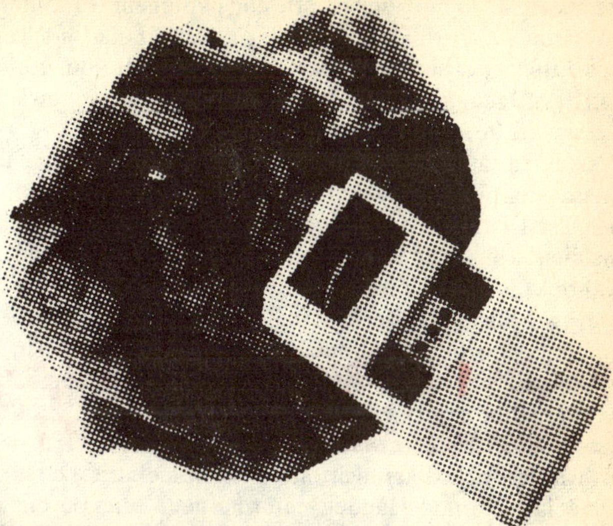

Nuklear-Strahlung – jetzt für jedermann meßbar

Geiger-Zähler

Endlich Klarheit über radioaktive Strahlungsbelastung. Messen Sie die Gefährdung in Ihrer unmittelbaren Umgebung selbst. Sichern Sie sich Ihren Geigerzähler inkl. Anleitung + Richtwerttabelle beim **Büro für** [redacted].

Ja, ich bestelle Ihren Geigerzähler für DM 2490,-. V-Scheck liegt bei.

Name [redacted] Vorname WERNER

Straße [redacted] PLZ, Ort [redacted]

Datum 20.5.86 Unterschrift Werner [redacted]

Geigerzähler für jedermann: Wer rasch 2490 Mark hinblättert, kriegt ihn angeblich postwendend zugeschickt.

Wer ihm Glauben schenkt, dem wehrt der wundersame Bettbelag nicht nur »belastende und pathogene Strahlungen aus Erde und Kosmos« ab, sondern schluckt auch noch eine beachtliche Portion sowjetischer Radioaktivität. Im übrigen soll das Erzeugnis gegen Rheuma gut sein und geschwächte Lebenskräfte remobilisieren.
Was nicht alles in einer Decke stecken kann, die ihre phantastischen Eigenschaften angeblich in der Raumfahrt bewiesen hat! Dort habe sich – wie der Händler glauben machen will – das Herstellungsmaterial hervorragend bewährt.
Merkwürdig an der Sache ist allerdings dies: Die Werbeargumente ähneln verblüffend den Sprüchen, wie man sie von umstrittenen Verkaufsveranstaltungen bei Kaffeefahrten kennt. Jedermann weiß: In dieser Branche des Billigtourismus gibt es für Verbraucher immer wieder Ärger.
Es werden sich doch nicht aus der Kaffeefahrerszene einschlägig bekannte Handelsleute die neue Masche mit der Strahlendecke ausgedacht haben, um alte oder rheumakranke Bürger einzuwickeln?

In Rheinland-Pfalz hat sich ein Unternehmen niedergelassen, das sich nach eigenen Angaben auf »strahlenreines Wasser« als wichtigstes Lebensmittel spezialisiert. »Wir beseitigen mit unserer erprobten Membranfiltration zuverlässig die ABC-Belastung.« Damit sind radioaktive Strahlen, Bakterien und Chemikalien gemeint.
Der einfallsreiche Manager will mit seinen Geräten »alle Trinkwasserprobleme« lösen. Ob er am Ende juristisch ins Schwimmen gerät?

Jedermann-Geigerzähler, Gamma-Decke und entseuchter Zapfhahn – das Geschäft mit der Angst blüht im Mai 1986 wie nie zuvor. Bei weiter steigender Nachfrage haben manche Produzenten mehrere Monate Lieferzeit. Das hält die Interessenten aber nicht ab, ihr Geld mit vollen Händen auszugeben. (Die Firmen verlangen vielfach den gesamten Preis

Der praktische Tip

Verbraucherschützer empfehlen:
Kaufen Sie keine Meßgeräte für Radioaktivität, ohne sich vorher gründlich im örtlichen Fachhandel oder durch einen Anruf bei der Verbraucherberatung informiert zu haben. Lassen Sie sich von den Firmen Prospekte geben. Fragen Sie nach Skalen und Meßeinheiten. Seien sie besonders kritisch bei Billigangeboten.

oder eine Anzahlung sofort. Nicht immer ist sicher, ob die bestellte Ware dann auch kommt.)
Würden sich die Interessenten wenigstens vom seriösen Fachhandel oder von Verbraucherzentralen aufklären lassen, so könnten viele unbedachte Käufe vermieden werden. Beutelschneider und Scharlatane hätten kaum ein so leichtes Spiel.

Angesichts der außergewöhnlichen Hochkonjunktur wollen kleine Ganoven nicht abseits stehen. Sie haben sich den primitiven Trick mit der »amtlichen Strahlenmessung« für Nahrung und Umwelt ausgedacht und tauchen in den ersten Tagen nach dem Unglück zuerst in Norddeutschland auf. Die Kriminalpolizei kriegt zu tun.
Auffallend oft klopfen sie bei Senioren und Alleinstehenden an, um pro Gemüsetest einen Zehnmarkschein zu kassieren. Statt Geigerzähler haben sie lediglich eine Attrappe im Marschgepäck. Die reicht aus, um abzusahnen. Ahnungslose Leute fallen scharenweise auf den unverschämten Bluff herein.

Auch im »Normalfall« kommt Radioaktivität in die Nahrung

Seit dem Super-GAU wird immer wieder gefragt, ob denn auch im sogenannten »Normalfall« Radioaktivität aus Kernkraftwerken in die Nahrungskette des Menschen gelangt? Ja.

Wir selbst und unsere Umwelt werden – in feinsten Dosen – Tag und Nacht aus der atomaren Strahlendusche berieselt. Halten wir uns vor Augen, daß es weltweit in 26 Ländern bereits an die 400 Kernkraftwerke gibt, darunter die Bundesrepublik (hinter USA, UdSSR, Frankreich, Großbritannien, Japan) mit 20 Reaktoren (Stand 1986) auf dem sechsten Platz.

Ob beim Spaziergang durch den Wald, beim Wühlen im Schrebergarten oder dem Sonnenbad auf dem Balkon – praktisch pausenlos laden die Energiegiganten die heiße Fracht, ihren unsichtbaren Sondermüll auf Natur und Menschheit ab.

Hauptsächlich passiert das auf zwei Wegen: durch die Rauchfahne (gasförmige Ableitung), die aus ihren Schornsteinen steigt, und durch das Abwasser, das sich in Flüsse, Seen und Meer ergießt.

Von der Rauchfahne gelangen die Schadstoffe entweder direkt (Fallout) oder mit Regen, Schnee und Hagel (Washout) zur Erde.

Dabei reichern sie sich in Boden, Gärten, Feldern und Kuhweiden an, in Gras, Früchten und Gemüse und werden anschließend von Mensch und Tier verzehrt. Hinzu kommt die Belastung durch äußere Bestrahlung und Inhalation (Einatmung).

Der zweite Transportweg über Abwässer kerntechnischer Anlagen ist ebenfalls nicht zu unterschätzen. Die Gefahrenquellen, die sich daraus ergeben: Belastung des Wassers als Biotop für Pflanzen, Tiere und Kleinstlebewesen, radioakti-

ve Direktbestrahlung aus dem Wasser, Aufnahme belasteter Stoffe durch Wassertiere und Eingliederung in die lange Nahrungskette von Mensch und Tier.
Kenner wissen: Selbst bei schwachen Störfällen zeigen Fische im Umfeld der Kernkraftwerke erhöhte Radioaktivität. Wovon die Öffentlichkeit allerdings nicht immer erfährt.

Grundsätzlich müssen zwar Atomkraftwerke die nach der Strahlenschutzverordnung festgelegten Grenzwerte einhalten, um die Sicherheit sowohl ihrer Beschäftigten am Arbeitsplatz als auch der Bevölkerung in der Umgebung zu gewährleisten und Schäden für die Gesundheit zu vermeiden.
Auch darf die Genehmigung für Bau und Betrieb solcher Anlagen nur erteilt werden, wenn entsprechende Berechnungen (radioökologische Gutachten) vorliegen. Doch darüber gibt es seit Einführung der Kernkraft heftigen Streit: Denn was ist das schönste Gutachten wert, wenn am »Tag X« das Atomfeuer ausbricht?

In einer 160 Seiten starken Broschüre des *Bayerischen Umweltministeriums (Rosenkavalierplatz 2, 8000 München 81)* beschäftigen sich Jülicher Wissenschaftler aus ihrer Sicht eingehend mit dem Thema *»Strahlenschutz, Radioaktivität und Gesundheit«.*
Zwar vermißt der Leser – wie bei vielen offiziellen Verlautbarungen zur Sache – auch hier die überzeugende Offenheit, wenn es um die permanente Strahlengefahr geht, der wir im Industriezeitalter ausgesetzt sind. Doch kann man sich andererseits in wichtigen Teilbereichen des Themas recht sachkundig machen. Die Autoren bemühen sich, schwierige Zusammenhänge allgemeinverständlich zu erklären.
Als der amtierende Münchner Umweltminister Alfred Dick Anfang 1986 diesen »Gratis-Bestseller« zunächst routinemäßig unter die Leute bringt, kann er noch nicht

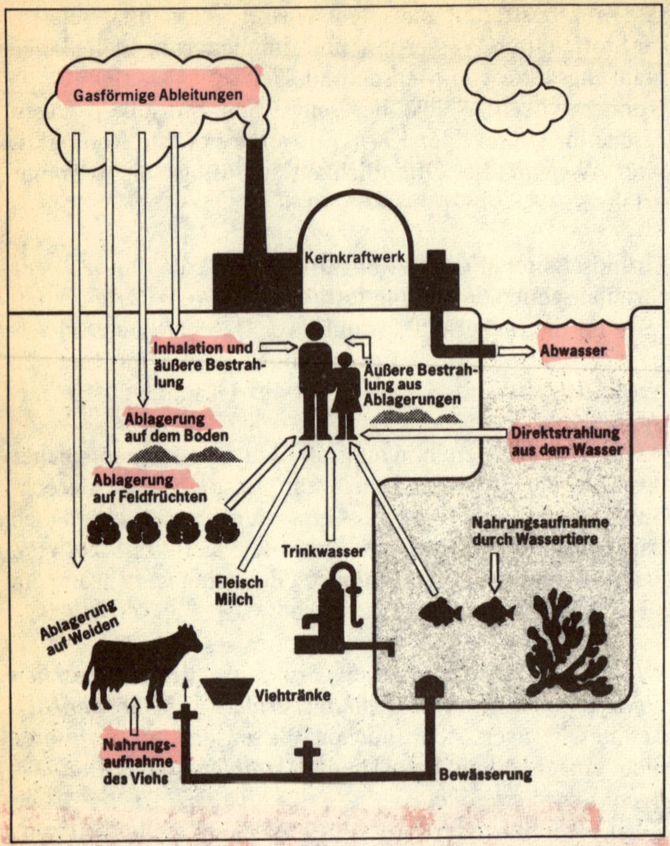

So wandert Radioaktivität in Wasser und Nahrung: Schaubild aus einer Publikation des bayerischen Umweltministeriums über Strahlenschutz und Gesundheit.

ahnen, daß man ihm das Atombuch – aktualitätsbedingt – bald aus der Hand reißen wird. So stark ist die Nachfrage. Manche Passagen sollte man allerdings zweimal lesen. Wie im Kapitel über künstliche Strahlenbelastung:

»Schließlich tragen die Abteilungen aus kerntechnischen Anlagen zur Strahlenexposition der Bevölkerung bei... Etwa 0,01 Milli-Sievert (mSv) pro Jahr (1 Millirem) beträgt auch heute noch die Keimdrüsenexposition durch Fallout und Washout von Atombombenversuchen, also durch die radioaktiven Überreste von Testexplosionen, die auf ihrem Weg rund um den Erdball auf die Erdoberfläche herabfallen oder mit dem Regen ausgewaschen werden.
Die Strahlenexpositionen durch kerntechnische Anlagen machen mit weit weniger als 0,01 mSv/Jahr (1 mrem/Jahr) nur einen äußerst geringen Anteil der zivilisatorischen Strahlenexposition aus. Die Tatsache, daß die bestehenden Vorschriften und Genehmigungsrichtlinien ständig weiter verschärft werden, gibt zu der Erwartung Anlaß, daß auch in Zukunft, selbst bei Anwachsen der Zahl kerntechnischer Anlagen, dieser Wert nicht überschritten wird.«

Nun, nach der Katastrophe in der Ukraine und ihren Auswirkungen für die Menschen in Ost und West sind ernste Zweifel angebracht. Die Herren Professoren und Doktoren der Kernforschungsanlage Jülich als Verfasser der Broschüre scheinen doch etwas voreilig gewesen zu sein, als sie die Entwicklung so harmlos einschätzten: Tschernobyl dürfte die These vieler Atomkraftbefürworter vom ungefährlichen »Restrisiko« auf unabsehbare Zeit über den Haufen geworfen haben.
Dieses Zitat aus der Bayern-Publikation verdient gleichfalls besondere Aufmerksamkeit:

»Bei den von kerntechnischen Anlagen im Normalbetrieb freigesetzten Radioisotopen sind aufgrund der geringen abgegebenen Mengen jedoch keine wirklich kritischen Inkorpora-

tionen (Aufnahme radioaktiver Stoffe in den menschlichen Körper) denkbar. Die geringen Strahlenexpositionen werden fast ausschließlich durch Jod in der Schilddrüse, Strontium im Knochen und Caesium im Muskelfleisch, den kritischen Organen für Radionuklide, verursacht.«

Zwischenfrage des Lesers: Was aber, wenn der »Normalbetrieb« infolge Störfalls bis hin zum Super-GAU dann doch nicht funktioniert? Wenn die »kritischen Organe« – bis zum Krebstod – auf Jahrzehnte mit den in der Nahrung angereicherten Expositionen von Caesium, Strontium und so weiter dahinvegitieren müssen? Was die Jülicher Experten auch wenige Monate vor Tschernobyl für nicht denkbar hielten – jetzt müssen wir uns möglicherweise damit abfinden, vielleicht auf unabsehbare Zeit damit leben ...

Am Beispiel der Nahrungskette in Süßwasser (Wasserpflanzen, kleine Insekten, Krebstiere, Frösche, Fische) werden Anreicherungsprozesse in lebenden Organismen geschildert, die für die menschliche Ernährung von entscheidender Bedeutung sind.
Am Ende der Kette – das räumen die Verfasser ein – können beträchtliche Anreicherungen von radioaktiven Schadstoffen stattfinden, »weil hier die Kette oft aus mehreren hintereinandergeschalteten Gliedern besteht als bei Landbewohnern, und weil ein besonders intensiver Austausch zwischen den im Wasser gelösten Stoffen und dem Organismus erfolgt«.
Wir werden belehrt, daß radioaktive Stoffe mit der Atemluft (Inhalation) und der Nahrung (Ingestion) in unseren Körper gelangen und daß es vor allem gasförmige Radionuklide (wie Jodisotope) sind, die wir inhalieren.
Wichtiger aber als die Einatmung ist der Verzehr belasteter Lebensmittel für die Speicherung von Radionukliden im menschlichen Organismus: Sie gelangen zunächst in Pflanzen (oder Wasser), von dort entweder direkt oder

auf dem Umweg über Fleisch, Milch und andere tierische Produkte zum Menschen.
Die so aufgenommenen (radioaktiven) Stoffe reichern sich jedoch meist nicht gleichmäßig im Körper an, sondern nach einem speziellen Verteilungsmuster, in dem einzelne »kritische« Organe besonders bevorzugt werden können.
Das ist zum Beispiel für Jod 131 die Schilddrüse, während sich Strontium 90 (Halbwertszeit 28 Jahre) jahrzehntelang in den Knochen und Caesium 137 (30 Jahre) hauptsächlich in der Muskulatur festsetzen kann. Expositionspfade (Zuträger) für Radionuklide sind vorwiegend pflanzliche und tierische Nahrungsstoffe (Gemüse, Fleisch, Milch, Milchprodukte), die wir ständig schlucken. Dennoch soll angeblich alles schrecklich harmlos sein?

Erinnern wir uns an dieser Stelle der demonstrativen Selbstsicherheit mancher »Wissenschaftsexperten« im Fernsehen: Man gewinnt fast den Eindruck, sie täten es auf Bestellung, wie sie auf dem Höhepunkt der Diskussion um das Reaktorunglück allabendlich Sicherheit und Gefahrlosigkeit suggerieren: »Zu keinem Zeitpunkt gab und gibt es eine akute Gesundheitsgefahr.«
Vermutlich trinken diese Herrschaften keine mit Jod 131 versetzte Milch.

Die Autoren der Bayern-Broschüre räumen einerseits ein, daß sich das in seinen Abläufen außerordentlich komplexe radioaktive Geschehen in seinen Einzelheiten nicht vollständig mathematisch erfassen lasse:
In vielen Bereichen sei das Wissen erheblich, in anderen dagegen unzureichend. Daher sei es »auch beim besten Wissensstand unmöglich, exakte Angaben über Dosisbelastungen durch radioaktive Emissionen zu machen«. Aus welchen Quellen – so muß man sich fragen – schöpfen politische und wissenschaftliche Kernkraft-Lobbyisten ihre »exakten Angaben« für den »Beweis« einer nicht vorhandenen Gesundheitsgefahr nach dem sowjetischen Fallout bei uns?

Nun, die Verfasser von »Strahlenschutz – Radioaktivität und Gesundheit« machen andererseits ein interessantes (»konservatives«) Rechenexempel auf, um für eine hypothetische kerntechnische Anlage schließlich mit einem überraschenden Ergebnis aufzuwarten:

»Die Anlage emittiert 50 Jahre die genehmigten Abgaberaten ... Alle Vorgänge, die zu einer Verminderung der Aktivität in Nahrungsmitteln führen können, z. B. Abwaschen, werden in der Rechnung nicht berücksichtigt.
Es werden keinerlei Abreicherungsvorgänge im Boden, z. B. durch Aktivitätsentnahme von Pflanzen in den vorausgegangenen Jahren oder durch Auswaschen in tiefere Bodenschichten angenommen.
Es wird davon ausgegangen, daß die gesamte abgelagerte Aktivität auch wirklich den Boden erreicht, eine Rückhaltung durch die Pflanzendecke wird nicht berücksichtigt.
Gleichzeitig wird jedoch für die Abschätzung der Kontamination der Pflanzen (Verunreinigung mit radioaktiven Stoffen) unterstellt, daß während der Vegetationszeit 25 % der abgelagerten Aktivität auf der Pflanze verbleiben.
Für das Milchvieh wird während einer sechsmonatigen Weidezeit – ausschließlich an der ungünstigsten Einwirkungsstelle – keinerlei Zufütterung angenommen.
Beim Kleinkind unterstellt man, daß es ausschließlich mit frisch gemolkener Milch dieser Tiere ernährt wird.
Ein (unbekleideter) Mensch, der ›hypothetische Mensch‹, hält sich entsprechend den Forderungen der Strahlenschutzverordnung 50 Jahre lang an der ungünstigsten Einwirkungsstelle auf und bezieht seine gesamte Nahrung von dort.
Der ›hypothetische Mensch‹ hat einen Nahrungsverbrauch, der etwa dem doppelten bis dreifachen des Durchschnittsbürgers der Bundesrepublik entspricht. Diese Annahme ist sehr wichtig. Sie kompensiert nämlich die stark unterschiedlichen Ernährungsgewohnheiten von Einzelpersonen, z. B. extreme Fleischesser, Vegetarier usw.

Unter all diesen Voraussetzungen darf dieser Mensch nach 50 Jahren Betriebszeit keine höhere Gesamtkörperdosis als 0,3 Milli-Sievert (0,3 mSv = 30 mrem) pro Jahr erhalten ... Im Falle des Kleinkinds mit seinen hohen Milchwerten ist dabei besonders der Grenzwert für die Schilddrüsendosis über Nahrungsketten von 0,9 mSv (90 mrem) pro Jahr wichtig.«

So kommen die Autoren zu einem erstaunlichen Schluß: Diese im hypothetischen Beispiel errechneten Höchstdosen würden »von real existierenden Personen mit Sicherheit nicht erreicht«. Nach dem sowjetischen Unglück kann es einem unheimlich werden, wenn man das liest.
Es folgt der Hinweis, daß das Bundesinnenministerium »alle Angaben über Höchstbelastungen durch kerntechnische Anlagen« in seinen Berichten auf dieselbe Weise ermittelt. Interessant. Denn dies läßt zumindest Rückschlüsse auf die Arbeitsmethodik des BMI zu, soweit sie die Öffentlichkeitsarbeit zum Thema Kernenergie betrifft. Glaubt man dort wirklich, daß Skeptiker mit derart abenteuerlichen Rechenexempeln zu überzeugen sind?

Als Kontrast zur radioaktiven Schönfärberei noch ein Zitat aus demselben Druckwerk:

»Die aufgezeigten Verhältnisse machen deutlich, daß Gewebe mit hohen Zellumsätzen besonders strahlenempfindlich sind ... Es kann daher nicht überraschen, daß das keimende Leben im Mutterleib durch ionisierende Strahlen besonders gefährdet ist.
Dabei bilden die ersten drei bis vier Entwicklungsmonate, in denen im gesamten Embryo rasch aufeinanderfolgende Zellteilungen ablaufen, das empfindlichste Stadium für die Auslösung von Mißbildungen (teratogenen Schäden) ...
Als typischer Embryonalschaden nach Bestrahlung gilt die Microcephalie (verringerte Schädelgröße, häufig in Kombination mit geistiger Behinderung) ...

Es ist bekannt, daß die durch Bestrahlung während der Gravidität (Schwangerschaft) ausgelösten Schäden sich unterschiedlich äußern, je nachdem, ob die Bestrahlung vor der Einnistung der Eizelle, während der embryonalen Phase (Anm.: bis zum 3. Monat) oder in der anschließenden fötalen Entwicklung erfolgt.
Strahlenbelastungen vor der Einnistung führen sehr häufig zur Fehlgeburt. Auch in der Frühphase der Embryonalentwicklung kommt es bei konzentrierter Belastung vielfach noch zu Fehlgeburten.
In der anschließenden Phase der Organbildung besteht das größte Risiko für die Auslösung von Mißbildungen (8. bis 18. Schwangerschaftswoche). Das Absterben der Leibesfrucht in dieser Zeit ist wesentlich seltener als während der ersten Stadien der Entwicklung. Im letzten Drittel der Schwangerschaft nimmt die Resistenz gegen Wachstumsschäden und gegen tödliche Wirkungen stark zu ...
Die strahlenmedizinischen Experten gehen heute davon aus, daß es für Mißbildungen nach Bestrahlung während der Entwicklung im Mutterleib einen Schwellenwert gibt, der im Bereich von 0,1 bis 0,2 Sievert (10–20 rem) liegt.«

Wird es nach den Strahlen aus der Ukraine bei uns und anderen Völkern mehr Mißbildungen geben?

»Den Druck auf Behörden verstärken« Ärzte rufen zur Wachsamkeit auf

Während Bund und Länder Entwarnung geben, warnen kritische Mediziner vor einer Unterschätzung der Lage. Nach Auffassung der *»Arbeitsgemeinschaft der Listen Demokratischer Ärzte in den Ärztekammern«* (von ihr stammen mehrere Stellungnahmen während der Tschernobylkrise) steht die kritische Phase für die Überwachung der Radioaktivität erst noch bevor. Die Suche nach Anreicherungen von Radionukliden in Nahrung und Umwelt dürfe nicht eingeschränkt werden. Die Bevölkerung soll nicht nachlassen, entsprechenden Druck auf Behörden auszuüben.
Hier die Ende Mai von der Arbeitsgemeinschaft veröffentlichte Erklärung mit aufschlußreichen Vergleichszahlen aus früheren Jahren:

»Bei den Atomtests in der Atmosphäre bis 1962 gelangten insgesamt 156 Megatonnen Sprengkraft zur Explosion. Nach Berechnungen der Vereinten Nationen trat in der Folge eine Krebserkrankung pro Kilotonne (also 156000 Krebserkrankungen) auf.
Da Kernreaktoren die etwa zwanzigfache Menge an Radioaktivität im Fall einer vollständigen Kernschmelze freisetzen wie Atombomben vergleichbarer Stärke (1 Megatonne = 1 Megawatt), muß im Fall Tschernobyl von einer Freisetzung an Radioaktivität entsprechend einer 30-Megatonnen-Bombe (= 2000 mal die Bombe von Hiroshima) im Maximalfall ausgegangen werden.
Den UN-Berechnungen zufolge wären 30000 Krebserkrankungen im Weltmaßstab zu erwarten. Im Gegensatz zu den Atmosphärenversuchen der 50er und 60er Jahre, die durch die zeitliche und räumliche Verteilung der Explosionen zu einer entsprechend relativ gleichmäßigen Verteilung des

Fallout über die südliche Hemisphäre führten, ist nach Tschernobyl von einer vergleichbar sehr hohen Belastung Europas auszugehen.
Selbst zum Zeitpunkt der maximalen Verseuchung 1963 (durch Atombombenversuche) wurden in Baden-Württemberg nur Werte von zehn Becquerel Jod 131 am Boden gemessen, also ein Vielfaches weniger als nach Tschernobyl.
Nach dem Atomteststopp in der Atmosphäre sanken die Werte auch für langlebige Isotope weiter. 1983 wurden in der Luft 0,0037 Becquerel Jod 131 pro Kubikmeter, in der Milch 0,19 Becquerel Jod 131 und 0,15 Becquerel Caesium 137 pro Liter, im Rindfleich 0,39 Becquerel Caesium 137 pro Kilogramm gemessen.
Die jetzt (von der Bonner Strahlenschutzkommission) bundesweit festgelegten Grenzwerte für Milch überschreiten also den ›Normalwert‹ um das 26000fache, und selbst die strengen hessischen Werte mit 20 Becquerel pro Liter Milch sind noch tausendmal höher.
Auch wenn niedrigere Werte offenbar nicht einzuhalten wären, bedeuten die jetzt festgelegten die Inkaufnahme einer beträchtlich erhöhten Ionendosis für die Umwelt und Natur und damit die Inkaufnahme eines erhöhten Risikos für Krebs und Mißbildungen.
Dabei ist besonders die wesentlich höhere Strahlengefährdung des wachsenden Menschen zu beachten. Die Zunahme der Krebssterblichkeit beträgt pro rad (Einheit der Energiedosis; vgl. ›Lexikon‹ im Anhang dieses Buchs) im Mutterleib 50 Prozent, für Kinder im Alter von sechs bis zehn Jahren acht Prozent und für Erwachsene ab 61 Jahren weniger als 0,25 Prozent.
Es ist daher nicht zu verstehen, wie undifferenziert die Behördenmaßnahmen gegenüber Schwangeren, Kindern und Erwachsenen erfolgen. Die Behörden sollten dem außergewöhnlichen Risiko der erwähnten Gruppe mit gezielten Maßnahmen – wie der sofortigen Bereitstellung von Milchpulver aus Lagerbeständen oder der sofortigen Ent-

seuchung von Kinderspielflächen durch Abtragen der Oberfläche – begegnen.
Aus den Erfahrungen nach den Atomtests auf dem Bikini-Atoll (noch nach Jahrzehnten fanden sich trotz unauffälliger Mengen in Luft, Boden und Wasser höchste Isotopenanreicherungen in Fischorganen und Pflanzenteilen) kommt es nun darauf an, den Weg der langlebigen Isotope in der Nahrungskette aufs Peinlichste genau zu verfolgen.
Wir rechnen auch noch nach Jahren mit hohen Anreicherungen insbesondere von Caesium 137 in bestimmten Bereichen unserer Umwelt. Nur eine umfangreiche und nicht nachlassende Suche nach derartigen Anreicherungen als Voraussetzung für die Verhinderung des menschlichen Kontaktes damit kann schwerwiegende Folgen für die menschliche Gesundheit verhindern oder minimieren.
Angesichts der Äußerung der Strahlenschutzkommission, die Folgen des Fallouts von Tschernobyl seien ›relativ gering‹, haben wir allerdings Bedenken, ob mit einem verantwortungsvollen Vorgehen auch langfristig zu rechnen ist.
Wir rufen daher alle engagierten Bevölkerungskreise auf, den Druck auf die Behörden zu verstärken und nicht in der Wachsamkeit nachzulassen.«

NACH TSCHERNOBYL: DEMONSTRIEREN, PROTESTIEREN UND WÄHLEN GENÜGT NICHT MEHR

Jetzt muß das Volk entscheiden können

Ein Aufruf an die Bevölkerung und eine Aufforderung an den Deutschen Bundestag

I. Die Bedrohung erkennen

Die Atomkatastrophe von Tschernobyl ist das Ergebnis politischer Entscheidungen, die seit Jahrzehnten gegen die Lebensinteressen der Menschen von den Mächtigen in Ost und West durchgesetzt werden.

Hier wie dort wurden die warnenden Stimmen verächtlich gemacht und in den Wind geschlagen. Mit allen Mitteln – in den kommunistischen Staaten noch viel stärker als im Westen – hat man versucht zu verhindern, daß die *wissenschaftlich fundierte Kritik an der Atomtechnik* in der Bevölkerung hinreichend bekannt wurde. Und so glaubten bisher allzu viele den beschwichtigenden, die großen Gefahren der Kernspaltung herunterspielenden Reden der Regierenden und der Kraftwerksbetreiber, wenn diese unablässig verkündeten, Atomenergie sei "sauber", ein Unfall wie jetzt in der Ukraine sei ganz und gar "unwahrscheinlich".

Nun aber ist das angeblich Unwahrscheinliche passiert: Hunderte von Millionen Menschen sind betroffen und werden potentiell geschädigt durch den Ausstoß radioaktiver Substanzen aus dem durchgebrannten sowjetischen Reaktor. Für Tausende wird dies – mittel- und langfristig – zum Tode führen.

"Menschliches Versagen" sei der Grund der Katastrophe gewesen. Was auch immer: Weder der Mensch noch die von ihm geschaffene Technik sind perfekt, sind absolut sicher. Deswegen ist es schierer Zynismus, wenn hierzulande auch jetzt wieder behauptet wird, man brauche doch nur den "hohen Sicherheitsstandard" unserer Atommeiler zu übernehmen, dann werde es zu einem ähnlichen Unfall wie in Tschernobyl niemals kommen.

Doch das "Unwahrscheinliche" kann auch hier jederzeit eintreten – heute, morgen, übermorgen –, weil eben Mensch wie Technik versagen und damit auch alle Sicherheitsvorkehrungen *letztlich* keinen Schutz bieten können.

Das gilt übrigens für den Umgang mit der Kernkraft im militärischen wie im zivilen Bereich.

Muß uns darum Tschernobyl nicht wie eine letzte Mahnung erscheinen, den Irrweg des Atomzeitalters – großtechnisch wie militärisch – jetzt zu beenden?

II. Den Parteienstaat begrenzen

Die Politik, die uns in diese Sackagasse geführt hat, war *nicht demokratisch legitimiert*. Nicht nur in der Sowjetunion, auch bei uns nicht. Denn mit der Wahl der Parteien haben die Bürger nie den konkreten, aus einem klaren Bewußtsein der gesamten Problematik erteilten Auftrag verbunden, Atomwaffen herzustellen, Atomwaffen zu lagern, Atomkraftwerke zu bauen und zu betreiben.

Das gilt für viele andere Parlaments- und Regierungsentscheidungen auch: Die Bürgerschaft wurde und wird immer wieder vor vollendete Tatsachen gestellt, und findet sich dann schließlich damit ab. Was sollte sie bisher anderes auch tun? Sie hatte ja nur – die *Wahl*. Und die Wahl erlaubt es eben nicht, *konkret* Stellung zu nehmen zu den *Sachfragen* der Politik.

Obwohl unsere Verfassung, das Grundgesetz, gerade nicht nur die "Wahlen", sondern auch *"Abstimmungen"* vorsieht, wodurch "das Volk die Staatsgewalt ausübt" – also die Richtung der Entwicklung des Gemeinwesens festlegt (GG Art. 20, 2).

Dieses *Abstimmungsrecht des Volkes* ist es, das die Demokratie doch überhaupt erst zur Demokratie macht, d.h. den Parteienstaat bändigt. Durch dieses demokratische Grundrecht, das der Art. 20 unseres Grundgesetzes als unantastbar garantiert, kann die Bürgerschaft im Einzelfall die allgemeine Bevollmächtigung, die sie mit der Wahl dem Parlament und der Regierung erteilt, *konkretisieren*. Nur dadurch *bleibt* sie der Souverän – auch nach der Wahl – und greift (durch Volksbegehren zum Volksentscheid) ein, wenn es geboten erscheint.

Viele, Millionen in unserem Land, halten es – gerade angesichts der aktuellen Entwicklungen – in der Tat für geboten, einzugreifen.

Sie wollen ein *Volksbegehren* einleiten, um zu klären, ob die stimmberechtigten Bürgerinnen und Bürger der Bundesrepublik Deutschland jetzt den *Ausstieg aus der Atomwirtschaft* mehrheitlich wollen.

Dies ist – wir wiederholen es mit Nachdruck – nach dem Grundgesetz ihr *staatsbürgerliches Grundrecht*. Das sie aber bisher nicht ausüben konnten, weil zehn Bundestage es unterlassen und zuletzt – am 4. 10. 1984 – sogar erklärtermaßen verweigert haben, ihrer Pflicht nachzukommen und – analog dem Wahlgesetz als der Voraussetzung für die Ausübung des Wahlrechts – ein *Bundesabstimmungsgesetz* zu beschließen, damit die Bevölkerung ihr *verfassungsmäßiges Abstimmungsrecht* auch wahrnehmen und ausüben kann.

III. Das Grundgesetz verwirklichen

Deshalb rufen wir jetzt alle Demokraten in unserem Land auf, mit ihrer Unterschrift unter diesen Appell die zuständigen Organe zu folgenden Maßnahmen zu verpflichten:

Damit auf der Grundlage des Grundgesetzes Art. 20 Abs. 2 z.B. über die Frage der Zukunft der Atomwirtschaft u.a. Volksbegehren zum Volksentscheid eingeleitet werden können, fordern die Unterzeichner/innen den Bundestag und die Bundesregierung auf, unverzüglich die Vorbereitung dafür zu treffen, daß das längst überfällige

BUNDESABSTIMMUNGSGESETZ

parlamentarisch verabschiedet oder parallel zur Bundestagswahl am 27. Januar 1987 zur Volksabstimmung vorgelegt wird.

Für dieses Gesetz müssen folgende Kriterien als unabdingbar gelten:

1. Um Manipulation von staatlicher Seite zu verhindern, darf die Initiative zu einer Volksabstimmung nur von Seiten der Bürgerschaft – nicht von Parteien bzw. Parlamentsorganen – ausgehen (Volksbegehren).
2. Um Initiativen der Bürger zu ermutigen, muß die Hürde für den Erfolg eines Begehrens angemessen festgesetzt werden (1 Million Zustimmung).
3. Um der Bevölkerung eine objektive Urteilsbildung zu ermöglichen, muß das Gesetz die gleichberechtigte Behandlung des Für und Wider eines Abstimmungsanliegens in allen Massenmedien garantieren.
4. Ein Volksentscheid gilt als angenommen, wenn die Mehrheit der abgegebenen Stimmen für das Anliegen votiert.

Das Gesetz soll in Verständigung mit der AKTION VOLKSENTSCHEID erarbeitet werden. Sollte eine Übereinstimmung zwischen Parlament, Regierung und der Bürgerinitiative nicht möglich sein, muß der Gesetzentwurf der AKTION VOLKSENTSCHEID alternativ zu einer etwaigen Parlamentsvorlage zur Volksabstimmung gelangen.

Die Unterschriften werden dem Bundestag vorgelegt. Je mehr Unterschriften zusammenkommen, desto größer ist die Chance, das Ziel zu erreichen. Darum: Sammeln Sie Unterschriften (Listen und anderes Informationsmaterial, z.B. einen Sonderdruck dieser Anzeige kann man bei uns anfordern). Und helfen Sie mit Ihrer Spende, daß wir die Aktion möglichst weit verbreiten und alle Bürgerinnen und Bürger damit erreichen können.

Raiffeisenbank Achberg (BLZ 600 698 28) Konto-Nr. 2 197 006, Postgiro München (BLZ 700 100 80) Konto-Nr. 86345-805

Verantwortlich: Christel und Jürgen Gatz, Günter Gehrmann, Brigitte Krenkers, Herbert Schliffka, Wilfried Heidt, Bertold Hasen-Müller, Uwe Schiller, Peter Schata, Gerald Häfner

AKTION VOLKSENTSCHEID E.V. 8991 ACHBERG TEL. 08380-500

Überparteiliche Initiative für Bürgerdemokratie

Zustimmungserklärung

Die unterzeichneten wahl- und stimmberechtigten Bürgerinnen und Bürger der BRD fordern hiermit den Deutschen Bundestag und die Bundesregierung auf, im Sinne des vorstehenden Appells tätig zu werden, um durch das angemahnte **Bundesabstimmungsgesetz** insbes. das Volksbegehren zum Volksentscheid über den Ausstieg aus der Atomwirtschaft unverzüglich zu ermöglichen.

Name:	Adresse:	Unterschrift:	Anforderung von Unterschriftenlisten

Bitte einsenden an: AKTION VOLKSENTSCHEID, 8991 Achberg, Hohbuchweg 23

Volksentscheid zur Kernenergie? (Unterschriftensammlung auf Bundesebene.)

Sondermüllkippe vor dem Frankfurter Rathaus: 8000 Demonstranten werfen verseuchtes Grünzeug auf die Straße. ▷

WERFEN
SIE VERSEUCHTE
ABFÄLLE HIER ÜBER
DIE ABSPERRUNG!

»Wir wissen, daß die Schöpfung seufzt« Stellungnahmen aus Politik und Wissenschaft

In den Bundesländern tobt Ende Mai der Streit um die Kernenergie. Die Stimmen, die für einen baldigen oder langfristigen Ausstieg sind, mehren sich. Hart prallen die Meinungen bei einer von Bundesinnenminister Zimmermann zum Thema Reaktorsicherheit einberufenen Konferenz aufeinander. Die SPD-Länder fordern von Bonn einen Zeitplan für den Ausstieg, während Zimmermann den Standpunkt vertritt, daß kein Anlaß für zusätzliche Sicherheitsmaßnahmen in den Kernkraftwerken der Bundesrepublik besteht. Man geht schließlich ohne Resultat auseinander.

»So rasch wie möglich« verlangen die 525 Deligierte auf dem Kongreß des Deutschen Gewerkschaftsbundes in Hamburg mit nur einer Gegenstimme ein Ende der Nutzung von Kernenergie. Dazu DGB-Chef Ernst Breit:
»Eine Technik die nicht versagen darf, weil sonst über Generationen hinaus Menschenleben zerstört, beschädigt oder gefährdet werden, ist nach diesem Menetekel nicht zu verantworten. Es gibt einen Sachzwang: den Zwang zum Verzicht auf Kernenergie. Über das Wann und Wie muß sorgfältig beraten und entschieden werden – ohne Panik, aber auch ohne Hinhaltepolitik.«

In Köln tagt die Internationale Ärztevereinigung zur Verhinderung des Atomkriegs (IPPNW) mit über 3000 Gästen aus 50 Ländern in Ost und West. Professor Horst Eberhard Richter in seiner mit starkem Beifall aufgenommenen Eröffnungsrede:
»Der Reaktorbrand müßte auch dem letzten die Augen dafür geöffnet haben, daß schon eine lokale atomare Katastrophe selbst ferne Länder notwendigerweise in Mitleiden-

schaft zieht. Plastischer als durch tausend Vorträge ist den Menschen vor Augen geführt worden, daß uns die atomare Gefahr längst über Blockgrenzen vereint, daß also bereits ein sogenannter begrenzter Atomkrieg Luft, Wasser, Boden, Milch in weiten Gebieten für Freund und Feind verseuchen würde.«
Der Präsident des Kongresses, Professor Karl Bonhoeffer, umreißt die Grundhaltung der Ärzteorganisation: Nicht im Bemühen um physische Stärke, wohl aber im Bemühen um moralische Kraft liege die Hoffnung auf Frieden.
»Wir als Ärzte sind dem Leben und der Gesundheit unserer Mitmenschen verpflichtet. Es gibt Krankheiten, die man nicht heilen kann, denen man vorbeugen muß, wenn man sie beherrschen will. Das Wettrüsten mit seinen Folgen ist eine solche Krankheit und – ich darf für mich persönlich hinzufügen – die sogenannte friedliche Nutzung der Kernenergie ist es auch.«

Eine überaus schwere Geburt in Brüssel: Nach einwöchiger Beratung und egoistischem Tauziehen der Partnerstaaten legen sich die ständigen EG-Botschafter auf einheitliche Grenzwerte fest. Ab jetzt sollen 370 Becquerel (Caesium und Jod) pro Kilo Milch und Babynahrung sowie 600 Bq/kg für sonstige Lebensmittel gelten.
Ende Mai läuft der Importstopp für Einfuhren aus Ostblockstaaten aus. Die neuen Werte sind nicht nur für Lebensmitteleinfuhren in die EG, sondern auch für den Handel innerhalb der Gemeinschaft gedacht.

In Stuttgart vertagt der baden-württembergische Landtag einen Beschluß über die künftige Haltung des Landes in der Kernkraftfrage. Die Stuttgarter Zeitung kommentiert:
»Die CDU gab vor, den Oppositionsparteien (SPD, Grüne) folgen zu wollen, wenn auch später. Daß sie dies nicht tun wird, hat Ministerpräsident Lothar Späth zwischen den Zeilen auch durchscheinen lassen. Das wird zu neuen Enttäuschungen beim Bürger führen, der nach dem Atom-

unfall von Tschernobyl ohnehin seine Probleme mit dem Vertrauen in die Politiker hat.«

Auch von den Kirchen werden klare Positionen zur Kernfrage gefordert. Die SPD-Pressekorrespondenz in Bayern veröffentlicht in diesem Zusammenhang Schreiben ihres Spitzenkandidaten für die Landtagswahl, Hiersemann, an den evangelischen Landesbischof und den Erzbischof von München und Freising:
»Uns ist ein kritischer Hirtenbrief lieber als völliges Schweigen zu fundamentalen Problemen unserer Zeit und unserer Gesellschaft. Schweigen bedeutet Zustimmung. Deshalb dürfen Kirchen zu Fragen der Kernenergie und der Wiederaufbereitung nicht schweigen. Sie müssen sich für eine breite Diskussion öffnen.«
Im Berliner Sonntagsblatt äußert sich der Ratsvorsitzende der Evangelischen Kirche in Deutschland, Bischof Martin Kruse: Jetzt gelte es, das Risiko der Atomenergie noch einmal nüchtern abzuwägen. »Wir brauchen die öffentliche Diskussion. Aber sie muß an den Sachfragen und nicht an politischen Interessen und möglichen Mehrheiten orientiert sein.«
Pfarrer antworten fragenden Gemeindemitgliedern derzeit häufig mit einem Bibelwort:
»Denn wir wissen, daß die ganze Schöpfung bis zu diesem Augenblick gemeinsam seufzt und in Wehen liegt.« (Römer 8, Vers 22.)

Einen publizistischen Ausrutscher leistet sich das Springerblatt »Die Welt« in seiner Ausgabe vom 29. Mai. Überschrift des als Leitartikel gedachten Elaborats: »Der GAU im Gehirn«.
Darin werden dann Kritiker – wie die gerade in Köln tagenden Ärzte gegen den Atomtod – mit »macht- und revolutionshungrigen Gruppen von politisierenden Halbgebildeten ohne demokratisches Mandat« in Zusammenhang gebracht.

Stoppt Kernkraft jetzt – Brokdorf nicht ans Netz!

Tschernobyl trifft uns alle. Der Mythos von der sicheren Kernenergie ist zerstört. Kein Land, keine Wissenschaft, kein politisches System kann garantieren, daß der GAU nicht eintritt. Schleswig-Holstein droht in die völlige Abhängigkeit vom Atomstrom zu geraten. Wenn Brokdorf ans Netz ginge, würde der Anteil 90 Prozent betragen. Wir sagen nein zu Brokdorf. Wir fordern die Landesregierung auf, die Inbetriebnahme Brokdorfs nicht nur um wenige Wochen zu verschieben, sondern keine Betriebsgenehmigung zu erteilen.

Erstunterzeichner: Arp, Harry, 1. Vorsitzender der DPG, Ortsverwaltung Elmshorn; Bahr, Egon, MdB, Mitglied des Präsidiums der SPD; Bissinger, Manfred, Chefredakteur der Zeitschrift „Natur"; Blunck, Lilo, MdB; Dinklage, W. F. (Willem); Prof. von Dithfurt, Hoimar; Prof. Duval, Klaus, Maler; Duve, Freimut, MdB; Eggebrecht, Axel, Schriftsteller; Prof. von Ehrenstein, Dieter, Atomphysiker; Fischer, Ursula, Personalrätin; Gomolzik, Karl-Heinz, Pastor; Grass, Günther, Schriftsteller; Griefnow, Heidemarie, Deutsche Postgewerkschaft; Herchenröder, Horst, DGB-Kreisvorsitzender Kiel-Plön; Herms, Uwe, Schriftsteller; Hermann, Wolfgang, Mitglied des Betriebsrates der HDW; Heyenn, Günther, MdB; Hildebrandt, Dieter, Kabarettist; Hiller, Reinhold, MdB; Prof. Jens, Walter; Jungmann, Horst, MdB; Kirsch, Sarah, Schriftstellerin; Kneer, Martin, Bürgermeister der Stadt Husum; Kriemann, Hans-Günther, Betriebsratsvorsitzender; Kuhlwein, Eckart, MdB; Kunert, G[illegible], Schriftsteller; Langmann, Leo, Landesvorstand AfA; Linde, Metta, Malerin und Galeristin; Luckhardt, Karl-Heinz, Oberbürgermeister der Stadt Kiel; Nagel, Peter, Maler; Opel, Manfred, Oberst; Quadflieg, Will, Schauspieler; Randzio-Plath, Christa, Landesvorsitzende der AsF Hamburg; Rolke, Kirsten, 1. Bevollmächtigte der IG Metall Flensburg; Runde, Ortwin, Landesvorsitzender der SPD Hamburg; Schadwinkel, Horst, Bürgermeister in Fockbek; Scheibner, Hans, Kabarettist; Schert, Henning, Mitglied des Parteivorstandes der SPD; Simonis, Heide, MdB; Sonntag, Cornelia, Journalistin; Staeck, Klaus, Grafiker; Stortenbecker, Nikolaus, Maler (und Hannes, Corinna und Inga); Waalkes, Otto, Sänger; Walter, Gerd, MdEP; Prof. Wassermann, Otmar; Wendel, Brunhild, Bürgermeisterin von Schacht-Audorf; Prof. Westphal, Walter; Wettig-Danielmeyer, Inge, Bundesvorsitzende der AsF; Witt, Uwe, Betriebsratsvorsitzender der Schlichting-Werft; SPD-Bezirk Nord-Niedersachsen; SPD-Landesverband, Bremen.

Wir rufen alle Bürgerinnen und Bürger auf zur großen

Volksversammlung nach Wilster

am Sonntag, dem 1. Juni 1986, von 13 bis 16 Uhr

SPD-Landesverband Schleswig-Holstein, Günther Jansen

SPD-Landtagsfraktion Schleswig-Holstein, Björn Engholm

Es sprechen: **Günther Jansen** (MdB), SPD-Landesvorsitzender, **Gerd Walter,** (MdEP), **Prof. Dieter von Ehrenstein,** Atomphysiker, **Björn Engholm,** Oppositionsführer im Schleswig-Holsteinischen Landtag

Kulturprogramm: **Manfred Jaspers, Hans Scheibner, die holländische Gruppe „bots"**

Auskünfte über Abfahrtszeiten von Sonderbussen und Bahnverbindungen erhalten Sie bei allen SPD-Geschäftsstellen.

Nein zu Brokdorf. Bundes- und Landespolitiker laden zu einer Veranstaltung im Juni 1986 in Schleswig-Holstein ein.

Diese Gruppen unterwanderten zahlreiche Institutionen, speziell die Sender. »Doch sie wissen, daß sie unter normalen politischen Verhältnissen keine Chance haben, legal an die Regierung zu kommen. So agieren sie nach dem Ernstfall, und ihre Medienmacht erlaubt es ihnen, Ereignisse wie Tschernobyl ohne weiteres zum Pseudo-Ernstfall hochzuputschen.«

Und was die medizinische Wirkung des Atomunglücks von Rußland betreffe, bleibe nach wie vor festzuhalten:

»Erstens: Keinem einzigen deutschen Baby wurde ›durch Tschernobyl‹ auch nur ein Härchen auf der Glatze gekrümmt;

Zweitens: Wer hierzulande in zwanzig oder dreißig Jahren an Krebs erkranken wird, kann das nach dem einstimmigen Urteil aller wissenschaftlich Ernstzunehmenden nicht auf ›Tschernobyl‹ zurückführen.«

Ob man Schreiber wie jenen Mann von Welt noch ernstnehmen kann?

Kaum Klinikbetten für den GAU
Irrtum vom Amt: Schadenersatz

Unverändert gilt die öffentliche Aufmerksamkeit noch Wochen nach dem Fallout den durch die Strahlenbelastung entstandenen Risiken, wie eine Nachrichtenauswahl von Ende Mai beweist:

□ *Ravensburg.* – Auf dem Ravensburger Güterbahnhof treffen mehrere Waggons mit Maschinenteilen aus Kiew ein, für eine Aulendorfer Landmaschinenfabrik bestimmt. Sie können nicht entladen werden, denn sie sind hochgradig verstrahlt: 200000 Becquerel zeigen die Skalen an.
Wie konnte die Fracht trotz angeblich strenger Kontrollen unbemerkt in die Bundesrepublik gelangen? Ganz einfach: Die Container wurden an der Grenze in Waggons mit Euronorm umgepackt. So fielen sie dem Behördenpersonal nicht auf.

□ *Bad Segeberg.* Aus einem Schuppen im Kreis Segeberg entwenden Unbekannte ein Plastikfaß mit radioaktivem Müll. Das schleswig-holsteinische Sozialministerium spricht nur von einem »unverantwortlich kriminellen Akt«, nachdem es vor Tagen noch erklärte, die Behälter (Inhalt: Treibgut aus einem See mit Werten bis zu einer Million Becquerel) würden »an einem sicheren Ort aufbewahrt.«
Mit der von der Kieler Regierung suggerierten Sicherheit ist es anscheinend auch sonst nicht weit her. Noch am selben Tag, an dem sie zur Reaktorkatastrophe Entwarnung gibt, werden im Land teilweise Werte »in Wahnsinnshöhe« (Zitat der oppositionellen SPD) analysiert.

□ *Bremen.* – Milchprodukte aus Bayern, die laut Reklame urgesund sein sollen, geraten in der Hansestadt in Mißkredit: Jod 131 und Caesium 137 werden in Schafskäse und

Joghurt entdeckt, die unter Berücksichtigung des Bremer Grenzwerts (100 Bq pro Liter Milch) nicht mehr zu genießen sind.
Mitarbeiter der Uni Bremen setzen ihre Strahlenmesser auf Staubsaugerbeutel an und trauen ihren Augen nicht. Die Proben mit 420 Bq Jod 131 und 770 Bq Caesium pro Kilogramm stammen aus einer scheinbar völlig harmlosen Wohnung. Wahrscheinlich ist die Radioaktivität mit Kleidung, Schuhsohlen und durchs offene Fenster in die Räume gelangt.

□ *Hamburg.* – Die Gesundheitsbehörde setzt eine Arbeitsgruppe ein, die sich mit Caesium und seinen Auswirkungen befassen soll. Das Nuklid ist nämlich in Rindfleischlieferungen aus Norddeutschland aufgetaucht: pro Kilo bis zu 110 Becquerel.

□ *Münster.* – Nach Kenntnissen des Nuklearinstituts der Uni Münster regnete mit dem Fallout eine Menge Plutonium auf die Region. Die Belastung soll mindestens hundertmal höher sein als die Meßwerte aus der Zeit nach den Atomtests der 60er Jahre. Zu gleicher Zeit wie in Münster wird in Süddeutschland ebenfalls radioaktives Plutonium entdeckt.

□ *Münster.* – In der Bundesrepublik gibt es nur wenige Kliniken für Strahlengeschädigte. Nach Mitteilung des Verbandes deutscher Strahlenschutzärzte in Münster müßte bei schweren Störfällen medizinische Hilfe in europäischen Nachbarländern angefordert werden, weil die in Frage kommenden Abteilungen hiesiger Krankenhäuser nur über eine geringe Zahl von Betten verfügen.
Bisher habe man auf den Bau von Spezialkliniken deshalb verzichtet, weil ein GAU (»Größter Anzunehmender Unfall«) in deutschen Kernkraftwerken praktisch ausgeschlossen sei.

□ *München.* – Elektronik-Spezialfirmen aus München melden erstaunliche Unterschiede zwischen ihren eigenen Messungen und denjenigen der Behörden. Am 9. Mai habe zum Beispiel Bundesinnenminister Zimmermann für Süddeutschland Spitzenwerte zwischen 10000 und 50000 Bq pro Quadratmeter genannt. An diesem Tag registrierten die Unternehmen jedoch 120000 Bq pro Quadratmeter Beton und 70000 Bq auf Gras. In den ersten Maitagen habe die Bodenbelastung sogar bis zu 300000 Bq betragen.
Ein Sprecher der Firmen gegenüber der Süddeutschen Zeitung:
»Nach der Strahlenschutzverordnung gelten Bezirke mit einer Oberflächenkontamination von über 37000 Becquerel als sogenannte Kontrollbereiche. Darin dürfen sich Personen nur mit Schutzkleidung und -ausrüstung aufhalten und nichts essen. Derartige Bereiche sind für Personen unter 18 Jahren und schwangere Frauen gesperrt.«
Von alledem verraten amtliche Stellen der Öffentlichkeit meist nichts. Nach Meinung des bayerischen Umweltministeriums gehen die privaten Elektroniker bei ihren Messungen von anderen Voraussetzungen als staatliche Stellen aus. Das Ministerium hält die Angaben der Firmen für zu hoch.

□ *München.* – Bundesweit hagelt es Schadenersatzklagen von Firmen gegen Behörden. Typisch ein Fall aus Bayern: Dort kosten drei falsche Stellen vor dem Komma die Verwaltung möglicherweise über 200000 Mark. Die Erklärung für den Irrtum vom Amt:
Es übermittelte telefonisch bei rumänischen Gemüseimporten bis zu 7200 Becquerel, obwohl der tatsächliche Wert nur 7,2 Bq betrug. Weil die Panne nicht rechtzeitig korrigiert wurde, liefen der betroffenen Firma erschreckte Kunden davon.

□ *Frankfurt.* – Hessische Bauern haben ihre Getreidefelder mit radioaktiv verseuchtem Klärschlamm gedüngt. Von der mehrfachen Warnung des Landwirtschaftsministeriums in

Wiesbaden haben sie nach eigenem Bekunden »nichts gewußt.«
Nach Mitteilung der rheinland-pfälzischen Landesregierung liegt die radioaktive Belastung des Klärschlamms dort durchschnittlich bei 3000 bis 4000 Becquerel (Jod und Caesium) pro Kilo Trockensubstanz. In diesem Bundesland muß der sonst zum Düngen verwendete Fäkalienbrei als Sondermüll zwischengelagert werden.

□ *Mainz.* – Das wegen seiner Pannenserien bekannte Atomkraftwerk Mülheim-Kärlich bei Koblenz muß nach etlichen Störungen beim Testverlauf im April auch im Mai 1986 mehrfach abgeschaltet werden. Eine »Instabilität in der Regelung der Hochdruckvorwärmer«, nennt das rheinland-pfälzische Umweltministerium als Grund. Der mit Vorschußlorbeeren bedachte Energiespender soll trotz schlechter Erfahrungen noch 1986 ans Netz.

Tag der Umwelt 1986

Besichtigung der Ausstellung
„Das Zeichen der Zeit“

Anschließend bayerisches Buffet
im Ratskeller

5. Juni 1986
in München

Es sprechen:
Oberbürgermeister Georg Kronawitter

Der Bayerische Staatsminister
für Landesentwicklung und Umweltfragen
Alfred Dick

Der Parlamentarische Staatssekretär
beim Bundesminister des Innern
Carl-Dieter Spranger

Volle Pulle für Milch
Wie Politiker sich melken lassen

Erst fragen sich alle naserümpfend, welches Isotop sich außer Jod und Caesium noch in ihr versteckt? Nun auf einmal ist sie wieder der gesündeste Superdrink. Der wunderbare Meinungsumschwung kommt über Nacht.
Der Mai klingt aus mit einem unerwarteten Hoch auf die Milch. Regierungsmitglieder mehrerer Bundesländer stimmen es an, als ihnen die Wirtschaft auf die Pelle rückt. Fast tun sie so, als hätten sich die Geigerzähler geirrt.
Am 27. Mai ist in 30 Ländern der Welt der »Tag der Milch«. Den will die Politprominenz nicht verpassen. Willkommener Anlaß, sich bei der Agrarlobby ein paar Pluspunkte zu verdienen. »Was kümmert mich mein Geschwätz von gestern?«
Hessen fällt von einem Extrem ins andere. Erst propagiert es bundesweit den niedrigsten Grenzwert für Milch, dann startet es im Landtag eine bestechende Reklameschau. Es wird ein Statement der Superlative, mit denen Willi Görlach, der SPD-Landwirtschaftsminister, überschäumt:
Mit einer »groß angelegten Präsentation« werde im Landtag auf die »qualitativ hochwertigen hessischen Erzeugnisse« hingewiesen, die »ohne Bedenken verzehrt werden können«, zumal aufgrund des schnellen Handelns seiner Regierung »nur unbelastete Produkte« in die Geschäfte gekommen seien. Also sollten doch die Verbraucher ihre Zurückhaltung aufgeben und nach dem »ernährungsphysiologisch günstig ausgestatteten Lebensmittel« greifen.
Ob Wein im Sog des Glykolskandals oder Milch nach dem Fallout – Görlach tritt gern als Anwalt der Interessenvertre-

◁ *»Das Zeichen der Zeit«: Tag der Umwelt '86 in München. Und hinterher bayerisches Buffet mit dem Umweltminister. (Montage der Einladung für Ehrengäste.)*

Heute: Internationaler Tag der Milch

Energiespender Milch enthält lebensnotwendige Vitamine

Milch ist eines unserer bedeutendsten Grundnahrungsmittel. Durch ihren hohen Gehalt an wichtigen Nährstoffen ist sie aus dem täglichen Speiseplan nicht fortzudenken. 100 g Milch enthalten 3,5 g Fett, 3,3 g Eiweiß, 4,7 g Kohlenhydrate und außerdem lebensnotwendige Mineralstoffe und Vitamine.

Besonders wertvoll ist das **Milcheiweiß**. Im Verhältnis zu anderem tierischen ist es nicht an eine hohe Energieaufnahme gebunden, ferner enthält es alle vom Körper benötigten Aminosäuren. Kinder und ältere Menschen können ihren erhöhten Eiweißbedarf bequem mit Milch und Milchprodukten decken.

Das **Milchfett** ist durch seine Zusammensetzung besonders leicht verdaulich. Es hat einen niedrigen Schmelzpunkt und wird, weil es als Emulsion vorliegt, direkt durch die Darmwand aufgenommen. Diese leichte Verdaulichkeit macht das Milchfett besonders bekömmlich, so daß es sogar in der Diät eingesetzt wird. Die noch immer nicht bewiesene These, der Mensch nehme mit dem Milchfett eine zu hohe Menge an Cholesterin zu sich, wird von Ernährungswissenschaftlern mit dem Argument widerlegt, daß im gesunden Stoffwechsel keine Gefahr eines zu hohen Cholesterinspiegels im Blut bestehe. Im gesunden Körper wird bei einer zu hohen oder zu niedrigen Aufnahme von Cholesterin die Eigensynthese des Cholesterins entweder eingeschränkt oder verstärkt. Erst bei einer zu hohen Energieaufnahme kann es zu den bekannten Risikofaktoren von Herz- und Gefäßkrankheiten kommen. Die Rolle des Cholesterins und die bisher propagierte cholesterinsenkende Wirkung der ungesättigten Fettsäuren ist noch nicht eindeutig geklärt.

Die **Kohlenhydrate** der Milch liegen als Laktose vor. Laktose ist ein Zucker, der nicht die Kariesbildung fördert und einen ernährungsbiologisch positiv zu beurteilenden langsamen Anstieg des Blutzuckers bewirkt. Auch auf die Verdauung hat Laktose einen günstigen Einfluß.

Als wichtige **Mineralstoffe** der Milch sind Calcium, Phosphor und Calium zu nennen. Sie sind maßgeblich am Bau der Zellen und der Knochen beteiligt und lassen viele Stoffwechselvorgänge ablaufen.

Der **Vitamingehalt** der Milch ist entscheidend zur Versorgung des Körpers mit Vitamin A, D, B1, B2 und E. Ausreichende Vitamine bewirken eine optimale Ausnutzung der Nahrung im Organismus. Eine Unterversorgung mit Vitamin A führt zu Hautschäden, Wachstumsstörungen und Nachtblindheit. Vitamin D fördert die Calium-Einlagerung in den Knochen. B-Vitamine verhindern Wachstumsstörungen und Nervenschäden. Besonders als Quelle für B2 und B12 ist Milch ein wichtiges Lebensmittel.

Milch besitzt wertvolle Nährstoffe, die der Körper täglich braucht. Für Babys und Kleinkinder gehören Milch und Milchspeisen mehrmals täglich auf den Speiseplan.

Milchverbrauch 1985 angestiegen

Jeder Bewohner der Bundesrepublik Deutschland hat 1985 nach Angaben des Bonner Landwirtschaftsministeriums durchschnittlich 88,7 kg Milch und Frischmilcherzeugnisse verbraucht; das waren 1,6 kg mehr als im Vorjahr.

Zu dieser Entwicklung dürfte beigetragen haben, daß die Verbraucherpreise unter dem starken Wettbewerbsdruck vielfach gesunken sind. Zunehmend beliebter wurden vor allem Sauermilch und Milchmischgetränke mit einem Pro-Kopf-Verbrauch von zusammen 17,2 kg, verglichen mit 16,4 kg im Vorjahr.

Allein an Joghurt wurden 7,9 kg verzehrt, nachdem der Verbrauch 1984 bei 7,5 kg gelegen hatte. „Konsummilch", wozu Vollmilch, entrahmte Milch und Buttermilch zählen, wurde im vergangenen Jahr kaum mehr getrunken als vorher, hier ergab sich nur eine Zunahme von 58,5 kg auf 58,6 kg. Zusätzlich sind in den Milcherzeugerbetrieben durchschnittlich 12,9 kg Milch pro Kopf direkt verbraucht oder verkauft worden, gegenüber 12,2 kg im Jahr 1984. Insgesamt betrug der Verbrauch an Milch und Milcherzeugnissen 1985 in der Bundesrepublik 5,41 Millionen Tonnen, ein Jahr vorher waren es 5,33 Millionen Tonnen.

LN-Sonderseite der Anzeigenabteilung
Redaktion und Produktion
Ulrike Hoffmeister

Heute wird der Milch gedacht

In über 30 Ländern der Welt – all jenen, die dem Internationalen Milchwirtschaftsverband angeschlossen sind – steht die Milch jedes Jahr einmal im Mittelpunkt: Am Internationalen Tag der Milch, der am heutigen Dienstag, dem 27. Mai, begangen wird. Der Internationale Tag der Milch verpflichtet die reichen Milchländer der Welt, der hungernden und durch Fehlernährung geschädigten Mitmenschen in der Dritten Welt zu gedenken. Er fordert uns gleichsam auf zur Hilfeleistung, aber auch zur Besinnung und zur Dankbarkeit, daß wir in so reichem Maße über dieses wertvolle Nahrungsmittel verfügen dürfen.

Am heutigen Tag der Milch bekommen die Holsteiner Kühe sicher eine Extraportion zu Fressen. Schleswig-Holsteins Landwirte sind stolz auf die gute Milchleistung ihrer Kühe.

Perlen guten Geschmacks

Perle von Holstein

Holstenmilch e.G., 2359 Sievershütten

Der Weg der Milch zum Verbraucher

Die verschiedenen Formen der Behandlung von Milch. Anteile am Gesamtmarkt in Prozent

Ultrahocherhitzen – 52,1 – H-Milch
Pasteurisieren – 46,4 – pasteurisierte Milch
Sterilisieren – 1,5 – Sterilmilch

©KONTAR

Landwirtschaftsminister Flessner teilt mit:

„Milch aus Schleswig-Holstein unbedenklich"

Milch und Frischprodukte aus schleswig-holsteinischen Meiereien konnten und können ohne jegliche Bedenken verzehrt werden. Zu diesem Ergebnis kommt der Minister für Ernährung, Landwirtschaft und Forsten, Günter Flessner, in einer Zwischenbilanz.

Wie der Minister weiter ausführt, konnten die schleswig-holsteinischen Verbraucher vom ersten Augenblick an sicher sein, daß sich die radioaktive Belastung der Milch und Frischprodukte in Bereichen bewegte, die noch unter dem in Schleswig-Holstein für diese Erzeugnisse festgelegten Grenzwert von 50 Becquerel je Liter für Jod 131 gelegen hätten und lägen. Hierbei müsse berücksichtigt werden, daß bereits dieser Grenzwert nur ein Zehntel der von der Strahlenschutzkommission als unbedenklich bezeichneten Radioaktivitätskonzentration in Milch betragen habe.

Minister Flessner betont, daß diese günstige Situation sowohl auf die in Schleswig-Holstein gegebene vergleichsweise geringfügige Belastung als auch auf sofort eingeleitete behördliche Maßnahmen und Empfehlungen zurückzuführen sei. So sei schon am 4. Mai 1986 nicht nur die tägliche Untersuchung der Meiereimilch angeordnet, sondern auch dringend empfohlen worden, den Weideaustrieb vor allem der Milchkühe noch aufzuschieben bzw. rückgängig zu machen.

Die hierbei von den Landwirten und den Meiereien bewiesene Disziplin verdiene größte Anerkennung und zeige ein hohes Maß an Verantwortungsbewußtsein für die Verbrauchergesundheit, hebt der Minister hervor.

Der seit einer Woche freigegebene Weideaustrieb sei weitgehend abgeschlossen. Die Einschätzung, daß sich der Weideaustrieb auf die radioaktive Belastung der Milch nicht negativ auswirken werde, habe sich, so der Minister, in vollem Umfang bestätigt. Die gemessenen Jod 131-Aktivitäten lägen weiterhin deutlich unter 50 Bq/l.

Minister Flessner geht davon aus, daß sich diese Situation weiter verbessern wird. Dennoch werde vorsorglich die Untersuchung der Meiereimilch in dreitägigen Abständen fortgesetzt.

MZBL HOLSTEIN

... das vertraute Symbol für die Holsteiner „Meierei-Frischen"

MZBL Milchzentrale Bornhöved-Leezen eG
2361 Leezen/Holst., Tel. 0 45 52/10 85

Ja-die schmeckt-ausgezeichnet als beste Trinkmilch

aus der MEIEREI TRITTAU

HANSANO

frisch, frischer, ortsfrisch

Frischmilch

Wir produzieren täglich und liefern täglich frisch

Hansa-Milch Ostholstein-Lübeck e.G.

MILCH ungemein wichtig

„Denn Milch und Milchprodukte enthalten Eiweiß in leicht verwertbarer Form das hilft Energielücken rasch und nachhaltig zu schließen. Das Langzeitgedächtnis ist ein Eiweißgedächtnis. Nur wenn genügend Eiweißbausteine (Aminosäuren) zur Verfügung stehen, ist sichergestellt, daß ein Langzeitgedächtnis möglich ist. Milch enthält diese Eiweißbausteine lückenlos. Für den Aufbau des jugendlichen heranwachsenden Organismus sorgt Vitamin A, das neben einer besseren Sehschärfe auch eine regulierende Wirkung auf den Stoffwechsel ausübt, die B-Vitamine, die für Wachstum, Blutbildung und für das Nervengewebe eine wichtige Rolle spielen, und von den Mineralstoffen sei noch das Kalzium erwähnt ... Zähnen."

Paßt wie die Faust aufs Auge: Milch-Festival im strahlenden Mai. Reklamesonderseite der Lübecker Nachrichten für Schleswig-Holstein.

Eine gute Nachricht für jeden!
Jetzt Milch trinken ist wertvoll – für Vitalität und Fitness, garantiert.
Das können alle ohne Bedenken.
Täglich!
Die Milch macht's. CMA

Milch macht's nicht immer: Es bleiben Bedenken.

ter im Hessenland auf. Da schießt er mit seiner Lobhudelei leicht übers Ziel hinaus und stiehlt dem um Reinheit und Grenzwerte kämpfenden Sozialminister die Schau. Nicht die Milch, die Lobby macht's.

Am selben Tag hält Görlachs Kollege im Norden, Günter Flessner (CDU), ebenfalls ein flammendes Plädoyer für die Milch, die aus Schleswig-Holsteins Meiereien kommt und absolut unbedenklich sei.
Was beide Regierungsvertreter nicht verhindern können: Der Run der Verbraucher auf weniger inkriminierte Naturprodukte hält unverändert an. Von Frankfurt aus erlebt der Verkauf von Trockenmilch aus Lagerbeständen der »Bundesanstalt für landwirtschaftliche Marktforschung« einen Boom wie nie zuvor.
Initiativgruppen aus zahlreichen Städten der Republik dekken sich tonnenweise damit ein (weil die Ware nur in größeren Mengen abgegeben wird), um die Weiterverteilung an Kleinverbraucher zu günstigen Preisen zu organisieren.
Schon reifen Pläne, solche Aktionen mit tiefgefrorenen halben Rindern aus den gleichen Quellen fortzusetzen. Die einfachen Menschen demonstrieren mit bewundernswertem Talent, wie sich die schwierige Situation vorerst besiegen läßt.

Sinneswandel am Mittagstisch
Bundesbürger ändern ihre Eßgewohnheiten

Anfang Juni 1986, sechs Wochen nach dem Atomunglück, warten die Verbraucher noch immer auf Antwort: »Wieviel Radioaktivität wird künftig in unseren Lebensmitteln sein?« Nach einer Umfrage haben fast zwei Drittel aller Bundesbürger ihre Eßgewohnheiten teilweise einschneidend geändert.

Nicht nur, daß sie verstärkt auf Konserven, H-Milch und Tiefkühlkost umsteigen. Sie trauen auch den Zusicherungen des Handels noch weniger: Belastung mit chemischen Schadstoffen, die war bereits bisher ein Problem. Ihre Kombination mit Radionukliden kann nun zusätzliche Gesundheitsrisiken zur Folge haben. Kein ernstzunehmender Lebensmittelexperte bestreitet dies. Ein wichtiges neues Aufgabengebiet für die Ernährungsberatung.

Warum liegen noch immer keine längerfristigen Ernährungsperspektiven regierungsamtlicher Stellen vor? Verbraucherverbände sehen darin einen weiteren Beweis für die von Anfang an beobachtete behördliche Abwiegelei.

Andererseits weiß man: Berechnungen über die künftige Strahlungsaufnahme mit der Nahrung sind ohne weiteres möglich. Intern existieren zumindest in Kernforschungszentren und Gesundheitsministerien schon Muster für solche Überlegungen. Denn Untersuchungen, wie sich Radioaktivität in der Biosphäre verteilt, sind für die Wissenschaftler reine Routine. Sie können daraus ohne weiteres Konsequenzen für die menschliche Nahrung ableiten.

Nach der Strahlenschutzverordnung vom 13. Oktober 1976 gelten diese Grenzwerte für die jährliche Aufnahme bei Erwachsenen: 1800 Becquerel für Jod 131, 27000 für Caesium 137 und 710 für Strontium 90. Ein Zehntel der Werte wird von der Internationalen Strahlenschutzkommission für Kleinkinder zugrunde gelegt.

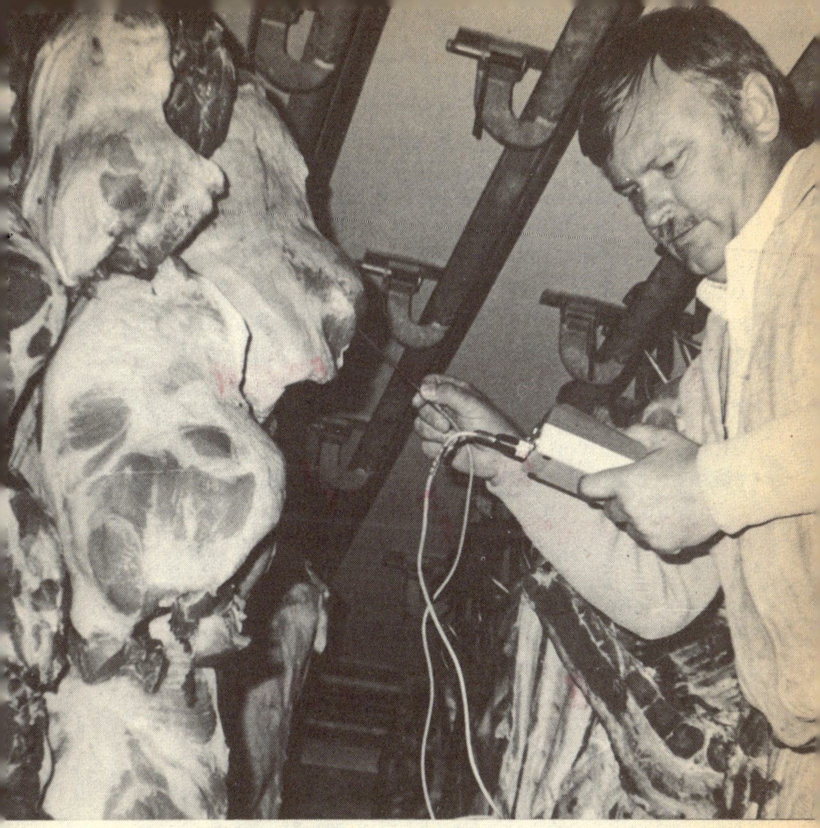

Fleisch aus deutschen Landen: Mit Caesium vorgegart? (Foto von einer gewöhnlichen Veterinärkontrolle.)

Es empfiehlt sich, entsprechende Informationen beim Deutschen Verbraucherschutzverband und den Verbrauchzentralen (Anschriften im Anhang dieses Buches) einzuholen sowie auf alle Politiker Druck auszuüben, damit auf diesem Gebiet eine ständig zu aktualisierende Aufklärung erfolgt.

Der zweite Punkt: Werden infolge der radioaktiven Belastung auf längere Sicht die Preise steigen? Die Bonner Arbeitsgemeinschaft der Verbraucher (AGV) meint: Nein. Aufschläge seien allerdings bei einzelnen Produkten (bisher beobachtet bei Milch und teilweise Tiefkühlkost) vorübergehend und regional nicht auszuschließen.
Langfristig werde das Preisniveau durch die nach wie vor sehr umfangreichen Angebote aus der EG-Produktion und durch den Importanstieg aus Übersee bestimmt.
Mit erheblichen Einschnitten ist bei Bioware zu rechnen: Die radioaktive Verseuchung bedeutet für viele der rund 2100 alternativen Landwirte in der Bundesrepublik, aber auch für zahlreiche Ökoläden den Ruin. Für die überlebenden Unternehmen dürfte es schwer sein, ihren Kunden stets strahlungsfreies Gemüse, Körner, Obst und Säfte anzubieten.
Ein Argument, das man jetzt öfter von ihnen hört: »Auch wenn in unseren Produkten Nuklide nicht mehr auszuschließen sind – sie sind immer noch relativ besser als Nahrung mit zuviel Chemie, die außerdem noch Nuklide enthält.«

Fußballansage mit Eigentor
Post stoppt Strahlenauskunft

Wenn Umweltprobleme zur Debatte stehen, hat die Deutsche Bundespost schon mal eine lange Leitung. Schwer zu sagen, ob dies auch ein wenig an ihrem Chef Schwarz-Schilling liegen könnte? Hat sich doch dessen Familie mit der Herstellung von Bleibatterien in Berlin und Hessen nicht nur beliebt gemacht.
Bei vielen Leuten ziehen finstere Gewitterwolken auf, wenn sie an »Sonnenschein« denken. Das ist der Markenname für Schwarz-Schillings umsatzträchtige Starterbatterie, derentwegen es wiederholt Ärger mit der Umwelt gab. Denn wo Sonnenschein strahlte, gab es nicht nur Glanz. Irgendwie rieselte dort auch Blei.
All dies kommt manchem Berliner Ende Mai '86 wieder in Erinnerung. Doch aus einem ganz anderen Anlaß.
Völlig unerwartet stoppt die Post den automatischen Ansagedienst mit aktuellen Meldungen zur Radioaktivität. Dazu der Tagesspiegel:
»Wer sich jetzt noch über die Folgen von Tschernobyl in Luft, Boden und Nahrungsmittel schnell informieren will, ist ohne Hilfe. Denn die Post hat die Rufnummer des automatischen Ansagedienstes neu belegt. Jetzt wird der Anrufer über die Vorbereitungen der Fußball-Weltmeisterschaft belehrt.«
Eine Ersatzschaltung, die beide Interessen – nämlich Sport und Gesundheit – berücksichtige, sei nach Auskunft der Post nicht möglich. Sie begründe ihren Schritt unter anderem mit ihren frühzeitig gegebenen Werbezusagen zur WM in Mexiko, und zwar schon lange vor dem Reaktorunglück. Diese Vereinbarung müsse nun eingehalten werden.
Unbegreiflich, daß das mit hochmoderner Technik so reich gesegnete Bundesunternehmen nicht in der Lage sein will, der Berliner Bevölkerung einen problemlosen Ersatz für das

ausgefallene Strahlentelefon zu bieten. Immerhin hatte es sich hervorragend bewährt. Es wurde laut Computeraufzeichnung häufig von mehreren hundert Menschen gleichzeitig angewählt und war für Berlin eine unschätzbare Hilfe. Eigentlich hätte die Post mehrere Wochen Zeit gehabt, um sich auf einen nahtlosen Übergang vorzubereiten. Ein recht ungeschickter Dienst am Kunden, den sie jetzt verprellt.
Nun ist ihr Chef Schwarz-Schilling allerdings kein Umweltminister. Und so paßt sein Umstieg vom Strahlenschock aufs Fußballfieber vielleicht doch nicht so unbeabsichtigt ins Bonner Konzept: Kollege Zimmermann hätte die Tschernobyl-Katastrophe am liebsten viel früher für beendet erklärt. Kollegin Rita Süßmuth hielt von Anfang an nicht viel vom ganzen Lärm.
Mexiko lenkt vielleicht von den akuten Fragen zur Radioaktivität ein wenig ab. Dennoch leistete sich die Post selbst einen Bärendienst. Sie schoß mit ihrem kompromißlosen Abgang zum Fußball ein Eigentor.

Berliner Luft nuklidversetzt
Dreckschleudern haben Hochsaison

Für Berlin sind die Probleme Ende Mai längst noch nicht vom Tisch. Im Gegenteil. Immer häufiger taucht kontaminierte Nahrung auf. In den Labors wird entschieden: An Absender zurück.
Das ist verdächtig: Jod 131 sollte amtlichen Ankündigungen zufolge wegen seiner kurzen Halbwertszeit schon längst vergessen sein. Doch die Chemiker analysieren in der Nacht zum 26. Mai in einer Ladung Frischquark aus Bayern pro Kilo noch 100 Becquerel.
Der Produzent im Süden wird nicht erbaut sein von der Reklamation. Vielleicht bietet er aber die von den Preußen abgewiesene Ware nun seinen Landsleuten im Freistaat an? Das wäre gar nicht mal strafbar, weil Bayern mit den Grenzwerten bekanntlich viel großzügiger ist. Und es soll ja nichts umkommen, was theoretisch längst verdorben ist.

In Berlin fallen Caesiumspuren in Babynahrung auf (unter 55 Becquerel), ferner in Kalbfleisch, Frischmilch und Sahne. Nach anfänglicher Verharmlosung läßt die Senatsverwaltung nun diskret durchblicken, daß man sich bei Lebensmitteln langfristig an ein höheres radioaktives Niveau gewöhnen muß. Verbrauchern winkt eine strahlende Zukunft.

Die Alternativen fragen im Abgeordnetenhaus: Wie viele Untersuchungen von Fleisch und mit welchen Ergebnissen gibt es bisher in Berlin?
Der Gesundheitssenator: 48 Schweine aus der DDR seien getestet worden und hätten, soviel er wisse, nur wenig Jod und Caesium auf den Rippen gehabt. Ähnlich sollen die Proben in Berliner Schlachthäusern ausgefallen sein. Der Senator redet sich im übrigen mit Bonner Stellungnahmen zur Fleischfrage heraus. In Baden-Württemberg habe man

allerdings Aktivitätskonzentrationen von 150 Becquerel Jod 131 und 60 Becquerel Caesium 137 pro Kilo gemessen. Die alarmierend höheren hessischen Werte erwähnt der Senator bei dieser Gelegenheit nicht.

Zusatzfrage: Wie groß ist die »Senatsreserve« (vorgeschriebene Lagerbestände in Berlin für Krisenzeiten) an Trockenmilch, Dosengemüse und Dosenfleisch? Plant der Senat, diese Vorräte an besonders gefährdete Gruppen (Schwangere, Kleinkinder) zu verkaufen, solange erhöhte Strahlenbelastung für Lebensmittel besteht und eine allgemeine Kennzeichnung für Nahrung nicht gewährleistet ist?

Antwort: Nein, an Sonderverkäufe denke man nicht, »weil aus medizinischer Sicht eine gesundheitliche Gefährdung durch im Handel erworbene Lebensmittel nicht gegeben« sei.

Man darf nicht verkennen: Die Berliner Lebensmittelchemiker können auch bei vollem Einsatz nur Stichproben machen. Sie stöhnen unter der von der Verwaltung verordneten Mehrbelastung: »Uns geht die Puste aus.«

Haben sie's tatsächlich so schwer? Es kommt auf die Brille an, die man trägt. Die aus Verbrauchersicht keineswegs umwerfenden Maßnahmen sind aus Behördensicht ein Riesenprojekt. Soviel Arbeit hatten die an mäßigen Trott gewöhnten Staatsdiener noch nie. »Personell und finanziell halten unsere Ämter das nicht durch.«

Schon wird eine Reduzierung der Kontrollen angekündigt. Ein Quäntchen Lustlosigkeit ist sicher mit im Spiel. Denn »uns hängt das langsam zum Hals raus«.

Alles Wehklagen nützt nichts. Es wird eine unendliche Geschichte, die wir alle erleben. Die Berliner Dreckschleudern in Ruhleben und Marienfelde heizen das Thema zusätzlich an. Dort stehen die Klärschlammverbrennungsanlagen, aus denen in diesen Wochen viel Jod und Caesium verdampft.

Auf Anfrage im Abgeordnetenhaus muß der Senat informieren: Die Emissionen an Jod 131 und Caesium 137 ergeben stündlich Millionen Becquerel, wobei die Konzentration im »Reingas« pro Kubikmeter bis zu 180 Bq bei Caesium und 750 Bq bci Jod liegen soll.
Die Aktivität pro Kilo Klärschlamm: bis zu 4310 Bq Jod 131 und 1281 Bq Caesium 137. Pro Kilo Asche schneidet Caesium mit fast 9000 Bq am höchsten ab, für Jod sind es im Kontrollzeitraum von drei Tagen bis zu 1776 Bq.
Der Senat relativiert diese Werte mit Auskünften aus Bayern: Dort lägen die Belastungen durch Klärschlammverbrennung für beide Radionuklide »etwa zwanzigmal so hoch wie bei uns«.
So betrachtet, verkauft sich isotopgeschwängerte Berliner Luft doch noch verhältnismäßig gut.

Wirbel um „Scheibenwischer'

Bayerischer Rundfunk: Geschmacklos / Proteste gegen Absetzung

Hamburg (dpa). Die Absetzu… schen „Scheiben…

Berlin. In der jüngsten satirischen „Scheibenwischer"-Sendung der ARD gab es heftig umstrittene Beiträge, an denen neben dem Kabarettisten Dieter Hildebrandt unter anderem auch Lisa Fitz und Hans Korte mitwirkten. Als Beispiel nannte ein Anwalt des Bayerischen Rundfunks, der sich, wie berichtet, gegen eine Übernahme der Sendung wehrt, die Passage über den strahlenverseuchten Großvater.

…reich… dem …schen Raum über Änderung des Vormittagsprog… brandts „Scheibenwischer" hatt… lem mit den Strahlenfolgen der … phe von Tschernobyl beschäft…

Szene: Radioaktiver Großvater

Die Schauspielerin Lisa Fitz über ihren Großvater, der vier Stunden im radioaktiven Regen saß: „Ich mein, wie soll ich sagen, wir befürchten jetzt eben, daß der Großvater schon ordentlich was abgekriegt hat, von der Radioaktivität. Und wie gesagt, gestern ist er 91 geworden, und da muß man ja jeden Tag mit dem Schlimmsten rechnen … Und deswegen, ich mein, den kann man nicht so einfach begraben, am Ende verstrahlt er ja noch den ganzen Friedhof. Und jetzt wollt ich eben wissen, müssen wir unseren Großvater jetzt endlagern? Oder vielleicht muß man ihn ja auch wiederaufbereiten. Ich versteh von diesen Dingen ja nichts. Aber man macht sich nun mal so seine Gedanken. Wo ich doch erst kürzlich in der Zeitung gelesen hab, daß radioaktiv verseuchte Leute nicht normal begraben werden dürfen. Die sind doch praktisch, wie sagt man dazu, Sondermüll. Richtig. Ja gut, können Sie mir vielleicht sagen, wie das laufen soll? Weil irgend so etwas wie eine Beerdigung muß man einem Menschen ja geben."

…t, eine Beerdigung, die Bundes- …Heimatbegriff ins Spiel gebracht. …n der einzelnen ARD-Sender auf …ng des Bayerischen Rundfunks …rende ARD- …funks

„Der Adler"

„Der russische Botschafter macht den ersten Spatenstich. Peter Alexander singt mit der deutschen Fußball-Nationalmannschaft 'Der Mai ist gekommen, die Zähler schlagen aus', daraus wird eine Benefiz-Platte, von Spatenbräu gesponsert, dann kommt der Papst, küßt den Bodn und wird sofort dekontaminiert. Wann findet die Sendung statt?. Wahrscheinlich morgen. Guten Abend."

verwies … aus dem ARD-Ge… pro- …schaltet habe. …sche Rundfunk beanstandete vor

Tausend empörte Anrufer: ‚Diktatur'

Maulkorb für Dieter Hildebrandt, Fernsehverbot für Zuschauer: Kabarett ist für den Bayerischen Rundfunk eine bierernste Sache. (Montage aus Presseveröffentlichungen.)

Päpstlicher als der Papst: »Scheibenwischer« vom Bildschirm gefegt

Auch dies gehört in die Skandalchronik nach Tschernobyl: Nicht der mündige, pünktlich seine Gebühren zahlende Fernsehzuschauer darf entscheiden, was er sich anschauen will oder nicht. Nein, die Telebosse nehmen ihn ungefragt diese Entscheidung ab. Sie bevormunden ihn. Passiert und notiert am 22. Mai 1986.

Da wirft der Bayerische Rundfunk eine »Scheibenwischer«-Sendung des Kabarettisten Dieter Hildebrandt einfach aus dem ARD-Abendprogramm, weil ihm ein paar Beiträge gegen den Strich gehen, die sich mit Strahlenfolgen befassen. Satirisch befassen, versteht sich.

Damit nicht genug – die Sendung fliegt am nächsten Vormittag auch noch bundesweit aus dem gemeinsamen Programm von ARD und ZDF. Begründung: Die ARD sei eine Einheit, und man könne sich nicht einfach über den Kopf des Bayernfunks hinwegsetzen.

Und dies sind zwei Passagen, um die es in der Intendanzetage Wirbel gibt:

Die Schauspielerin Lisa Fitz erzählt dem Publikum, daß ihr Großvater ein paar Stunden im radioaktiven Regen saß.

»Wie soll ich es sagen, daß der Großvater schon ordentlich was abgekriegt hat von der Radioaktivität? Und wie gesagt, gestern ist er 91 geworden, und da muß man jeden Tag mit dem Schlimmsten rechnen. Und deswegen, ich mein, den kann man nicht so einfach begraben. Am Ende verstrahlt er noch den ganzen Friedhof. Und jetzt wollt ich eben wissen, müssen wir unseren Großvater jetzt endlagern? ... Wo ich erst kürzlich in der Zeitung gelesen hab, daß radioaktiv verseuchte Leute nicht normal begraben werden dürfen ... Können Sie mir vielleicht sagen, wie das laufen soll?«

Der andere Text des Anstoßes:

Der russische Botschafter macht den ersten Spatenstich. Peter Alexander singt mit der deutschen Fußballnationalmannschaft: ›Der Mai ist gekommen, die Zähler schlagen aus‹. Daraus wird eine Benefizplatte, von Spatenbräu gesponsert. Dann kommt der Papst, küßt den Boden und wird sofort dekontaminiert.
Wann findet die Sendung statt? Wahrscheinlich morgen. Guten Abend.«

Pech gehabt. Sie findet – zunächst in Bayern – nicht statt. Und fällt am nächsten Morgen gesamtdeutsch aus.
Reaktion des Publikums? Grantig bis stürmisch. Allein in München noch am Freitag über tausend Beschwerden. Die Mehrzahl der Anrufer hat etwas gegen Zensur und Bevormundung am Bildschirm. Die Leute schimpfen: Beim Bayerischen Rundfunk seien sie manchmal päpstlicher als der Papst.

Zensieren steckt an. Was den Bayern recht ist, das ist den Niedersachsen billig. Der Oberkreisdirektor von Lüneburg dringt in die Wohnungen zweier Künstler ein, um eigenhändig ein halbes Dutzend Strahlenzeichen (Radioaktivitätssymbole) von Wänden und Fenstern zu entfernen.
Sein Argument: Die Maler hätten die Gastfreundschaft des Kreises in unverschämter Weise mißbraucht, der ihnen die Räume gratis zur Verfügung stelle. Die Betroffenen überlegen nun, ob sie den Kreisverwaltungschef wegen Hausfriedensbruch belangen können.
Zum Hintergrund: Nach Informationen der Deutschen Presseagentur dürfen in Bleckede an der Elbe, in einer ausgebauten ehemaligen Remise neben dem Schloß, einige Künstler mehrere Monate mietfrei wohnen und dort ihrer beruflichen Tätigkeit nachgehen. Das Land Niedersachsen gewähre ihnen einen Zuschuß zum Lebensunterhalt.
Der Oberkreisdirektor erkläre sein Verhalten mit den Be-

schwerden mehrerer Besucher eines Konzerts im benachbarten Schloßhof. Ihnen hätten die Atomsymbole in den Fenstern nicht gepaßt. Auch hätten sich die Bewohner geweigert, die 15 mal 15 Zentimeter großen Schilder zu entfernen. Ein Sprecher der Malergemeinschaft zu dem Vorfall:
Vor kurzem sei das Symbol noch ein völlig wertneutrales Zeichen gewesen. Jetzt nach Tschernobyl werde es plötzlich zu einer politischen Meinungsäußerung hochstilisiert.
Löste die harmlose Strahlendemo beim Kreis einen Kurzschluß aus?

Segen der Menschheit

»Tatsache sind jedoch die seit langem bekannten vitalitätsanregenden Wirkungen kleiner Strahlendosen, die zum Beispiel die Förderung des Pflanzenwachstums, die Steigerung von Ernteerträgen, die Resistenz gegenüber Infektionskrankheiten sowie die Reparaturfähigkeit geschädigter Zellen betreffen.« (Aus dem Infodienst »Kernenergie und Umwelt« der Zeitschrift »atomwirtschaft — atomtechnik«)

Grünes Licht fürs Nuklear-Menü? Die Vermarkter warten schon

Widerliche Panscherei mit Flüssigei, Gift im Wein, Schweinerei in der Kälbermast . . . Da ist noch etwas. Denn in der Ernährungswirtschaft jagt ein Eklat den anderen.
Durch das sowjetische Reaktorunglück und seine Folgen wird ein Thema wieder ins Blickfeld gerückt, um das es längere Zeit (trotz massivem Tauziehen hinter den Kulissen) verdächtig, sagen wir besser: unheimlich ruhig geblieben ist – die Behandlung unserer Lebensmittel mit ionisierenden Strahlen zum Frischhalten und Entkeimen.
Schimmelpilz, Bakterien und diverses Krabbelzeug sollen keine Chance haben. Radioaktivität statt Chemie. Der Teufel treibt den Belzebub aus. Doch dies läßt sich nur vordergründig sagen. Denn hinter dem neuen Verfahren verbirgt sich – weltweit gesehen – ein Milliardengeschäft. Zahlreiche Länder bedienen sich bereits fleißig. Unter ihnen etliche unserer engsten Handelspartner. Verständlich, daß die deutschen Macher den Wettbewerbsnachteil auf Dauer nicht schlucken, daß sie nicht in die Röhre gucken wollen. Sie warten begierig darauf, daß auch bei uns »Feuer frei« gegeben wird: für den Gammabeschuß auf unser täglich Brot.
Nur dem zähen Kampf unabhängiger Verbraucherschützer ist es zu verdanken, daß bei uns nach außen noch relative Ruhe herrscht. Ruhe vor dem Sturm?
Horrorvisionen zeichnen sich ab, wie die »verbraucherfreundliche Haltbarmachung von Lebensmitteln« (Version der Strahlerlobby) in Zukunft aussehen könnte, wenn die Regierung – zunächst mit Ausnahmeregelungen – endgültig grünes Licht gibt.
Auf lange Sicht ist sogar die »ambulante Ionisierung« im Gespräch. In diesem Fall könnten fahrbare Bestrahlungsanlagen durch die Lande ziehen und den Nahrungsvermark-

tern bis in die Fabriken, den Händlern bis an die Verladerampen entgegenkommen. So spart man Zeit und Geld.
Die Warnung vor solchen Plänen ist keine alternative Schwarzmalerei: In anderen Ländern denkt man auf diesem Gebiet schon sehr konkret. Mit harmlosem Aufbau getarnte Strahlenkanonen auf unseren Straßen? Ist das Unfallrisiko dabei einkalkuliert?
Über gesundheitliche Begleiterscheinungen dieser modernen Lebensmitteltherapie streiten sich Experten, weil die dramatischen Begleiterscheinungen der Strahlen nur schwer nachzuweisen sind. Niemand kann letztlich belegen, was ihn verursacht, den Krebs. Jeder Fünfte im Land kriegt ihn halt laut Statistik. Und wer ihn kriegt, hat eben Pech.
Wir sollten es dem Strahlenkartell nicht leichtmachen, wenn es um unser aller Gesundheit geht. Diskutieren wir ruhig noch ein wenig, ehe man uns vor vollendete Tatsachen stellt.
Auf den folgenden Seiten ist einiges zu lesen, das den Hintergrund erhellt.

Gamma macht Gurken gelb
Legale Strahlen für Speis und Trank?

Radioaktivität und Lebensmittel – das ist nicht erst seit Tschernobyl ein Reizthema. Rückblende:
Von der Öffentlichkeit kaum bemerkt, werden seit Beginn der 80er Jahre in der Bundesrepublik Vorbereitungen für eine neue Konservierungsmethode bei Lebensmitteln getroffen: Haltbarmachung durch radioaktive Bestrahlung. Um das Schweigen zu brechen und eine Sachdiskussion in Gang zu bringen, klären Verbraucherzentralen erstmals auf. Die Öffentlichkeit zeigt sich überrascht.

In der Bundesrepublik ist die Bestrahlung von Nahrung bisher verboten. Doch liegen dem Bundesgesundheitministerium die Anträge zahlreicher Firmen vor, dieses Verfahren zur Entkeimung von Gewürzen zuzulassen.
Nun, Entkeimung an sich ist nicht neu: Seit langem werden Gewürze, die zum Beispiel in Wurst- und Fleischwaren weiterverarbeitet werden, chemisch gegen Bakterien, Schimmelpilz und Schädlinge geschützt. Die Verbraucherzentralen beleuchten den Hintergrund:
»Heute begast man sie mit Ethylenoxid. Inzwischen steht fest, daß dieses Mittel für Anwender krebserregend ist. Man braucht also eine Alternative. Denn viele Gewürze sind stark verkeimt. Eine Behandlung ist somit unbedingt notwendig. Die Bestrahlung wird in der Bundesrepublik von vielen Kennern der Branche als die Alternative angesehen.«

Auch das sollte die Hausfrau wissen, um auf künftige Entwicklungen vorbereitet zu sein:

Die radioaktiven Strahlen dringen tief in das Lebensmittel ein und zerstören Mikroorganismen, die zum Verderb der Ware beitragen. Man könnte die Bestrahlung zum Beispiel

einsetzen, um das Aufkeimen von Kartoffeln, Zwiebeln oder Knoblauch zu verhindern.
Bei Obst läßt sich der Reifungsprozeß und damit auch der Verderb verzögern. Strahlen können Salmonellen – vor allem im Geflügel abtöten. Unendlich viel läßt sich keimfrei machen.
In etlichen Ländern Europas und der übrigenWelt werden Lebensmittel bereits bestrahlt – so in Belgien, den Niederlanden, Frankreich, Italien, Norwegen, Dänemark, Spanien. Deutsche Firmen sagen, das sei ein Wettbewerbsnachteil für sie.
Die Bestrahlung, ihre Auswirkung auf Lebensmittel sowie mögliche Gesundheitsgefährdung sind längere Zeit erforscht worden. Man weiß heute, daß Strahlenenergie die Lebensmittel verändert.
»Zum Beispiel farblich, geschmacklich und geruchlich. Pfirsiche verfärben sich übertrieben rot. Gurken werden unnatürlich gelb. Aber nicht nur das Äußere der Lebensmittel verändert sich. Auch Nährstoffverluste treten auf. Etwa Vitaminverluste. Fette, Kohlehydrate und Eiweiß verändern sich ebenfalls.« So teilt es zum Beispiel die Bremer Verbraucherzentrale in ihrem telefonischen Ansagedienst mit.

Das Hauptproblem bei der Diskussion: Die Wissenschaftler sind sich über die Gesundheitsgefährdung nicht einig.
Auf der einen Seite behaupten Kritiker der ionisierenden Lebensmittelbehandlung, daß in der Nahrung durch die hohe Strahlungsenergie Wasserstoffperoxid entsteht. Von wenigen Ausnahmen abgesehen, ist diese Substanz als Zusatzstoff in der Ernährungsindustrie verboten, weil Wirkungen beobachtet wurden, die das Erbgut verändern. Ein sogenanntes »akutes gesundheitliches Risiko« im Sinn einer sofort festzustellenden Wirkung besteht allerdings nicht.
Auf der anderen Seite weisen die Befürworter der Lebensmittelbestrahlung auf Versuche hin, bei denen trotz Be-

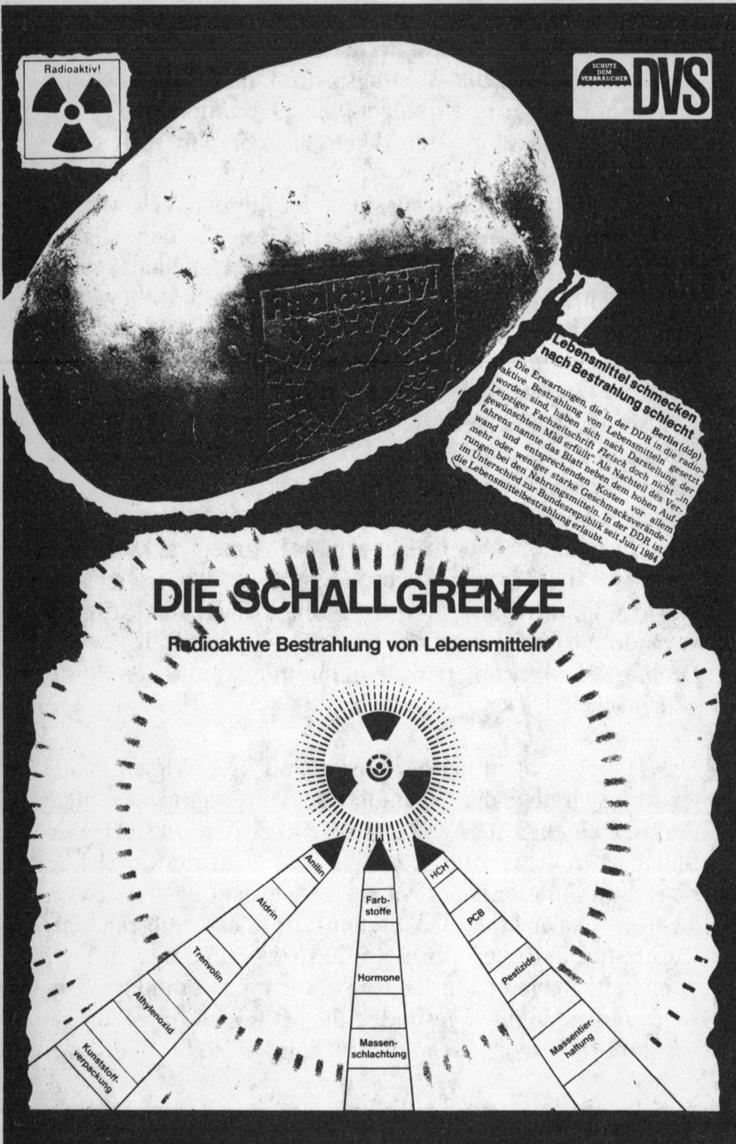
Radioaktiv!
SCHUTZ DEM VERBRAUCHER
DVS
Radioaktiv!
Lebensmittel schmecken nach Bestrahlung schlecht
Berlin (ddp) Die Erwartungen, die in der DDR in die radioaktive Bestrahlung von Lebensmitteln gesetzt worden sind, haben sich nach Darstellung der Leipziger Fachzeitschrift *Fleisch* doch nicht „in gewünschtem Mäß erfüllt". Als Nachteil des Verfahrens nannte das Blatt neben dem hohen Aufwand und entsprechenden Kosten vor allem mehr oder weniger starke Geschmacksveränderungen bei den Nahrungsmitteln. In der DDR ist im Unterschied zur Bundesrepublik seit Juni 1984 die Lebensmittelbestrahlung erlaubt.
DIE SCHALLGRENZE
Radioaktive Bestrahlung von Lebensmitteln
Anilin
Aldrin
Trenvolin
Äthylenoxid
Kunststoff-verpackung
Farb-stoffe
Hormone
Massen-schlachtung
HCH
PCB
Pestizide
Massentier-haltung

strahlung angeblich keine Schäden bei Versuchstieren eingetreten seien.
Wieder andere Experten halten dem vor allem zwei Argumente entgegen:
Erstens gebe es nur wenige Gewürze (etwa ein Fünftel), die aus den angegebenen Gründen tatsächlich entkeimt werden müßten.
Zweitens gelte es, erst einmal die Ursachen häufiger Salmonelleninfektionen gerade beim Geflügelverzehr zu bekämpfen. Zum Beispiel durch bessere hygienische Bedingungen bei der Vermarktung von Hähnchen, durch reinere Futtermittel und eine generelle Änderung der umstrittenen Massentierhaltung.

Nach dem deutschen Lebensmittelgesetz gilt der Grundsatz, nur solche Behandlungsverfahren für die Nahrung zuzulassen, deren gesundheitliche Unbedenklichkeit bereits voll erwiesen ist. Und wer dagegen verstößt, müßte normalerweise mit Bestrafung rechnen – was freilich die Praxis mitunter anders lehrt.
Die Lebensmittelkonservierung mit Strahlen wirft also viele Fragen auf. Wären es nicht Gründe genug, diese Konservierungsmethode überhaupt nicht zuzulassen? Zitat einer Verbraucherzentrale:

»Jahrelang wurden Millionensummen in eine einseitige Forschung gesteckt und zu wenig nach Alternativen zur Lebensmittelbestrahlung gesucht. Die Verbraucherzentralen sprechen sich derzeit wegen widersprüchlicher Sachverhalte grundsätzlich gegen die Bestrahlung von Lebensmitteln aus.«

◁ *Stimme der DDR: »Ionisierte Lebensmittel schmecken fad.« Ist die »Schallgrenze« erreicht?*

Damit die Zwiebel frisch bleibt
DDR schießt mit Elektronen

Die in Leipzig erscheinende Fachzeitschrift »Fleisch« muß 1985 einräumen, daß die in die radioaktive Bestrahlung von Lebensmitteln gesetzten Erwartungen doch »nicht im gewünschten Maß erfüllt« worden seien. Das DDR-Blatt rechnet zu den Nachteilen dieses Konservierungsverfahrens vor allem Geschmacksveränderungen, die sich mehr oder weniger bemerkbar machten. Seit Mitte 1984 hat die DDR die Bestrahlung erlaubt, die in der Bundesrepublik verboten ist. Zumindest vorläufig noch.

Zur Konservierung (Entkeimung) sind in der DDR Röntgen- und Gammastrahlen sowie beschleunigte Elektronen zulässig, jedoch keine Neutronenstrahlen. Vorausgehen muß die Prüfung durch das Ostberliner Gesundheitsministerium, das eine Genehmigungsnummer für die Packungen vorschreibt. Dies bedeutet, daß derart behandelte Produkte – Kartoffeln, Zwiebeln und verschiedene Gemüsesorten – möglicherweise auch in Westdeutschland in den Handel kommen, obwohl dies nach dem Lebensmittelgesetz dort strafbar ist. Das Problem:

Es gibt bisher keine Methode, mit der man erkennen kann, ob und in welchem Umfang Erzeugnisse radioaktiv behandelt wurden. (Lediglich bei bestimmten festen Naturalien, zum Beispiel bei Gewürzen und Nüssen, können bundesdeutsche Wissenschaftler dies unter gewissen Voraussetzungen diagnostizieren.)

Mit anderen Worten: Die Kontrolleure tappen völlig im dunkeln. Bestrahlte Ware ist nicht als solche zu erkennen; es sei denn, sie wäre deutlich gekennzeichnet. Doch Kritiker bezweifeln, daß diese Kennzeichnung tatsächlich in allen Fällen erfolgt. Sie befürchten: Händler jenseits unserer Grenzen (das gelte für alle Staaten mit Strahlenerlaubnis) würden mit Leichtigkeit Mittel und Wege finden, um ihre derart entkeimten Lieferungen auch inkognito an den Mann zu bringen.

Der Schritt der DDR, veröffentlicht durch eine Anordnung in ihrem Gesetzesblatt, löst Unruhe bei den für die Lebensmittelüberwachung zuständigen Bundesländer aus. Hessens amtierender Sozialminister Armin Clauss (Wiesbaden) stellt im Mai 1984 öffentlich die Frage, ob den Kunden in den Läden der Bundesrepublik nun ebenfalls bestrahlte DDR-Lebensmittel angeboten werden? Niemand kann darauf eine zuverlässige Antwort geben.
Auch das Bundesgesundheitsministerium nicht. Es soll deshalb im Rahmen seiner Zuständigkeiten klären, welche Lebensmittel in der DDR mit ionisierenden Strahlen traktiert werden, ob sie auch bei uns verkauft werden dürfen, und in welcher Form die Kennzeichnung erfolgt?
Clauss: Gegebenenfalls müsse die Lebensmittelüberwachung am hessischen Grenzübergang Herleshausen einschreiten, wo die volkseigenen Transporte abgefertigt werden. Er dringt darauf, »daß alle Anstrengungen unternommen werden müssen, um die Einfuhr bestrahlter Produkte aus der DDR im Interesse des vorbeugenden gesundheitlichen Verbraucherschutzes zu verhindern.« Gleiches gelte selbstverständlich für Importe aus Staaten der EG und aus Drittländern.
Der Minister untermauert die Bedeutung der DDR-Maßnahmen mit Zahlen: Im Jahr werden rund 220000 Tonnen Lebensmittel im Wert von etwa 250 Millionen DM von drüben in die Bundesrepublik eingeführt. »Angesichts dieser Menge verdient die Konservierung durch radioaktive Strahlen in der DDR größte Aufmerksamkeit.«

Weder Lebensmittelkontrolleure noch Verbraucher überblicken, was hier gespielt wird. Auch wenn sie noch so genau hinsehen: Sie werden in den Regalen der Supermärkte wohl nichts ausmachen, was das Strahlenzeichen trägt. Wo aber steckt das Zeug?

Im Frühjahr 1986 laufen Meldungen durch die Presse: »Ob Lebensmittel bestrahlt worden sind, läßt sich jetzt nach einer vom Institut für Strahlenhygiene des Bundesgesundheitsamtes (BGA) gefundenen Methode nachweisen. Davon versprechen sich die Behörden ein Instrument, um die Einfuhr bestrahlter Lebensmittel zu verhindern.« Diese Meldungen sind so nicht richtig.
Richtig ist vielmehr, daß der Nachweis bisher nur bei wenigen festen Trockenlebensmitteln (z. B. Nüssen, Getreidekörnern), aber nicht bei weichen Erzeugnissen (Fleisch, Früchten, Tomaten usw.) gelingt. Selbst die Trockenmethode ist äußerst kosten- und zeitaufwendig und erfordert eine Spezialausrüstung, über die nur ganz wenige Stellen in der Bundesrepublik verfügen.
Nach Auffassung eines BGA-Sprechers wird sich an der mißlichen Lage vorläufig nichts ändern, »bis man über eine Palette verschiedener Verfahren verfügt. Bisher sind lediglich erste Ringversuche gelaufen, und zwar in den Untersuchungsämtern Mainz, Oldenburg, München-Oberschleißheim sowie in der Bundesforschungsanstalt für Ernährung in Karlsruhe.
Der Sprecher: »Vielleicht sind wir in ein paar Jahren so weit, daß wir chemisch oder thermisch auch andere Lebensmittel auf Strahlen testen können.«

»Schmeckt wie nasser Hund«
So werden Verbote umgangen

»Wir unterstützen die Position des Bundesgesundheitsrats, der für die Zulassung der Bestrahlung allgemein mit ionisierenden Strahlen keine Notwendigkeit sieht. Die gegenwärtig angewendeten Verfahren zur Haltbarmachung von Lebensmitteln reichen in der Regel aus, um den Verbraucher vor gesundheitlichen Gefahren durch mikrobielle Kontamination (Verseuchung, Verschmutzung) beim Verzehr von Lebensmitteln zu schützen.«
Mit dieser Stellungnahme befürwortet die *Arbeitsgemeinschaft der Verbraucher e. V. (AGV, Heilsbachstraße 20, 5300 Bonn)* im Herbst 1985 eine Änderung des Lebensmittel- und Bedarfsgegenständegesetzes (LMBG), die im Entwurf vorliegt. Sie sieht eine Streichung der Möglichkeit vor, Ausnahmegenehmigungen für die Behandlung von Nahrung mit ionisierenden Strahlen zu erteilen. Nach bisher geltendem Recht (§ 13/2, Ziff. 1, LMBG) wären derartige Ausnahmen mit dem Schutz des Verbrauchers nicht vereinbar.
AGV-Standpunkt: Grundsätzlich müsse vor der Einführung eines neuen technologischen Verfahrens erst der eindeutige Nachweis erbracht werden, »daß die Gesundheit des Verbrauchers hierdurch nicht gefährdet wird«. Dies sei jedoch bisher nicht geschehen.
Vielmehr hätten zum Beispiel amerikanische Wissenschaftler erst 1984 festgestellt, daß die Behandlung von Getreide und Gemüse mit Gammastrahlen die Entstehung von hochtoxischen und karzinogenen (krebserzeugenden) Schimmelpilzen begünstige.
Wie man aus Tierversuchen wisse, könnten neben strahlenbedingten radiolytischen Substanzen bestimmte Bakterien- und Virenarten hervorgebracht werden, die gegen Strahlen resistent sind.
Zudem scheine ein Zusammenhang zwischen der Entste-

hung radioaktiver Atome und wachstumshemmenden Wirkungen beim Nachwuchs von solchen Tieren zu bestehen, die mit bestrahlten Lebensmitteln gefüttert wurden.
Die AGV-Experten weiter:
»Statt einer umfassenden Inaktivierung der Mikroorganismen werden durch dieses Verfahren manche der Organismen zur erhöhten Toxinbildung angeregt, wie das Clostridium botulinum (Erreger des lebensgefährlichen Botulismus, auch Allantiasis oder Wurstvergiftung genannt). Enzyme weisen nach der Bestrahlung unter Umständen eine erhöhte Aktivität auf, was den enzymatischen Abbau im Fleisch fördert.«
Dies aber lege dann paradoxerweise wiederum den Zusatz von Chemikalien nahe.

Wie jedermann weiß, begegnen breite Bevölkerungskreise der radioaktiven Bestrahlung mit Ablehnung und Angst. »Die Streichung der Möglichkeit für Ausnahmegenehmigungen würde diesen Ängsten entgegenwirken«, meint die AGV.
Der wunde Punkt: Durch den vorliegenden Gesetzentwurf solle die Behandlung von Lebensmittel durch ionisierende Strahlen in der Bundesrepublik zwar auf Dauer verhindert werden, wodurch bei Verbrauchern der Eindruck entstehe, sie seien vor dem Verzehr derartig behandelter Lebensmitteln geschützt.
Dieser Eindruck sei jedoch falsch, da innerhalb der europäischen Gemeinschaft und auch in Drittländern eine Vielzahl von Nahrungsmitteln bereits bestrahlt werden dürfe.
»Man muß also leider davon ausgehen, daß wir trotz geltender Verbote tagtäglich bestrahlte Lebensmittel essen, die aus anderen Ländern stammen. Der vorliegende Gesetzentwurf ändert an dieser bedauerlichen Situation nichts.«

Es ist nicht das erste Mal, daß die Verbraucherschützer der Strahlenlobby die Zähne zeigen, die seit langem auf Ausnahmeregelungen vor allem für Gewürze drängt. Ein Stapel von Anträgen der Firmen liegt dem Bundesgesundheitsministerium vor. Die AGV kontert mit einem Brief:

Zunächst müsse davon ausgegangen werden, daß eine Zulassung der Gewürzbestrahlung über kurz oder lang die radioaktive Behandlung von Lebensmitteln in der Bundesrepublik im weiteren Bereich nach sich ziehen würde. Schon allein wegen des enormen technischen und finanziellen Aufwands, der für die Bestrahlungseinrichtung erforderlich sei. Deshalb dürfe man die Frage der Entkeimung von Gewürzen nicht isoliert betrachten.
Falls sich Bonn dennoch dafür entscheide, könne man nicht umhin, strenge Auflagen zu fordern, die sich auf Strahlungsenergie, -art und -quelle beziehen sowie auf Verpakkung der Lebensmittel und deutliche Kennzeichnung zur Verhinderung von Doppelbestrahlungen. Ferner seien wirksame Betriebskontrollen unerläßlich.

Die Arbeitsgemeinschaft bezweifelt, daß die Einhaltung einer mittleren zulässigen Bestrahlungsdosis wirklich gewährleistet werden könne. Bisher gebe es nicht einmal Hinweise, wie die Strahlendosis in Lebensmitteln präzis abzuschätzen sei. Auch vermisse man konkrete Vorschläge für eine wirksame Kontrolle der Betriebe.
Im übrigen sei zu fragen, ob die geringe Menge (knapp zehn Prozent) von Gewürzen, für die theoretisch eine radioaktive Entkeimung in Frage komme, überhaupt einen Einstieg in die Bestrahlung rechtfertige? Man könne ja ohne weiteres auf unproblematische Gewürzextrakte ausweichen.
Andererseits stelle niemand in Abrede, »daß die alte Konservierungsmethode, also die Begasung durch Ethylenoxid, nicht mehr erlaubt werden darf und sich zunächst die Frage nach Ersatzverfahren stellt. Experten sehen hier die Möglichkeit, daß bei der Anwendung fortgeschrittener Technologien auf die Verwendung entkeimter Gewürze ganz verzichtet werden kann«.

Bei sorgfältigem Abwägen des Für und Wider einer Lebensmittelbestrahlung dürfe auch die psychologische Seite nicht ignoriert werden:
»Gesehen werden muß, daß große Teile der Bevölkerung alles, was mit radioaktiver Strahlung aus Kernenergie zu tun hat, ablehnen. Dies gilt es besonders bei der Bestrahlung von Lebensmitteln zu berücksichtigen.
Es muß davor gewarnt werden, ohne zwingende Notwendigkeit die Bevölkerung noch mehr zu verunsichern, was ganz gewiß geschehen würde, wenn dieses Verfahren zugelassen würde.
Aus alledem ergibt sich, daß man auf die Lebensmittelbestrahlung generell verzichten sollte, auch auf die Bestrahlung von Gewürzen. Da schon heute bestrahlte Nahrungsmittel auf unseren Markt drängen, müssen Überlegungen angestellt werden, wie das Problem auch auf europäischer Ebene gelöst werden kann – die Nachweisproblematik eingeschlossen.«

Was aber, wenn sich der Gewürzhandel gegen alle Widerstände mit seiner Forderung durchsetzt? Dann hält die Arbeitsgemeinschaft neben anderen strengen Anforderungen eine klare Kennzeichnung für unerläßlich. Die habe selbstverständlich nicht nur bei den zur Weiterverarbeitung bestimmten Gewürzen zu erfolgen, sondern auch in der zweiten Generation, also beim gewürzten Produkt.
Dabei dürfe eine Kennzeichnung, die lediglich »entkeimt« lautet, nicht akzeptiert werden, denn sie gebe keinerlei Hinweise auf die Art der Behandlung des jeweiligen Lebensmittels. Der Verbraucher aber habe ein Recht auf deutliche, unverschleierte Information.
Zur eindeutigen Deklaration schlägt die Bonner AGV zwei Begriffe zur Auswahl vor:
»Haltbar gemacht durch Bestrahlung« oder »Konserviert durch Bestrahlung«. Bedingt durch den internationalen Markt sei diese Kennzeichnung für sämtliche Produkte anzustreben, die dem Verfahren unterworfen wurden. Zu-

mindest auf EG-Ebene müsse eine solche unmißverständliche Etikettierung verankert werden.

Doch es ist entsetzlich schwer, die Interessen der am Strahlengeschäft interessierten Partner in Europa unter einen Hut zu bringen. Nationaler Egoismus ist zu stark ausgeprägt. Einige haben längst eigenmächtig gehandelt. In Holland dürfen unter anderem Erdbeeren, Champignons (beide seit 1969), Kartoffeln, Gewürze, Zwiebeln, Garnelen, Hähnchen, Fischfilets, Suppengrün, Froschschenkel (gefroren), Reis und Roggenbrot bestrahlt werden. Spanien begann 1969 mit Kartoffeln und Zwiebeln, Dänemark zog 1970 mit Kartoffeln nach, Frankreich 1972, Italien 1973. Zahlreiche andere Länder liegen ebenfalls blendend im Rennen.

In der Bundesrepublik gibt es (zum Sterilisieren von medizinischen Produkten und Laborzubehör) bereits mehrere kommerzielle Bestrahlungsanlagen: in Baden-Württemberg (Rommelshausen), Hessen (Melsungen), Bayern (Allershausen), Schleswig-Holstein (Hamburg-Norderstedt) und Hamburg. Zumindest eines dieser Unternehmen (Allershausen, von einer holländischen Firma betrieben) ist auch auf erhebliche Lebensmittelkapazitäten ausgerichtet. Solange die Deutschen nicht mithalten dürfen, machen die Ausländer das gigantische Geschäft mit der radioaktiven Konservierung von Nahrung. In welche Richtung dies läuft, läßt sich unschwer erraten.
1984 antwortet die Bundesregierung auf eine parlamentarische Anfrage der Grünen:

»Die Einfuhr von mit ionisierenden Strahlen behandelten Lebensmitteln kann, wenn sie keinen Hinweis auf die Bestrahlung enthalten, praktisch nicht verhindert werden.«

Na also.

Für geschmackliche Veränderungen des Essens durch Gammastrahlen gibt es international inzwischen einen gängigen Begriff: »Wet-dog-flavour«. Es liegt einem auf der Zunge wie nasser Hund.

Die EG trickst uns aus
Richtlinie mit Schwachstellen

Der Entwurf einer EG-Richtlinie »über die Annäherung der Rechtsvorschriften der Mitgliedstaaten über bestrahlte Lebensmittel« enthält für die europäische Verbraucherpolitik aufschlußreiche Details.

Nach Artikel 2 des Papiers werden Länderbehörden in ihre Schranken verwiesen, wenn sie die Vermarktung bestrahlter Produkte etwa durch allzu scharfe Kontrollen oder gar Verbote behindern:
»Die Mitgliedsstaaten dürfen das Inverkehrbringen bestrahlter Lebensmittel oder deren Bestandteile nicht mit der Begründung verbieten, beschränken oder behindern, daß diese mit ionisierender Energie behandelt worden sind, wenn das angewandte Verfahren den Vorschriften dieser Richtlinien entspricht.«

Dem »legalen« Etikettenschwindel öffnet möglicherweise Artikel 6 der Richtlinie Tür und Tor, weil nicht alles gekennzeichnet werden muß, was unter Gammabeschuß genommen wird:

»Im Rahmen dieser Richtlinie wird ein Lebensmittel oder Lebensmittelbestandteil nicht als bestrahlt angesehen, wenn:
a) es sich um ein gemäß den Bestimmungen von Anhang 1 bestrahltes Lebensmittel handelt, das aus anderen in Anhang 2 genannten technologischen Gründen bestrahlt wird;
b) es sich um ein Lebensmittel handelt, das dem Gewicht nach weniger als 5 % bestrahlte Bestandteile enthält;
c) die zur Erzielung der gewünschten Wirkung erforderliche Volldosis ionisierender Energie bei mehr als einer

Herstellungsphase als Teil der Verarbeitung für eine spezifische technologische Funktion angewandt wird.«

(Anhang 1 regelt die Bestrahlung zur Manipulation des Wachstums- und Reifeprozesses bei Obst und Gemüse, zur Insektenvernichtung bei Lebensmitteln und zur Speicherung von Getreide und Hülsenfrüchten.
Anhang 2 gilt unter anderem für Trockengemüse, Erdbeeren und Gewürze. Anhang 3 geht auf die durchschnittliche Gesamtdosis der Bestrahlung ein.)

Laut Artikel 13 »kann ein Mitgliedstaat zulassen, daß ein nicht in den Anhängen aufgeführtes Lebensmittel innerhalb seines Hoheitsgebiets bestrahlt wird, vorausgesetzt, die Genehmigung wird auf eine Höchstdauer von drei Jahren beschränkt.« Man ist großzügig in Europa, wenn's um Manipulation von Speis und Trank geht...

Im Ernstfall ist der Instanzenweg zu beschreiten. Ein bewährtes Verfahren der Euro-Bürokratie, wenn wichtige Entscheidungen abgewürgt oder hinausgezögert werden sollen. Artikel 14 besagt:

»1) Hat ein Mitgliedstaat infolge neuer Aufgaben oder aufgrund einer Überprüfung der seit Annahme der Entscheidung übermittelten Angaben berechtigtere Gründe für die Feststellung, daß die Bestrahlung eines in den Anhängen dieser Richtlinie aufgeführten Lebensmittelbestandteils oder die dort festgesetzte durchschnittlich absorbierte Gesamtdosis eine Gefahr für die menschliche Gesundheit darstellt, obwohl es den Bestimmungen dieser Richtlinie entspricht, kann dieser Mitgliedstaat die Anwendung der betreffenden Bestimmungen in seinem Hoheitsgebiet zeitweise aussetzen oder beschränken.
Er setzt die übrigen Mitgliedstaaten und die Kommission unter Begründung dieser Entscheidung unverzüglich in Kenntnis.

2) Die Kommission prüft sobald wie möglich die von dem Mitgliedstaat innerhalb des ständigen Lebensmittelausschusses angegebenen Gründe, gibt sodann eine Stellungnahme und trifft die entsprechenden Maßnahmen.
3) Hält die Kommission Änderungen zu dieser Richtlinie für notwendig, um die in Absatz 1 genannten Schwierigkeiten zu beseitigen und den Schutz der menschlichen Gesundheit zu gewährleisten, leitet sie das Verfahren gemäß Artikel 15 im Hinblick auf die Annahme dieser Änderungen ein; der Mitgliedstaat, der Sicherheitsmaßnahmen getroffen hat, kann in diesem Fall diese bis zum Zeitpunkt des Inkrafttretens der Änderungen beibehalten.«

Aber damit ist die Gesundheitsgefahr noch längst nicht gebannt. Denn erst muß noch Artikel 15 in Kraft treten, der klarstellt, ob und wie und wann der Vorsitzende geruht, sich mit dieser Angelegenheit zu befassen. Außerdem müssen Stellungnahmen abgegeben und gegebenenfalls weitere Vorschläge unterbreitet werden.
»Hat der Rat nach Ablauf einer Frist von drei Monaten (!), nachdem ihm der Vorschlag übermittelt worden ist, keinen Beschluß gefaßt, so werden die vorgeschlagenen Maßnahmen von der Kommission getroffen.«

Der Rat ist kein Schnelldenker. Er läßt sich Zeit, wenn es um Wohl und Wehe der Verbraucher geht. Manipulationen mit verstrahltem Fisch oder Fleisch – so etwas bringt den Rat nicht aus der Ruhe.

SCHUTZ DEM VERBRAUCHER

DVS DEUTSCHER VERBRAUCHER SCHUTZVERBAND e.V.

VERBRAUCHERSCHUTZ — MENSCHENSCHUTZ

INFORMATION: 34

- Niederlande
- Frankreich
- Kanada
- Belgien
- Italien
- Amerika
- Südafrika
- Sowjetunion
- Japan
- Israel
- und jetzt auch die DDR

Lebensmittel aus diesen Landen frisch bestrahlt auf den Tisch

Das deutsche Lebensmittelrecht – angeblich das beste der Welt – läßt die Konservierung von Lebensmitteln durch radioaktive Bestrahlung zwar nicht zu. Auch in allen anderen Ländern der Europäischen Gemeinschaft ist dieses bei uns – bisher nicht – praktizierte Konservierungsverfahren nicht zugelassen (EG-Richtlinien). Trotzdem werden in den meisten EG-Mitgliedstaaten und weiteren Ländern bereits Lebensmittel **für den Export** durch radioaktive Bestrahlung haltbar gemacht.
So nun auch in Deutschland: Denn auch unser Lebensmittelrecht läßt Bestrahlung „für den Export" zu. Es bedarf hier lediglich einer Meldung an die zuständige Kreisbehörde, die auch den Export selbst überwacht. So geschehen im Land Bayern.

Die Behandlung von Lebensmitteln mit radioaktiver Bestrahlung kann bisher nicht nachgewiesen werden. Das hat zur Folge, daß bestrahlte Produkte trotz des deutschen Lebensmittelrechts quasi unerkannt eingeführt oder wiedereingeführt und verkauft werden können.

Bestrahlt werden unter anderem:

Getreide – Roggenbrot – Mehl – Mandeln – Kartoffeln – Zwiebeln – Reis – Suppengrün – Pilze – Kakao – Erdbeeren – Datteln – Spargel – Fische – Froschschenkel – Mangos – Kräuter und Gewürze
Hülsenfrüchte – Hühner – Marmeladen – Moste – Konserven – insbesondere Obstkonserven und solche, die Fleisch- und Fischanteile enthalten – Knoblauch – Fischfilet

Bei uns sollen „Gewürze" bestrahlt werden. Diese sind in folgenden Produkten enthalten:

Konserven – rohem Schinken – gekochtem Schinken – Rohwurst – Speiseeis – Kefir – Joghurt – Sauerrahm – Schnittkäse – Weichkäse – Schmelz- und Frischkäsezubereitungen – neutralen Dessertsaucen – gefüllten und gefärbten Teigwaren – Paniermehlprodukten – Knoblauch – Trockensuppen – Kräuterbutter – Diättrockenprodukten

Keimfrei durch Gammabeschuß: Zahlreiche Länder werfen solche Nahrung auf den Markt. (Informationsblatt des Deutschen Verbraucherschutzverbandes.)

Schlupflöcher im Paragraphennetz
Der Weltmeister läßt Ausnahmen zu

Ein merkwürdiges Schlupfloch hat der *Deutsche Verbraucherschutzverband e. V. (DVS, Leberberg 4, 6200 Wiesbaden)* im deutschen Lebensmittelrecht erspäht, das offiziell immer wieder als bestes in der Welt gerühmt wird: Es gestatte bisher zwar keine Lebensmittelbestrahlung für heimische Zwecke, lasse aber den Export der mit der »Gamma-Kanone« steril gemachten Produkte ohne weiteres zu.
»Es bedarf hier lediglich einer Meldung an die zuständige Kreisbehörde, die auch die Ausfuhr selbst überwacht. So geschehen im Freistaat Bayern.« Die eigenartige Regelung habe nämlich zur Folge, daß bestrahlte Ware erst exportiert, dann reimportiert und in der Bundesrepublik unerkannt verkauft werden könne.
Der Verband mutmaßt, daß die Erteilung von Ausnahmegenehmigungen zur Strahlenkonservierung in der Bundesrepublik Schule machen könne. Dies komme einer indirekten Zulassung der Bestrahlung – zunächst bei Gewürzen und Kräutern – gleich. Klammheimliche Absegnung durchs Hintertürchen? Nein, nicht ganz.
Denn eine solche Vorgehensweise – stellt der DVS klar – werde durch das gültige Lebensmittelrecht durchaus zugelassen. Verbraucherpolitisch klug sei sie aber keinesfalls. Die Inanspruchnahme der Ausnahmeregelung gerade in diesem äußerst kontrovers diskutierten Fall zeuge auch nicht von Respekt und Verantwortunsbewußtsein gegenüber dem Konsumenten.
Im übrigen könne die vorgesehene Überwachung durch die Bundesländer bestenfalls nur eine Scheinkontrolle sein, da bislang kein praktikables Verfahren zum Nachweis der radioaktiven Bestrahlung bei Lebensmitteln existiere.
»Die Verbraucher können jetzt nur noch Druck ausüben, indem sie an die Behörden schreiben und fordern, daß alle

Produkte sowie Nachfolgeprodukte mit deutlicher Kennzeichnung ›Bestrahlt‹ versehen werden.«

Zum Boykott aufrufen will der DVS allerdings nicht, nachdem ihm vom Fachverband der Gewürzindustrie einstweilige Verfügungen und Schadenersatzklagen angedroht worden seien. Doch gibt er allen, die konsequent auf radioaktiv entkeimte Gewürze und Kräuter verzichten wollen, diesen Tip:
»Jeder von uns hat Garten, Balkon oder Blumenfenster. Hier kann man sehr gut sämtliche Kräuter anbauen. Küchenkräuter sind sehr vitamin- oder mineralstoffreich und äußerst wichtig für eine gesunde, vollwertige Ernährung. Überdies haben viele Kräuter Heilwirkung. Schon aus diesem Grund sollte man nicht auf den eigenen Kräuter- und Gewürzanbau verzichten.«

(Nun ist unser Garten auch nicht mehr das, was er einmal war: Als diese Anregung beim DVS gegeben wird, kann noch niemand ahnen, daß bald starke radioaktive Niederschläge über Felder und Gärten hereinbrechen werden. Wer sich nach Tschernobyl seine kleine Balkon-Kräuterinsel einrichten will, der sollte sich von einem Ökofachmann am Ort beraten lassen. Vielleicht kennt der eine Quelle für einwandfreie Erde.)

Die Wiesbadener Verbraucherschützer wissen natürlich auch, daß in unseren Breiten der Eigenanbau exotischer Gewürze (Pfeffer, Vanille, Kardamom, Ingwer, Paprika usw.) meist nicht möglich ist. Doch geben sie zu bedenken, »daß der Verzicht darauf nicht schwerfallen dürfte, wenn man sich vor Augen hält, wie stark belastet (mit Pestiziden und Vorratsschutzmitteln) diese Waren häufig sind.«
Für manche Geschmacksrichtungen gibt es sogar Ersatz. Ein Beispiel: Pfeffer. Man mischt ganz einfach Basilikum und Bohnenkraut zu gleichen Teilen und tut eine Spur Rosmarin dazu . . .

In seiner empfehlenswerten Informationsschrift *»Die Schallgrenze«* wehrt sich der DVS dagegen, die Verbraucher wie Versuchskaninchen zu behandeln: »Wir sehen in der radioaktiven Bestrahlung ein unverantwortliches Spiel mit der Gesundheit. Die Verbraucher sollten sich einig sein und bestrahlte, biologisch tote Lebensmittel ablehnen. Nicht alles was technisch machbar ist, ist auch sinnvoll und nützlich.«
Ein unmißverständliches Wort.

In den bundesweit verbreiteten Infoblättern der Wiesbadener Organisation werden beschämende Zusammenhänge enthüllt:
Wer weiß schon, daß es trotz grundsätzlichem Bestrahlungsverbot für Lebensmittel in der Bundesrepublik längst ein paar Ausnahmen gibt?
So sei sterile Krankenkost zu Versuchszwecken zugelassen. Erlaubt sei auch die radioaktive Konservierung zu Kontrollzwecken. Und ferner gebe es ja inzwischen rund 20 Länder in der Welt (darunter neben den einschlägig bekannten EG-Nachbarn die UdSSR, die DDR, Ungarn, die USA, Kanada und Israel.
»Wenn Sie also Lebensmittel aus diesen Ländern kaufen, können Sie nie sicher sein, ob die nicht schon bestrahlt wurden: Kartoffeln, Zwiebeln, Salate, Erdbeeren, Getreide, Reis, Früchte, Fisch, Geflügel, Fleisch, Wurst, Konserven und Gewürze.«

Mit diesen Informationen will der DVS zum Nachdenken und zur Eigeninitiative anregen:

□ »Lassen Sie sich nichts vormachen. Was Industrie, Behörden und Politiker so harmlos als Bestrahlung bezeichnen, ist der radioaktive Beschuß von Lebensmitteln und Verpakkungen, über dessen chemische, mikrobiologische und toxikologischen Folgen für den Menschen es keinerlei beruhigende Apsekte gibt.

□ Während der Bestrahlung wird Wasser gespalten. Mit den dadurch freigesetzten ›Radikalen‹ werden aber nicht nur Schimmelpilze, Bakterien und Viren abgetötet. Als Nebenwirkungen können auch schwere Zellgifte – wie Schwefelwasserstoff, Merkaptane, Ammoniak und Formaldehyd – entstehen. Sogar Polymerisationen wie bei der Kunststoffherstellung wurden beobachtet.

□ Konserviert werden kann mit Kobaltquellen oder Elektronenbeschleunigern. Elektronen durchdringen allerdings nur Verpackungen mit geringer Schichtdichte. Man kann den Beschleuniger aber abschalten.
Gammastrahlen aus radioaktiven Isotopen dringen tiefer ein, die Bestrahlung läuft aber ohne Unterbrechung weiter. Elektronenbeschleuniger sind wartungsaufwendiger, also weniger wirtschaftlich. Bei der Gammastrahlung entsteht für den Menschen schädliches Ozon im Strahlenbunker, was heute einfach über den Schornstein abgeleitet wird.

□ Bei radioaktiv bestrahlten Lebensmitteln sollte die Geduld der Verbraucher ein Ende haben. Der Mensch ist doch schließlich als Endlagerstätte des Atommülls wirklich nicht geeignet. Deshalb protestieren Sie gegen jede Zulassung neuer Versuche. Verlangen Sie die Kennzeichnung bereits bestrahlter Lebensmittel durch einen unübersehbaren Atomaufkleber.
Auch die Lebensmittel, in denen nur bestrahlte Bestandteile (zum Beispiel Gewürze, Fertiggerichte) enthalten sind, müssen ehrlich mit diesem Aufkleber deklariert sein.

□ Wehren Sie sich! Schalten Sie Ihren Abgeordneten ein! Schreiben Sie an den Bundesminister für Jugend, Familie und Gesundheit – und an den Bundesernährungsminister in Bonn, damit dieser Wahnsinn noch gestoppt werden kann.«

SCHUTZ DEM VERBRAUCHER

DVS DEUTSCHER VERBRAUCHER SCHUTZVERBAND e. V.

VERBRAUCHERSCHUTZ – SCHUTZ DEM VERBRAUCHER

INFORMATION: 19

Krank durch radioaktiv bestrahlte Arzneimittel

Offenbar reicht es nicht, wenn wir unseren Hunger und Durst mit chemisch aufgepäppelten und mit Schadstoffen unterschiedlichster Art vollgepfropften Lebensmitteln stillen müssen. Unser dadurch ohnehin geschwächter Organismus soll jetzt auch noch im Krankheitsfall mit Arzneimitteln, die durch radioaktive Bestrahlung haltbar gemacht wurden, zusätzlich belastet werden.

Dagegen müssen wir uns wehren!

Heimlich, still und leise werden bei uns zur Konservierung oder Sterilisierung schon jahrelang bestrahlt:

- **Arzneimittel**
- **medizinische Geräte**
- **Einwegspritzen**
- **Katheter**
- **chirurgisches Nahtmaterial**
- **Verbandsmaterial**
- **Tupfer**
- **Collagenmembranen**
- **Arzneiampullen**
- **Verpackungsmaterial**

Das geltende Gesetz, das den Umgang mit radioaktiv bestrahlten Arzneimitteln regelt (§ 7 AMG), verbietet grundsätzlich, radioaktiv bestrahlte Arzneimittel in den Verkehr zu bringen. **Ausnahmeregelungen können durch Rechtsverordnung nur zugelassen werden, wenn die gesundheitliche Unbedenklichkeit gewährleistet ist.**
Aber bei radioaktiver Bestrahlung gibt es keine gesundheitliche Unbedenklichkeit. Dennoch haben solche Ausnahmeregelungen in den 13 Jahren, in denen das Gesetz besteht, den Willen des Gesetzgebers in der Praxis aufgeweicht. Durch eine geplante Gesetzesänderung soll nun eine Anpassung an diese Praxis erfolgen.
Die Bundesregierung strebt daher eine Aufhebung des generellen Verbotes der radioaktiven Bestrahlung von Arzneimitteln und medizinischen Hilfsstoffen an. Dies zugunsten der kommerziellen Betreiber der radioaktiven Bestrahlung und gegen die Interessen der Patienten und Verbraucher! Damit soll ein weiterer Raubbau an unserer Gesundheit legalisiert werden!

Bestrahlte Arznei: Gesundheitlich unbedenklich? (Infoblatt des Deutschen Verbraucherschutzverbandes.)

»Jauchiges« Fleisch
Adrenalinstoß fürs Schlachtvieh

Der Deutsche Verbraucherschutzverband bedauert »die positive Einstellung des Bundesministers für Jugend, Familie und Gesundheit gegenüber einer Gammabestrahlung von Gewürzen« um so mehr, als von der Bundesanstalt für Fleischforschung in Kulmbach bereits vor längerer Zeit ein unschädliches Verfahren mit Alkoholdampf für die Entkeimung von Gewürzen entwickelt worden sei.
Weiten Teilen der deutschen Landwirtschaft, den Verarbeitern von Lebensmitteln und dem Handel komme die »Konservierung mit Atomstrahlen« wegen der gegenwärtig noch aufwendigen und nicht immer zuverlässigen Techniken wie gerufen. Deshalb sei es auch nicht weiter verwunderlich, wenn die Unternehmer immer wieder auf das günstige Kosten-/Nutzenverhältnis der radioaktiven Bestrahlung hinweisen.
Obwohl Industrie, einige Wissenschaftler, Behörden und Politiker die vorgesehene Bestrahlung als harmlos bezeichneten, gebe es derzeit über die chemischen, mikrobiologischen und toxischen Folgen des radioaktiven Beschusses von Lebensmitteln und Verpackungsmaterial keinerlei beruhigende Aspekte, warnt der DVS.
Es stehe fest, daß die zur Konservierung erforderliche Strahlendosis um so höher sein müsse, je resistenter Insekten, Bakterien, Keime und Viren sind. Diese Resistenz werde aber andererseits durch immer mehr Chemie in Natur und Umwelt gefördert.
»Statt deshalb nach neuen, wirksameren Konservierungsmethoden wie der radioaktiven Bestrahlung der Endprodukte zu suchen, sollte besser eine drastische Reduzierung des Chemikalieneinsatzes bei den Urprodukten erfolgen.«
Bedenklich sei auch dies: Schon bei einer kleinen Strahlendosis zeigten sich Stoffwechselvorgänge im Lebensmittel.

Bei mittleren Dosen gebe es nachweislich chemische Veränderungen. Die Gewebefestigkeit von Früchten lasse nach, Zellwände würden zerstört und Mikroorganismen in ihrem Wachstum gehemmt.
Auch seien sichtbare Veränderungen wie Bräunen oder Welken möglich, ebenso mehr oder weniger starke Geschmacksbeeinflussungen. Niemand könne bestreiten, daß Strahlenbehandlung die Lebensmittel-Inhaltsstoffe verändere, zerstöre oder abbbaue.
Untersuchungen hätten zweifelsfrei belegt, daß die Wirksamkeit der Bestrahlung von der Sorte der Ware, von Wetter, Reifegrad, Vorkühlung, Verpackung, Verarbeitung, Lagerung und Transport abhänge. »Wer aber will und kann dies alles kontrollieren? Wer kann es beherrschen, zumal die Lebensmittel ja im Produktionsprozeß noch mit Zusatzstoffen angereichert werden?«
Generell könne man sagen, daß jedes Lebensmittel, jeder Inhaltsstoff und jede Verfahrensweise eine eigene Strahlendosis erfordere. Dies aber sei allein schon wegen der vielfältigen Zusammensetzung der Lebensmittel nicht machbar.
Schließlich schade die Bestrahlung auch dem Vitamingehalt. Besonders strahlenempfindlich seien Fette, bei denen es zu gravierenden Veränderungen kommen könne.
Bestrahltes Fleisch weise einen geringeren Gehalt an Vitamin B 1 auf, und Kartoffeln veränderten ihren Vitamingehalt ebenfalls unter Strahleneinfluß.
Auch Kohlehydrate, Proteine und Aminosäuren seien strahlenempfindlich; die organischen Veränderungen stellten eine erhebliche Gefahr dar.
Weiter müsse bei Lebensmitteln der Flüssigkeitsgehalt des Produktes berücksichtigt werden. Während des Bestrahlungsvorgangs komme es nämlich zu einer Temperaturerhöhung im Material. Je trockener das Produkt, desto höher müsse die Strahlenbelastung sein, um den gewünschten Entkeimungseffekt zu erzielen.
Dies alles beweise, daß es kaum gelingen dürfte, für jedes

Lebensmittel die richtige Dosis festzulegen. »Doch selbst, wenn es möglich wäre, würde doch nahezu jedes radioaktive Behandlungsverfahren die Lebensmittel verändern.«
Erhebliche Risiken sieht der Verband in der Tatsache, daß während der Bestrahlung stets Wasser gespalten wird. Mit den dadurch freigesetzten »Radikalen« werde die Bildung toxischer Stoffe begünstigt.
Erhebliche Auswirkunen gibt es nach den Beobachtungen der Verbandsexperten auf die Qualität von Fleisch und Fisch:
»Aussehen, Geruch und Geschmack verändern sich drastisch, so daß noch mehr chemische Stoffe als heute zugesetzt werden müssen. Wissenschaftler schlagen deshalb vor, den Schlachttieren Adrenalin einzuspritzen und sie mit noch mehr Antibiotika vollzupumpen. Von den dann immer noch nötigen chemischen Geruchs- und Geschmacksstoffen spricht man erst gar nicht.
Es weiß ja jeder, daß Fleisch einen ›jauchigen‹ Geschmack durch Bestrahlung erhält. Weshalb aber sind trotzdem so viele für diese Konservierungsform?«

Der praktische Tip

Selbst Gesundheitsbehörden schließen nicht aus, daß — unerkannt — bestrahlte Lebensmittel aus dem Ausland bei uns in den Handel gelangen können. Wer solche Waren nicht kaufen will, ist auf die Garantie seines Händlers angewiesen. Der sollte wissen, ob importierte Rosinen, Nüsse und Frischobst mit Gammastrahlen entkeimt worden sind oder nicht.

Überwachung laut EURATOM
Radioaktive Luft

Nach dem 1957 geschlossenen Vertrag zur Gründung der Europäischen Atomgemeinschaft (EURATOM), Artikel 35, ist die Bundesrepublik verpflichtet, die notwendigen Einrichtungen zur ständigen Überwachung des Gehalts der Luft, des Bodens und des Wassers an Radioaktivität sowie zur Kontrolle der Einhaltung von Grundnormen des Strahlenschutzes zu schaffen.

Laut Gesetz ist es Aufgabe des Deutschen Wetterdienstes, die Atmosphäre auf radioaktive Beimengungen und deren Verfrachtung zu prüfen. Die Durchführung der nicht per Gesetz an bestimmte Einrichtungen des Bundes übertragenen Überwachungsaufgaben für Radioaktivität in der Umwelt beruht auf einer Vereinbarung des Länderausschusses von 1963.

Zum Beispiel kann der Sozialminister eines Bundeslandes für bestimmte Bereiche des Strahlenschutzes (mit Ausnahme atomrechtlicher Fragen der Kernanlagen) zuständig sein. In Hessen ist dies so im Rahmen des »Euratom-Meßprogramms« geregelt.

Die gesamte Überwachung der Bundesrepublik wird vom Bundesinnenministerium beziehungsweise von insgesamt acht Leitstellen koordiniert. Meßstelle in Hessen ist die dortige Landesanstalt für Umwelt. Sie wurde am 28. April 1986, 23.50 Uhr, erstmals über den Reaktorunfall in Tschernobyl informiert.

Daraufhin wurde sofort die Untersuchung der Radioaktivität in der Luft eingeleitet und das Zentrallabor in Wiesbaden »in Meßbereitschaft gesetzt«. Gleichzeitig wurde ein Bereitschaftsdienst rund um die Uhr eingerichtet. Für die umfangreichen Messungen wurden auch verschiedene Institutionen aus dem Forschungs- und Hochschulbereich engagiert.

Empfehlenswerte Lektüre: die Umweltberichte der jeweiligen Landesregierung (dort anfordern). Bild: Titelmontage aus Hessen.

Strahlenexposition in der Umgebung von Kernkraftwerken durch die Abgabe radioaktiver Stoffe mit dem Abwasser in den Jahren 1980, 1981 und 1982 in Mikrosievert (1 Mikrosievert = 0,1 Millirem)

Kernkraftwerk	Oberer Wert der Strahlenexposition des Ganzkörpers für Einzelpersonen[1])			Strahlenexposition des Ganzkörpers für Gruppen aus der Bevölkerung[2])		
	1980	1981	1982	1980	1981	1982
Kahl	0,4	0,2	0,3	<0,1	<0,1	<0,1
Grundremmingen	0,2	0,1	1	<0,1	<0,1	<0,1
Lingen	0,2	0,1	0,2	<0,1	<0,1	<0,1
Obrigheim	0,5	0,2	0,2	<0,1	<0,1	<0,1
Stade	0,2	0,1	0,1	<0,1	<0,1	<0,1
Würgassen	1	1	2	<0,1	<0,1	<0,1
Biblis A und B	0,3	0,2	0,1	<0,1	<0,1	<0,1
Neckarwestheim	0,1	0,1	0,2	<0,1	<0,1	<0,1
Brunsbüttel	1	0,2	0,2	<0,1	<0,1	<0,1
Isar	0,1	0,1	0,1	<0,1	<0,1	<0,1
Unterweser	0,1	0,1	0,1	<0,1	<0,1	<0,1
Philippsburg	0,1	0,1	0,1	<0,1	<0,1	<0,1
Grafenrheinfeld		<0,1	0,2		<0,1	<0,1

[1]) Für Einzelpersonen werden extreme Verzehrgewohnheiten (z. B. 39 kg Flußfisch pro Jahr, der in der Kühlwasserfahne gefangen wird) und Lebensgewohnheiten zugrunde gelegt.
[2]) Für die Bevölkerung werden mittlere Verzehrs- und Lebensgewohnheiten zugrunde gelegt.

Wie ein »Fingerabdruck«: Umweltspuren der Kernkraftwerke (Grafiken entnommen dem Umweltbericht Hessen 1985 mit Werten für Abwasser und Luft). Nach der Strahlenschutzverordnung darf die Belastung durch radioaktive Strahlen dabei höchstens 300 Mikrosievert (Ganzkörper) und für die Schilddrüse eines Kleinkindes höchstens 900 Mikrosievert jährlich betragen. (1 Mikrosievert = 0,1 Millirem; siehe »Lexikon«.)

Strahlenexposition in den Jahren 1980, 1981 und 1982 in der Umgebung von Kernkraftwerken durch die Abgabe radioaktiver Stoffe mit der Abluft in Mikrosievert (1 Mikrosievert = 0,1 Millirem)
(Nach der Strahlenschutzverordnung darf die Strahlenexposition des Ganzkörpers hierbei höchsten 300 Mikrosievert und die Strahlenexposition der Schilddrüse eines Kleinkindes über Ernährungsketten höchstens 900 Mikrosievert pro Jahr betragen)

Kernkraftwerk	Jahr	Oberer Wert der Strahlenexposition[1]) des Ganzkörpers Erwachsener über sämtliche relevante Expositionspfade	der Schilddrüse eines Kleinkindes aus gesamter Inhalation und Ingestion	Mittelwert der Strahlenexposition des Ganzkörpers Erwachsener für die Bevölkerung im Umkreis von 0–3 km	0–20 km
Kahl	1980	0,7	0,2	0,02	<0,01
	1981	1	0,2	0,03	<0,01
	1982	1	0,7	0,03	<0,01
Grundremmingen	1980	0,2	<0,1	<0,01	<0,01
	1981	0,1	<0,1	<0,01	<0,01
	1982	<0,1	<0,1	<0,01	<0,01
Lingen	1980	<0,1	<0,1	<0,01	<0,01
	1981	<0,1	<0,1	<0,01	<0,01
	1982	<0,1	<0,1	<0,01	<0,01
Obrigheim	1980	1	0,7	0,1	0,01
	1981	1	1	0,08	<0,01
	1982	2	2	0,1	0,01
Stade	1980	0,4	0,2	0,08	<0,01
	1981	0,2	0,1	0,3	<0,01
	1982	0,1	0,2	0,02	<0,01
Würgassen	1980	20	300[2])	1	0,1
	1981	7	120	0,5	0,05
	1982	2	50	0,2	0,02
Biblis A und B	1980	0,7	10	0,1	0,01
	1981	0,4	2	0,06	<0,01
	1982	0,3	1	0,06	<0,01
Neckarwestheim	1980	1	10	0,2	0,02
	1981	0,1	0,1	0,01	<0,01
	1982	0,1	1	0,02	<0,01
Brunsbüttel	1980	0,4	<0,1	0,04	<0,01
	1981	0,6	2	0,05	<0,01
	1982	0,4	6	0,02	<0,01
Isar	1980	1	1	0,2	0,01
	1981	0,2	0,2	0,03	<0,01
	1982	0,1	<0,1	0,1	<0,01
Unterweser	1980	0,2	0,1	0,01	<0,01
	1981	0,1	0,1	<0,01	<0,01
	1982	0,1	0,1	<0,01	<0,01
Philippsburg	1980	2	0,3	0,1	0,01
	1981	0,1	0,2	<0,01	<0,01
	1982	0,3	0,5	0,02	<0,01
Grafenrheinfeld	1981	<0,1	<0,1	<0,01	<0,01
	1982	<0,1	<0,1	<0,01	<0,01

[1]) berechnet für die ungünstigste Einwirkungsstelle
[2]) im Rahmen eines zusätzlich zur Umgebungsüberwachung durchgeführten Untersuchungsprogrammes ergeben wöchentliche Messungen in Milch einen Höchstwert von 12 Mikrosievert

So wird Radioaktivität gemessen
Das Werkzeug der Strahlenfahnder

Als Folge der Behördenpannen und Ausrüstungsmängel bei der Strahlensuche nach dem sowjetischen Reaktorunglück sollen die deutschen Lebensmittel- und Umweltkontrolleure nach und nach moderne Meßgeräte erhalten. Da die Anwendung der hochempfindlichen Instrumente nur bei entsprechender Sachkenntnis funktioniert, müssen die Beamten erst daran ausgebildet werden. Es ist ein neues Aufgabengebiet für sie.

Die größeren Untersuchungsämter wenden in der Regel zwei Verfahren an: die Bestimmung der *Gammadosisleistung* (Maß für äußere Strahlenbelastung) und die Feststellung der *Konzentration* einzelner radioaktiver Stoffe (zum Beispiel Jod 131) in Milch, Gemüse, Wasser, Luft, Boden.

Die Gammadosisleistung kann mit transportablen, von der physikalisch-technischen Bundesanstalt geeichten Geräten gemessen werden. Das erfordert besondere Sorgfalt, um eine Verfälschung der Resultate zu vermeiden, etwa durch vorhandene Betastrahlen oder Abschirmeffekte in der Nähe stehender Gebäude.

Die Gammadosisleistung wird regelmäßig von der Fernüberwachung der Kernreaktoren bundesweit geprüft, ebenso von den Landesmeßstellen für Lufthygiene. Die Werte werden jeweils den Landesämtern für Umweltschutz übermittelt.

Mit Hilfe von *Kontiminationsmonitoren* kann die Radioaktivität von Gras, Wasser oder Lebensmitteln bestimmt werden. Diese ebenfalls tragbaren Geräte haben ein großflächiges Zählrohr, das über das verdächtige, eventuell kontaminierte Objekt he rpt.: gehalten wird.

Der Monitor registriert hierbei Strahlenimpulse pro Zeiteinheit. Wenn die Zusammensetzung des Gemischs an radioaktiven Stoffen bekannt ist (im Fall Tschernobyl dau-

erte dies wegen der Geheimhaltung durch die Sowjets einige Tage), kann daraus die Flächenbelegung an Radioaktivität berechnet werden.
Kontaminationsmonitoren sind für Schnelltests interessant. Sie haben aber nur Hinweischarakter. Eine genaue Beurteilung der Radioaktivität ist mit ihnen nicht möglich. Auf Radionuklide reagieren sie mit unterschiedlicher Empfindlichkeit und messen die Stoffe nicht einzeln. Sie erfassen also die Summe der Aktivität aller vorhandenen Nuklide, vermitteln also lediglich ein »Gesamtbild« von der Strahlung.
Das derzeit optimale Verfahren zur Aktivitätsbestimmung ist die *Gammaspektrometrie*, mit der die in einer Probe (z. B. Lebensmittel) enthaltenen Nuklide mengenmäßig festgestellt werden. Gammaspektrometer sind darüber hinaus nuklidspezifisch: sie geben präzis den Gehalt der einzelnen Nuklide in der Probe an.
Mit der Gammaspektronomie lassen sich die Aktivitätsanteile gefährlicher Isotope wie Jod 131 oder Caesium 137 so gründlich eruieren, daß aus den Ergebnissen wiederum die mögliche innere Strahlenbelastung eines Menschen nach dem Verzehr belasteter Lebensmittel errechnet werden kann.
Es ist ein äußerst zuverlässiges, aber auch aufwendiges Verfahren:

Jede einzelne Messung (z. B. einer Milchprobe) mit dem Gammaspektrometer dauert eine gute halbe Stunde. Für die Einrichtung eines einzelnen Meßplatzes (vier Geräte mit rechnergestützter Auswertung) werden rund 620000 Mark veranschlagt. Hinzu kommt beträchtlicher Personalaufwand: Mehrere wissenschaftliche Mitarbeiter müssen das komplizierte Instrumentarium im akuten Fall wechselschichtig – eventuell rund um die Uhr – bedienen.
Der Steuerzahler wird also tief in die Tasche greifen müssen, um die erheblichen Investitionen der staatlichen und kommunalen Untersuchungsämter in Zukunft zu finanzieren.

Leider hat die öffentliche Hand diese Aufgabe in der Vergangenheit sträflich vernachlässigt. Auch deshalb gab und gibt es so viele Probleme mit den Folgen von Tschernobyl.

Lexikon der Strahlenkunde
Fachausdrücke: Was steckt dahinter

In der Diskussion über Kernenergie und die Folgen des Atomunglücks von Tschernobyl tauchen zum Teil verwirrende Fachausdrücke auf. Die wichtigsten finden sich in der folgenden alphabetischen Aufstellung:

Abbrand: Bezeichnung für das Ausmaß des Verbrauchs von Brennstoff eines Kernreaktors. Sie gibt an, wieviel Energie mit einer bestimmten Menge Uran erzeugt wurde. Angabe in »Megawatt × Tage pro Tonne« (MW × d/t).

Äquivalentdosis: Maß für die Wirkung ionisierender (radioaktiver Strahlung) auf den Menschen, d. h.: die vom Körper tatsächlich aufgenommene Dosis. Wird in »rem« (früher Sievert) gemessen. »Effektive Äquivalentdosis«: Summe der nach Organempfindlichkeit beurteilten Einzeldosen.

Aerosole: Gase mit fein verteilten flüssigen oder festen Schwebstoffen (z. B. in der Luft).

Aktivität: Diese Größe gibt die Zahl der pro Sekunde zerfallenden Atomkerne eines radioaktiven Stoffs an.

Alphastrahler: Radionuklide, die Alphateilchen oder Heliumatomkerne aussenden.

Alphastrahlung: Radioaktive (ionisierende) Strahlung. Sie entsteht beim Zerfall eines Atomkerns unter Aussendung von Alphateilchen. Hat geringe Reichweite, kann aber erhebliche Gesundheitsschäden hervorrufen.

Alphateilchen: Zweifach positiv geladene Heliumkerne, die aus je zwei Protonen und Neutronen bestehen. Sie werden beim Zerfall von radioaktiven Stoffen (Alphastrahlern) freigesetzt (emittiert).

Alphazerfall: Radioaktiver Zerfall, bei dem ein Alphateilchen freigesetzt (emittiert) wird.

Anregung: Bedeutet bei Atomen eine Erhöhung des Energiezustandes der Elektronenhülle.

Äquivalentdosis: Begriff aus dem Strahlenschutz. Summe der auf Organempfindlichkeit bezogenen Einzeldosen.

Atom: Kleinstes Teilchen eines chemischen Elements. Besteht aus positiv geladenem Atomkern und negativ geladener Elektronenhülle, ist auf chemischem Weg nicht mehr weiter teilbar.

Barrierenkonzept: Mehrere hintereinander liegende Barrieren (Brennstoff – Kristallgitter, Brennstoff – Hüllrohr, Rohre des Kühlmittelkreislaufs im Reaktor, Reaktordruckbehälter, Sicherheitshülle, Betonhülle) sollen den Austritt der im Reaktorkern entstehenden radioaktiven Spaltprodukte in die Atmosphäre hindern.

Becquerel (Bq): Nach Antoine Henri Becquerel (1852–1908, entdeckte die Radioaktivität des Krans) benannte Meßeinheit für Radioaktivität. Die Aktivität von 1 Bq besteht, wenn ein Atomkern pro Sekunde zerfällt. 37 Milliarden Bq = 1 Ci (Curie, ältere Maßeinheit, benannt nach dem Forscherehepaar Curie).

Betastrahlung: Radioaktive Strahlung. Besteht aus Elektronen, die beim radioaktiven Zerfall von Atomkernen ausgesandt werden. Dringt bis zu zwei Zentimeter in menschliches Gewebe ein.

Betasubmersion: Exposition (Belastung) durch Bestrahlung von radioaktiven Gasen in der Atmosphäre.

Betateilchen: Teilchen negativer (Elektronen) oder positiver Ladung (Positronen). Werden beim Betazerfall freigesetzt.

Brennelemente: Kernbrennstoff-Elemente; meist in Form von Stäben verwendeter, von einem Mantel umgebener Kernbrennstoff. Viele Brennstäbe können zu einer Baueinheit angeordnet werden. In einem Druckwasserreaktor von 1300 Megawatt sind dies fast 200 Brennelemente mit insgesamt über 100 Tonnen Uran.

Brennstab: Metallrohr, etwa 4 Meter lang bei 1 Zentimeter Durchmesser, mit angereichertem Uran gefüllt.

Biosphäre: Der Teil der Erde, wo Leben möglich ist.

Brookhaven-Report (WASH 740): Amerikanische Studie von 1957 über Risiken der Atomenergie.

Curie (Ci): Ältere Maßeinheit für Radioaktivität. Abgelöst durch *Becquerel* (siehe dort). 1 Curie bedeutet, daß 37 Milliarden Atomkerne je Sekunde zerfallen.

Deutsche Risikostudie Kernkraftwerke (DRS): Wissenschaftliche Untersuchung zum Risiko der Störfälle in Kernkraftwerken. 1979 im Auftrag des Bundesforschungsministeriums von der Gesellschaft für Reaktorsicherheit erstellt.

Diffusion: Durch Wärmebewegung der Moleküle verursachte allmähliche Ausbreitung gelöster Stoffe oder Gase.

DNS: Desoxyribonucleinsäure, Träger der genetischen Informationen (Erbanlagen) im Zellkern. Aus zwei Strängen bestehendes Riesenmolekül. Kann durch Strahlen geschädigt werden. Möglich sind *somatische* (Krebs, Stoffwechsel) und *genetische* Schäden (der Keimzellen). Durch letztere können Unfruchtbarkeit, Fehl- und Mißgeburten verursacht werden.

Dosis: Allgemeiner Ausdruck für empfangene Strahlungsenergie. (Strahlungsenergie, die bei der Wechselwirkung der Strahlung mit Materie an die Materie abgegeben wird.) Man unterscheidet zwischen *Energie-* und *Äquivalent*dosis.

Dosisleistung: Dosis pro Zeiteinheit.

Dosimeter: Instrumente zur Messung der Dosis (zum Beispiel Filmdosimeter, Thermolumineszenzdosimeter, Phosphatglasdosimeter, Ionisationskammer). Die Anschaffung eines Dosimeters kann für Laien sinnvoller sein als der Kauf komplizierter Meßgeräte (Geigerzähler usw.).

DWK: Deutsche Gesellschaft zur Wiederaufbereitung von Kernbrennstoffen. Zusammenschluß von Unternehmen der Elektrizitätsversorgung. Vorläuferin der DWK ist die Kernbrennstoff-Wiederaufbereitungs-GmbH (KEWA).

Elektron: Negativ geladenes Elementarteilchen, das die Atomhülle bildet und das chemische Verhalten eines Atoms bestimmt.

Element: Chemischer Grundstoff (insgesamt 107 sind bekannt), der sich auf chemischem Weg nicht mehr in eine einfachere Substanz umwandeln läßt. Manche Elemente (künstlich erzeugt) kommen nicht natürlich vor: Promethium, Technetium, usw.

Embryo: Werdendes Leben im frühen Entwicklungsstadium (beim Menschen bis zum dritten Monat).

Emission: Abgabe von Schadstoffen in die Atmosphäre oder in Gewässer.

Emittent: Verursacher von Emissionen.

Endlager: Endgültiges Lager für radioaktiven Abfall und Müll.

Energiedosis: Aufgenommene (absorbierte) Strahlungsenergie je Masseneinheit. Wird in *»rad«* (ältere Bezeichnung) oder *»Gray«* gemessen.

Entsorgung: Sammelbegriff in der Kerntechnik für Anlagen und Verfahren zur Behandlung des abgebrannten (entladenen) Brennstoffs aus Reaktoren: Zwischenlager, Wiederaufbereitung, Rückführung von spaltbarem Material, Behandlung und Endlagerung von radioaktivem Abfall.

Enzym (Ferment): Eiweißstoff im Organismus als Katalysator (Biokatalysator), der nur spezifische Stoffwechselreaktionen beschleunigt.

Epidemiologisch: Epidemiologie ist die Lehre vom Vorkommen, der Verbreitung und den geomorphologischen Ursachen von Krankheiten (statistische Analysen).

Epithel: Äußere Hautschicht.

Exotherm: Chemischer Vorgang, bei dem Wärme nach außen abgegeben wird.

Extraktion: Verfahren zur Abtrennung der Spaltprodukte von Plutonium und Uran.

Evolution: Entwicklung des Lebens auf der Erde.

Extrapolation: Rechnerisches Verfahren zur Weiterführung

einer in einem bestimmten Bereich gemessenen Abhängigkeit über den meßbaren Bereich hinaus.

Fallout: Bezeichnung für den durch Kernwaffenexplosionen oder Störfälle der Kernkraftwerke verursachten radioaktiven Niederschlag. Kleine radioaktive Teilchen gelangen in die Atmosphäre, können rund um den Erdball getragen werden und als Niederschlag wieder herabfallen (Fallout). Wird von führenden Wissenschaftlern in aller Welt für die Zunahme der Krebshäufigkeit und -sterblichkeit verantwortlich gemacht.

Fetus (Foetus): Werdendes Leben (Keim von Säugetieren) im späten Entwicklungsstadium. Beim Menschen ab dem dritten Monat.

Gammastrahlung: Entsteht bei Kernprozessen, d. h. beim Übergang eines angeregten Atomkerns in seinen Grundzustand oder einen energetisch tieferen Zustand. Sehr kurzwellige, radioaktive (ionisierende) elektromagnetische Wellenstrahlung, die härter als Röntgenstrahlung ist. Gammastrahlung tritt häufig als Begleitstrahlung des Alpha- und Betazerfalls auf. Kann durch mindestens einen Meter dicke Stahlbetonwände abgeschirmt werden. Durchdringt den menschlichen Körper.

Gammasubmersion: Strahlenbelastung durch Gammastrahlen radioaktiver Gase in der Atmosphäre.

Ganzkörperdosis: Mittlerer Wert der *Äquivalentdosis* als Folge einer Bestrahlung des ganzen Körpers (Rumpf, Kopf, Extremitäten).

Geigerzähler (Geiger-Müller-Zähler): Gerät zur Strahlenmessung, von dem es viele Abwandlungen gibt. Besteht aus mit Gas gefüllter Röhre, in der sich eine elektrische Entladung abspielt, wenn radioaktive (ionisierende) Strahlung sie durchdringt.

Gene: Enthalten »Informationen« über sämtliche ererbten Eigenschaften eines Lebewesens in Form von Nukleotiden (chemische Verbindungen).

Genetisch: Die Erbanlage betreffend.

Genetisch signifikante Dosis: Mittlere Keimdrüsendosis pro Person und Jahr.

Genmutation: Veränderung der Genstruktur in Keimzellen durch chemische Stoffe oder Strahlen.

Gesellschaft für Reaktorsicherheit (GRS): Offizielle Gutachterorganisation unter Beteiligung des Bundesinnenministeriums und des Verbandes der deutschen technischen Überwachungsvereine.

Gray (Gy): International verwendete Einheit der Energiedosis (nach dem Physiker L. H. Gray benannt). 1 Gy = 100 rad (Energiemenge von 1 Joule pro Kilogramm bestrahlten Materials).

Halbwertszeit (physikalische): Die Zeit, in der die Ausgangsmenge eines Radionuklids um die Hälfte abnimmt (zerfällt). Richtet sich nach dem radioaktiven Zerfallsgesetz.

Halbwertszeit (biologische): Die Zeit, in der von der Ausgangsmenge eines verabreichten oder infolge sonstiger Einflüsse aufgenommenen Stoffs (Nuklids) die Hälfte vom Organismus abgebaut oder ausgeschieden wird.

Höhenstrahlung: (Kosmische) Strahlung aus Quellen außerhalb der Erde. Ist bei der natürlichen Strahlung zu berücksichtigen. Kann hochenergetisch sein.

Homogen: Gleichmäßig, unverändert.

Immission: Belastung eines Gebiets mit Schadstoffen.

Individualdosis: Äquivalentdosis bei der Strahlenbelastung des einzelnen Lebewesens.

Indikator: Anzeiger.

Ingestion: Nahrungsaufnahme (Aufnahme radioaktiver Stoffe mit der Nahrung).

Ingestionsdosisfaktor: Durch Nahrungsaufnahme bewirkter Dosisfaktor.

Inhalation: Einatmung von Gasen (Aufnahme radioaktiver Stoffe mit der Atemluft).

Inkorporation: Aufnahme in den Körper (Aufnahme radioaktiver Stoffe in den menschlichen Körper).

Innere Strahlenexposition: Strahlenbelastung durch Ingestion und Inhalation.

Internationale Atomenergie-Organisation (IAEA): 1956 gegründete Atombehörde mit Sitz in Wien, der 112 Staaten als Mitglieder angehören. Ihre Aufgabe ist die Förderung und Überwachung einer friedlichen Nutzung der Kernkraft. Reformbedürftig und lückenhaft ist das Meldesystem der IAEA für Stör- und Zwischenfälle in Kernkraftwerken. Das System A basiert auf dem Freiwilligkeitsprinzip: Die angeschlossenen Staaten können, müssen aber nicht die Pannen in ihren Kernkraftwerken nach Wien melden. Die Behörde unterstützt ferner Länder der dritten Welt beim Aufbau eigener Kernanlagen.

Internationale Strahlenschutzkommission: International Commission of Radiological Protection (ICRP). Gibt Richtlinien für Strahlenschutz heraus.

Ion: Eletrisch nicht neutrales Molekül oder Atom.

Ionisierende Strahlen: Elektromagnetische oder Teilchenstrahlen, die Ionenbildung verursachen können beim Durchlaufen von Materie (z. B. menschlicher Körper oder Lebensmittel). Ionisierende Strahlen können Mutationen und Zelltod bewirken, z. B. Alpha-, Beta- oder Gammastrahlen oder Röntgenstrahlen.

Isotop: Nuklide mit gleicher Protonen- und unterschiedlicher Neutronenzahl im Atomkern (Atome eines bestimmten chemischen Elements mit verschiedenem Atomgewicht). Uran 235 hat 143 Neutronen und 92 Protonen (143 + 92 = 235), Uran 238 dagegen hat 146 Neutronen und 92 Protonen. Es ändert sich also jeweils die Neutronenzahl von Isotop zu Isotop. Radioisotope (wie Jod 131) oder Radionuklide sind instabile Atomkerne. Verschiedene Isotope desselben Elements weichen im chemischen Verhalten nicht voneinander ab, jedoch im kernphysikalischen Verhalten. Bei der Spaltung (z. B. Uran) wirkt sich das aus.

Jod: Hat über 30 künstliche Isotope. Als Spurenelement lebenswichtig für die Schilddrüse (Aufbau von Hormonen). Radioisotope (z. B. Jod 131 und Jod 129) fallen bei der Uranspaltung in Atomreaktoren (Tschernobyl) an, sind leicht flüchtig und können deshalb nur schwer im Reaktor zurückgehalten werden. Bei Störfällen, mit Abluft oder Abwässern können sie in die Biosphäre gelangen. Strahlendes Jod unterscheidet sich chemisch nicht vom stabilen (radiologisch ungefährlichen) Jod. Deshalb können Jod-

Radioisotope in die Schilddrüse aufgenommen werden und durch ihre Strahlung (Beta-, Gammastrahlung) schwere Schäden hervorrufen (Krebs). Die meisten Jodisotope haben eine sehr kurze Halbwertszeit und zerfallen in wenigen Minuten oder Stunden. Halbwertszeit von Jod 131: Mindestens acht Tage.

Karzinogen: Krebserregend.

Keimdrüsendosis: Mittlerer Wert der Äquivalentdosis über die Keimdrüsen.

Kernspaltung: Spaltung des Atomkerns in zwei Teile durch einen Neutronenstoß.

Kettenreaktion: Sich selbst fortsetzende Reaktion. Bei der Spaltung von Uran 235 zum Beispiel durch ein Neutron werden nach der Spaltung zwei Neutronen frei, die zusätzliche Kernspaltungen auslösen können.

Kollektiv: Ausgewählte Personengruppe für bestimmte statistische Untersuchungen.

Kollektivdosis: Summe sämtlicher Einzeldosen der Personen des Kollektivs.

Kontamination: Verunreinigung (Vergiftung) mit Schadstoffen (radioaktiven Stoffen).

Kosmische Strahlung: Strahlung (sehr energiereich) aus dem Weltraum.

Kumulativ: Summiert sich.

Letal: Tödlich.

Leukämie: Blutkrebs. Bösartige Erkrankung des blutbildenden Systems.

Lymphe: Gewebsflüssigkeit (Blutserum), die Lymphozyten enthält und in eigenen Bahnen dem Blut wieder zugeführt wird.

Lymphknoten: Filternde Knoten in den Lymphbahnen, auch (unrichtig) »Lymphdrüsen« genannt.

Lymphozyten: Bestimmte Art weißer Blutkörperchen.

Malignes Wachstum: Bösartiges Wachstum (z. B. Krebs).

Malignom: Bösartige Geschwulst.

Manhattan-Projekt: Entwicklung der ersten Atombombe.

Megawatt: Eine Million mal die Leistungseinheit *Watt.*

Mesonen: Teilchen (geladen) in kosmischer Strahlung.

Millirem: Ein tausendstel *rem.*

Molekül: Kleinstes Teilchen einer chemischen Verbindung, das aus Atomen besteht.

Morbidität: Krankheit.

Mortalität: Sterblichkeit.

Mutation: Dauernd bleibende Änderung der Erbanlagen.

Neutron: Kernbaustein, ungeladenes Elementarteilchen.

Nuklearmedizin: Medizinischer Fachbereich, der für diagnostische und therapeutische Zwecke radioaktiver Stoffe verwendet (z. B. bei Schilddrüsenuntersuchungen).

Nuklid: Bestimmte Atomart, die durch ihre Protonen- und Massenzahl charakterisiert wird *(Radionuklid:* Instabiler Atomkern.)

Ökologie: Wissenschaft, die Beziehungen der Organismen zu ihrer Umwelt untersucht und Lebensfunktionen in ihrem natürlichen Milieu analysiert.

Organdosis: Mittelwert der Äquivalentdosis über ein Organ.

Ortsdosis: Äquivalentdosis an einem bestimmten Ort.

Parameter: Einflußgröße.

Partialdosis: Teildosis.

Plutonium: Radioaktives, metallisches Element (Kernladungszahl 94) mit ausnahmslos radioaktiven Isotopen. Äußerst radiotoxisch. Wird in Kernkraftwerken erzeugt. Kommt in der Natur nicht vor.

Praenatal: Vor der Geburt.

Primärenergieträger: Zum Beispiel Kohle, Mineralöl, Erdgas, Wasserkraft, Uran.

Primärkreislauf: Kühlsystem zur Wärmeableitung aus der Spaltzone des Reaktors.

Proton: Positiv geladenes Elementarteilchen, bildet zusammen mit dem Neutron den Atomkern.

PUREX: Plutonium-Uranium Recovery by Extraction. Verfahren zur Wiederaufarbeitung von abgebranntem Kernstoff.

Qualitätsfaktor: Berechnungsfaktor in der Äquivalentdosis. Strahlenarten haben bestimmte Werte. Röntgenstrahlung zum Beispiel: Q = 1.

rad: Radiation Absorbed Dose. Ältere Einheit der Energiedosis. 1 rad entspricht der Aufnahme einer Strahlungsenergie von 1 Joule pro Kilogramm Materie. Seit 1. Januar 1986 neue Einheit der Energiedosis: Gray (Gy). 1 Gy = 100 rad.

Radioaktive Stoffe: Stoffe, die Radioaktivität enthalten.

Radioaktivität: Spontaner Zerfall von Atomkernen mit charakteristischen Teilchen- oder Wellenstrahlung.

Radiologisches Risiko: Risiko, durch Strahleneinwirkung zu erkranken.

Radionuklid: Instabile Nuklide. Zerfallen unter Aussendung von Strahlen in andere Nuklide.

Radioökologie: Ökologisches Teilgebiet. Untersucht Verhalten und Auswirkung von Radioaktivität in der Biosphäre.

Radiotoxizität: Maß für Gesundheitsschädlichkeit eines Radionuklids. (Giftigkeit eines radioaktiven Stoffs als Strahlenquelle.) Wird beeinflußt durch Strahlenart, Strahlenenergie, Resorption, *Transferfaktor* usw.

Rasmussen-Bericht (WASH-1400): Amerikanische Studie zur Reaktorsicherheit. Benannt nach dem Leiter der Arbeitsgruppe dieser Studie.

Reaktordruckbehälter: Schließt Spaltzone (Reaktorkern) mit Primärkühlmitteln ein.

Reaktorsicherheitskommission (RSK): Beratendes Gremium beim Bundesinnenminister zur Reaktorsicherheit.

Red-Oil: Äußerst problematisches Explosivgemisch aus Brennstoff, Spaltprodukten, Petroläther und Tributylphosphat. Fällt bei der Wiederaufbereitung von abgebrannten Brennelementen an.

Refabrikation: Herstellung von neuem Brennstoff aus wiederaufbereitetem Material.

Redundanz: Wichtige technische Systeme in Mehrfachauslegung, wie zum Beispiel Notkühlung.

rem (rad equivalent man): Ältere Einheit der Äquivalentdosis, die verschiedene Wirksamkeiten der einzelnen Strahlenarten berücksichtigt. Neue Einheit: *Sievert (Sv)*. 1 Sv = 100 rem.

Röntgen: Ältere Einheit der Ionendosis.

Röntgenstrahlung: Durchdringende elektromagnetische Strahlung (nach Conrad Röntgen benannt). Nicht so energiereich wie Gammastrahlung. Wird aus der Atomhülle freigesetzt, im Gegensatz zur Gammastrahlung aus dem Atomkern.

Schadensmanifestation: Ein Schaden (zum Beispiel durch Strahlen) wird sichtbar.

Schwellenwert: Strahlendosis, ab der eine Schädigung erkennbar wird.

Sievert (Sv): Ab 1. Januar 1986 internationale Einheit der Äquivalentdosis, benannt nach dem schwedischen Forscher Rolf Sievert. Alte Einheit: *rem.* 1 Sv = 100 rem.

Somatisches Strahlenrisiko: Risiko einer körperlichen Schädigung des von Strahlen getroffenen Menschen. (Im Gegensatz zum *genetischen Strahlenrisiko,* das sich auf die folgenden Generationen auswirkt.

Spaltprodukte: Bei der Spaltung schwerer Atomkerne entstehende Nuklide.

Strahlenexposition: Strahlenbelastung. Einwirkung ionisierender Strahlen auf den menschlichen Körper oder Teile.

Strahlenschutzkommission (SSK): Beratergremium des Bundesinnenministers für Strahlenschutz. Legt bei Störfällen und radioaktiven Niederschlägen Grenzwerte für Strahlenbelastung zum Beispiel von Lebensmitteln fest. Entscheidungen sind häufig umstritten, da Gegner der Atomenergie befürchten, die Kommission vertrete zu sehr die Interessen der Kernkraftlobby.

Strahlenschutzverordnung: Verordnung über den Schutz vor Schäden durch ionisierende Strahlen (1976).

Szintigramm: Abbildung, die auf Papier erscheint, wenn ein Szintigraph (Strahlungsmeßgerät) die Strahlungsverteilung in einem markierten Körperorgan (z. B. Schilddrüse) mißt.

Teilkörperdosis: Nur einen Teil des Körpers treffende Strahlungsdosis.

Terrestrische Strahlung: Strahlung natürlicher radioaktiver Stoffe, die es in der Erde gibt.

Toxisch: Giftig.

Transferfaktor: Gibt die Übergangsreste eines Radionuklids von einer Phase in eine andere an, zum Beispiel von der Luft in den Boden oder vom Boden in Pflanzen.

Tributylphosphat (TBP): Reagenz beim umstrittenen *PUREX-Verfahren* zur Abtrennung von Uran und Plutonium.

Tritium: Schwerer Wasserstoff. Radioaktives Wasserstoff-Isotop mit einer Halbwertszeit von über 12 Jahren. Sendet Betastrahlen aus.

Uran: Radioaktives Element. Isotope, die in der Natur vorkommen: Uran 234, Uran 235, Uran 238.

Uranhexafluorid: Verbindung, die zur Anreicherung von spaltbarem Uran 235 verwendet wird. Sorgte mehrfach bei Störfällen und Unfällen (z. B. nahe der belgischen Küste) für Umweltprobleme.

Verdoppelungsdosis: Die Dosis, die eine spontan auftretende Krebs- oder Mutationsrate verdoppelt.

Washout: Auswaschen radioaktiver Teilchen oder Gase in der Atmosphäre durch Regen, zum Beispiel aus den Rauchfahnen von Kernkraftwerken.

Yellow Cake: Konzentrat aus Uranerz.

Zellumsatz: Rate der Zellteilung.

Zellzyklus: Zeitabschnitt zwischen zwei Zellteilungen.

Zirkaloy: Zirkon-Zinn-Legierung, die als Werkstoff für Brennstabhülsen dient.

Zytostatikum: Die Zellteilung hemmendes Medikament.

(Einzelne Begriffe dieses »Lexikons« werden ausführlicher im Hauptteil von »Endlagerstätte Mensch?« erläutert).

Mit den besten Empfehlungen

Ratsuchende können sich mit Problemen der Umwelt und Radioaktivität an diese Stellen wenden:

Arbeitsgemeinschaft der Verbraucher (AGV) e. V., Heilsbachstraße 20, 5300 Bonn-Duisdorf;
Deutscher Verbraucherschutzverband (DVS), Leberberg 4, 6200 Wiesbaden;
Verbraucherzentrale Baden-Württemberg, Augustenstraße 6, 7000 Stuttgart;
Verbraucherzentrale Bayern, Haydnstraße 7, 8000 München 2;
Verbraucherzentrale Berlin, Bayreuther Straße 40, 1000 Berlin 30;
Verbraucherzentrale Bremen, Ansgaritorstraße 3, 2800 Bremen;
Verbraucherzentrale Hamburg, Große Bleichen 23, 2000 Hamburg 36;
Verbraucherzentrale Hessen, Berliner Straße 27, 6000 Frankfurt;
Verbraucherzentrale Niedersachsen, Georgswall 7, 3000 Hannover;
Verbraucherzentrale Nordrhein-Westfalen, Mintropstraße 27, 4000 Düsseldorf;
Verbraucherzentrale Rheinland-Pfalz, Große Langgasse 16, 6500 Mainz;
Verbraucherzentrale Saarland, Hohenzollernstraße 11, 6600 Saarbrücken;
Verbraucherzentrale Schleswig-Holstein, Bergstraße 24, 2300 Kiel.

Sonstige Anschriften:
Förderergesellschaft Deutsches Grünes Kreuz, Schuhmarkt 4, 3550 Marburg/Lahn;

Umweltorganisation Greenpeace e. V. Hohe Brücke 1, 2000 Hamburg 11;
Bund für Umwelt und Naturschutz (BUND), In der Raste 2, 5300 Bonn;
Institut für Energie- und Umweltforschung (IFEU), Im Sand 5, 6900 Heidelberg;

(Bei Anfragen frankierten Rückumschlag nicht vergessen.)

Bildnachweis:
Associated Press (AP), Frankfurt, Seite 35, 46, 61, 65, 66/67, 79, 82, 90, 93, 202, 255

Deutsche Presseagentur (dpa), Hamburg, Seite 24/25, 54/55, 57, 66, 105, 111, 140/141, 162/163

Kurt Eppler, Stuttgart, Seite 32, 37

Alle übrigen Fotos und Abbildungen von Charlotte und Herbert Schäfer.

Die neue Umwelt-Wacht am Rhein: Wallmann bringt »Altlasten« mit

Die Ereignisse im Juni '86 verlangen einen Nachtrag zu diesem Buch: steht die Wende der deutschen Umweltpolitik bevor?

Was die Opposition seit langem fordert, die Regierungskoalition aber bis vor kurzem noch ablehnte, wird unter dem Druck ihrer politischen Fehlschläge nach dem sowjetischen Reaktorunglück plötzlich doch verwirklicht. Die Bundesrepublik erhält ihren ersten Minister für Umwelt.

Während die Grünen im Bundestag eine umfangreiche Expertenanhörung veranstalten (»Konsequenzen aus Tschernobyl für Boden, Wasser, Pflanzen, Tiere und Menschen«), stiehlt ihnen Kanzler Kohl mit einem sensationellen Schachzug die Schau: Er beruft den Frankfurter Oberbürgermeister Walter Wallmann in das neugeschaffene Bonner Amt.

Wallmann – ein entschiedener Befürworter der Kernkraft – soll mit umfangreichen Kompetenzen ausgestattet werden, die Kohl anderen, in der Sache glücklosen, Ressorts wegnehmen will:

Vom Innenministerium die Abteilungen »U« (Umweltangelegenheiten) und »RS« (Reaktorschutz: Sicherheit kerntechnischer Anlagen); vom Landwirtschaftsministerium die Unterabteilung Umwelt und Naturschutz; vom Familienministerium die Komplexe gesundheitliche Belange des Umweltschutzes, Strahlenhygiene und Schadstoffrückstände in Lebensmitteln.

Die Grünen sprechen von einem »Feigenblattminister« mit Alibifunktion für eine gescheiterte Energie- und Umweltpolitik.

Wallmann selbst in seiner ersten öffentlichen Stellungnahme: Er werde den von Kohl gewährten Vertrauensvorschuß einlösen, habe großes Verständnis für die Ängste der Bürger und wolle »sehr ehrlich mit den Menschen sprechen«. Im

Zweiten Deutschen Fernsehen erklärt er: »Wir (die CDU) sind keine Kernkraft-Fetischisten.«
Damit steht ein anderes Zitat von ihm nicht ganz im Einklang. Sicher ist es kein Zufall, daß es ausgerechnet am Tag seiner Bonner Berufung bekannt wird. Es stammt aus einem Buch, das die Kasseler Gerhart-Hauptmann-Schule soeben zum Thema Waldsterben veröffentlicht hat. Das Buch geht auch auf einen Brief ein, den der Frankfurter OB und hessische CDU-Vorsitzende im Jahr 1983 an die Schüler geschrieben hat. Darin heißt es unter anderem:

»Kernkraftwerke verursachen keinen sauren Regen, und die Gefahren, die von ihnen ausgehen können, sind gebändigt... schließlich darf man nicht vergessen, daß von den großen Gefahren, die man den Kernkraftwerken zuschreibt, noch keine einzige eingetreten ist...«

Dies scheint ein Teil der verbalen »Altlasten« zu sein, die Wallmann als Mitgift in die Regierung einbringt.
Sein Wechsel vom Main an den Rhein verdrängt andere aktuelle Nachrichten über Tschernobyl-Folgen aus den Schlagzeilen:

Aus Österreich werden am 3. Juni stark erhöhte Messungen für Caesium 137 bei Frühkirschen, Erdbeeren und sonstigem Obst gemeldet – bis zu fünffach über den zulässigen Grenzwerten.
In der italienischen Provinz Como sollen die Einwohner ihre Stallhasen töten, die eine wichtige Nahrungsquelle für die Menschen in dieser Gegend sind. Die radioaktiv verseuchten Tiere (nach Schätzungen 40000 bis 50000 Stück) seien mit durch den Fallout stark belastetem Grünzeug gefüttert worden. Doch die Besitzer weigern sich, solche Massen-Notschlachtungen durchzuführen und die Kadaver den Behörden zur Entsorgung zu überlassen.
In diesem Zusammenhang fragt man sich, wieviel Tiere wohl in Deutschland verseucht sein mögen? Doch hier ist das Thema derzeit noch tabu.